ポケットスタディ

中学教科書ワーク　学習カード

理科 1 年

次の植物のなかまを何という？

種子でふえる植物

1

次の植物のなかまを何という？

胚珠が子房の中にある植物

2

次の植物のなかまを何という？

胚珠がむき出しでついている植物

3

次の植物のなかまを何という？

種子をつくらない植物で，根，茎，葉の区別がある植物

4

次の植物のなかまを何という？

種子をつくらない植物で，根，茎，葉の区別がない植物

5

次の動物のなかまを何という？

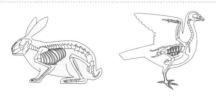

背骨がある動物

6

次の動物のなかまを何という？

背骨がない動物

7

次の動物のなかまを何という？

外骨格をもち，体やあしに多くの節がある動物

8

次の動物のなかまを何という？

内臓をおおう外とう膜をもつ動物

9

種子植物

種子植物はどのような植物のなかま？

日本には，もともと6000種くらいの種子植物があるらしいよ。

使い方

◎ミシン目で切り取り，穴をあけてリングなどを通して使いましょう。

◎カードの表面の問題の答えは裏面に，裏面の問題の答えは表面にあります。

裸子植物

裸子植物はどのような植物のなかま？

マツ，イチョウ，ソテツ，スギは裸子植物だよ。「マイソースらしい」と覚えるのはどう？

被子植物

被子植物はどのような植物のなかま？

「被」には，おおうという意味があるよ。子になる部分がおおわれているんだね。

コケ植物

コケ植物はどのような植物のなかま？

コケは「苔」と書くよ。「海苔」は「のり」と読むけれど，のりはコケ植物ではないんだ。

シダ植物

シダ植物はどのような植物のなかま？

「シダ」の漢字には「羊歯」という字を当てることがあるよ。羊の歯に似ているかな？

無脊椎動物

無脊椎動物はどのような動物のなかま？

「説明，何だか無責任…（節足，軟体，無脊椎）」と覚えるのはいかが？

脊椎動物

脊椎動物はどのような動物のなかま？

「脊椎（せきつい）」は，背骨のことをさす言葉だよ。

軟体動物

軟体動物はどのような動物のなかま？

外とう膜の「外とう」はコートのことだよ。軟体動物はコートを着ているみたいだね。

節足動物

節足動物はどのような動物のなかま？

「昆虫，エビ，カニ，あしに節！」とリズムよく唱えよう。

次の物質を何という？

ろう　　　　砂糖　　　プラスチック

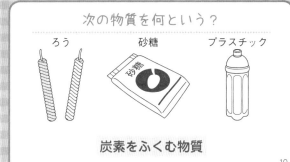

炭素をふくむ物質

10

次の物質を何という？

食塩　　　　ガラス　　　　鉄

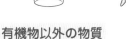

有機物以外の物質

11

次の物質を何という？

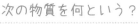

電気をよく通し，熱を伝え，みがくと
光る物質

12

次の物質を何という？

食塩　　　　砂糖　　　　ガラス

金属以外の物質

13

次の気体は何？

うすい
過酸化
水素水　　　　水

二酸化マンガン

二酸化マンガンにうすい過酸化水素水
を加えると発生する気体

14

次の気体は何？

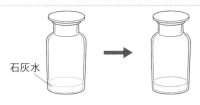

石灰水

石灰水を白くにごらせる性質のある気体

15

次の気体は何？

亜鉛　うすい
　　　塩酸

空気中で火をつけると，
燃えて水ができる気体

16

次の気体は何？

塩化アンモニウムと
水酸化カルシウム　　　　乾いた試験管

刺激臭があり，上方置換法で集められる，
水溶液はアルカリ性の気体

17

次の気体は何？

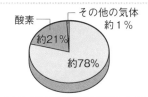

酸素　　　その他の気体
　　　　　約1％

約21％

約78％

空気中に体積で約78％
ふくまれている気体

18

次の気体は何？

黄緑色で，刺激臭があり，漂白作用
や殺菌作用のある気体

19

無機物

無機物はどのような物質？

有と無は反対の意味の言葉だね。有機と無機，有機物と無機物も反対の言葉だよ。

有機物

有機物はどのような物質？

「有機」は生命のあるものという意味だよ。有機物は生物に関係するものが多いね。

非金属

非金属はどのような物質？

「非」には「～ではない」という意味があるよ。非金属は金属ではないということだね。

金属

金属はどのような物質？

「金さん高熱出てえ～ん（金属，光沢，熱を伝える，電気を通す，展性，延性）」と覚えよう。

二酸化炭素

二酸化炭素は石灰水をどのようにする性質のある気体？

性質の覚え方は，「兄さんのおせっかいに拍手！（二酸化炭素で石灰水が白くにごる）」

酸素

酸素はどのようにすると発生する気体？

レバーやジャガイモにオキシドールを加えても，酸素が発生するよ。

アンモニア

アンモニアのにおい，集め方，水溶液の性質は？

性質の覚え方は，「刺激があるとの情報が！（刺激臭，アルカリ性，上方置換法）」

水素

水素は空気中で火をつけると何ができる気体？

水素は最も密度が小さい気体だよ。10Lもの水素を集めてもまだ1円玉より軽いんだ。

塩素

塩素の色，におい，性質の特徴は？

性質の覚え方は，「遠足で黄緑色の刺激的な表札発見（塩素，黄緑色，刺激臭，漂白・殺菌）」

窒素

窒素は空気中に体積の割合で何％ふくまれている気体？

窒素の「窒」には，つまるという意味があるよ。窒素だけを吸うと，息がつまってしまうよ。

次の法則を何という？

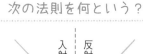

光の反射では，反射角と入射角が等しくなるという法則

20

次の現象を何という？

光が水中から空気中へ進むとき

入射角を大きくすると，ある角度以上ですべての光が境界面で反射すること

21

次の像を何という？

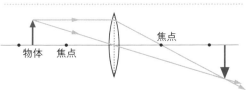

物体が焦点の外側にあるときにできる，物体と上下左右が逆向きの像

22

次の像を何という？

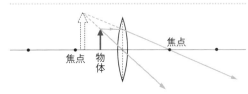

物体が焦点の内側にあるときに見える，物体と同じ向きの大きな像

23

次の現象を何という？

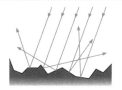

物体に当たった光がさまざまな方向に反射すること

24

次の法則を何という？

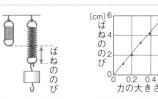

ばねののびは，ばねを引く力の大きさに比例するという法則

25

次の力を何という？

地球上の物体にはたらく，地球の中心に向かって物体を引く力

26

次の力を何という？

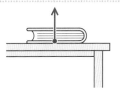

物体が面を押すとき，面から物体に対して垂直にはたらく力

27

次の力を何という？

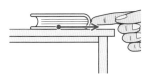

接している面の間にはたらく，物体の動きをさまたげようとする力

28

次の力を何という？

変形した物体が，もとにもどろうとするときに生じる力

29

全反射

全反射はどのような
現象？

水面が鏡のように水
中をうつすのも全反
射によるものだよ。

反射の法則

反射の法則はどのよ
うな法則？

入射角と屈折角の関
係を，角度で考えて
みよう。

虚像

虚像はどのような
像？

物体を焦点の内側に
置くと，凸レンズを
通して虚像が見える
よ。「店内に巨大なゾ
ウが！」と覚えよう。

実像

実像はどのような
像？

物体を焦点の外側に
置くと，実像ができ
るよ。「実はゾウが
いたのは商店街！」
と覚えよう。

フックの法則

フックの法則はどの
ような法則？

ばねののびと，ばね
を引く力の大きさを
グラフにかくと，グ
ラフは原点を通る直
線になるよ。

乱反射

乱反射はどのような
現象？

どの方向からも物体
が見えるのは，物体
の表面のデコボコが
光を乱反射している
からだよ。

垂直抗力

垂直抗力はどのよう
な力？

「抗」にはさからうと
いう意味があるよ。
垂直方向にさからう
力ということだね。

重力

重力はどのような
力？

乗り物に乗って急降
下すると，無重力状
態を体験できるよ。
重力がなくなったか
のように感じるんだ。

弾性力

弾性力はどのような
力？

フックの法則と弾性
力はまとめて理解し
よう。「力強くばね
のばすフックさんは
男性」

摩擦力

摩擦力はどのような
力？

「摩」も「擦」もこ
するという意味だ
よ。ふれ合った物体
がこすれるときには
たらく力だね。

次の岩石を何という？

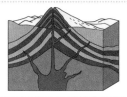

マグマが冷えて固まり，
岩石になったもの

30

次の岩石を何という？

斑状組織

マグマが地表や地表付近で急に
冷えて固まってできた岩石

31

次の岩石を何という？

等粒状組織

マグマが地下深くでゆっくり冷えて
固まってできた岩石

32

次の岩石を何という？

れき岩　　　凝灰岩　　　石灰岩

地層として堆積したものが
おし固められてできた岩石

33

次の岩石を何という？

れき

れきが堆積しておし固められて
できた岩石

34

次の岩石を何という？

砂

砂が堆積しておし固められて
できた岩石

35

次の岩石を何という？

泥

泥が堆積しておし固められて
できた岩石

36

次の岩石を何という？

うすい塩酸
岩石

うすい塩酸をかけると二酸化炭素
が発生する岩石

37

次の岩石を何という？

生物の死がいなどが堆積した岩石で，
とてもかたい岩石

38

次の岩石を何という？

火山の噴火によって噴出した火山灰などが
堆積しておし固められてできた岩石

39

火山岩

火山岩には流紋岩, 安山岩, 玄武岩があるよ。「かりあげ」と覚えよう。

火山岩はどのようにしてできた岩石？

火成岩

火成岩にふくまれる鉱物, 石英。実は, 水晶は透明できれいな石英なんだ。

火成岩はどのようにしてできた岩石？

堆積岩

石灰岩とチャートは生物の死がいなどが, 凝灰岩は火山灰などが堆積してできた堆積岩だよ。

堆積岩はどのようにしてできた岩石？

深成岩

深成岩には, 花こう岩, せん緑岩, 斑れい岩があるよ。「しんかんせんは」と覚えよう。

深成岩はどのようにしてできた岩石？

砂岩

石油や天然ガスの多くは, 砂岩の中にしみこんでいるらしいよ。

砂岩は何が堆積してできた岩石？

れき岩

れきは「礫」と書くよ。「樂」は「楽」の昔の形。石が楽しくゴロゴロしているんだね。

れき岩は何が堆積してできた岩石？

石灰岩

石灰岩の主成分は炭酸カルシウムといって, チョークの主成分と同じだよ。

石灰岩はうすい塩酸をかけるとどのようになる岩石？

泥岩

泥の中でも特に粒が小さいものは, 粘土とよばれるよ。

泥岩は何が堆積してできた岩石？

凝灰岩

「凝」には, こり固まるという意味があるよ。灰が固まってできた岩なんだね。

凝灰岩は何が堆積してできた岩石？

チャート

チャートどうしを打つと火花が出るので, 火打石に利用されていたこともあるよ。

チャートはどのような岩石？

学校図書版 理科1年 もくじ

写真提供：アーテファクトリー，アフロ，北九州市立自然史・歴史博物館

第1章　身近な生物の観察

教科書の **要点**　（　）にあてはまる語句を，下の語群から選んで答えよう。

同じ語句を何度使ってもかまいません。

❶ 観察レポートのかき方　教 p.18〜24

(1) 観察レポートは，観察の（① 　　　　　　　），目的，準備，方法，結果，考察，感想に分けて記録する。
└観察したもの。

(2) 観察した手順は，「（② 　　　　　　　）」のところに書く。

(3) 観察して調べた内容は，「（③ 　　　　　　　）」のところに書く。

(4) 観察の結果から，わかったこと，気づいたこと，考えたことなどは，「（④ 　　　　　　　）」のところに書く。

(5) 形など，言葉や数値で表せないものは，（⑤ 　　　　　　　）すると相手によく伝わる。

> **まるごと暗記**
> スケッチのしかた
> ●注意点
> ・点や細い線ではっきりとかく。
> ・かげをつけたり，一度かいた線をなぞったりしない。
> ・背景はかかず，対象とするものだけをかく。

❷ スケッチのしかた　教 p.25〜26

(1) 鉛筆をよくけずって，細い線や（① 　　　　　　　）ではっきりとかく。（② 　　　　　　　）をつけたり，一度かいた線をなぞったりしない。

(2) ルーペの視野を示す丸いふちや（③ 　　　　　　　）はかかず，（④ 　　　　　　　）だけを正確にかく。

(3) スケッチだけでは表せないことは（⑤ 　　　　　　　）で書く。

> **ワンポイント**
> 失明の危険があるので，ルーペで直接太陽を見たり，観察するものを太陽の方にかざしてルーペで見たりしてはいけない。

❸ 双眼実体顕微鏡の使い方　教 p.27

(1) 双眼実体顕微鏡の倍率は20〜40倍で，（① 　　　　　　　）で見るには小さい試料の観察に適している。

(2) 2つの（② 　　　　　　　）レンズと対物レンズがあるため，両目で（③ 　　　　　　　）に観察することができる。

(3) ステージは取り外すことができ，片面は白く，もう一方の面は（④ 　　　　　　　）なっている。

> **まるごと暗記**
> 双眼実体顕微鏡の特徴
> ●ルーペで見るには小さすぎる試料を観察するときに使用する。
> ●立体的に見ることができる。

❹ 分類の方法　教 p.28〜31

(1) ★分類するときに注目する特徴を（①★ 　　　　　　　）という。

(2) 観点であげた内容のうち，どこで区分するかを（②★ 　　　　　　　）といい，基準のもうけ方によって（③ 　　　　　　　）の方法も変わる。

> **プラスα**
> 双眼実体顕微鏡のステージには白と黒の2面がある。

語群 ❶考察／方法／結果／スケッチ／テーマ　❷対象とするもの／点／言葉／かげ／背景
❸接眼／ルーペ／黒く／立体的　❹分類／観点／基準

😊 ★の用語は，説明できるようになろう！

 教科書の 図 □ にあてはまる語句を，下の語群から選んで答えよう。

同じ語句を何度使ってもかまいません。

1 スケッチのしかた

教 p.25

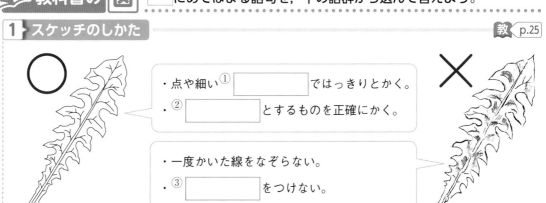

・点や細い① □ ではっきりとかく。
・② □ とするものを正確にかく。

・一度かいた線をなぞらない。
・③ □ をつけない。

2 ルーペの使い方

教 p.27

レンズを① □ に近づけて固定する。

観察するものが動かせるとき

② □ を前後に動かし，よく見える位置を探す。

観察するものが動かせないとき

③ □ を前後に動かし，よく見える位置を探す。

3 双眼実体顕微鏡

教 p.27

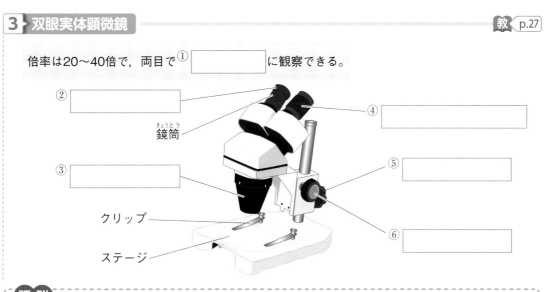

倍率は20〜40倍で，両目で① □ に観察できる。

② □
鏡筒（きょうとう）
④ □
③ □
⑤ □
クリップ
⑥ □
ステージ

語群 1 対象／かげ／線　2 顔／目／観察するもの
3 接眼レンズ／対物レンズ／視度調節リング／微動（びどう）ねじ／粗動（そどう）ねじ／立体的

😊 わからない用語は，📖 教科書の 要点 の★で確認しよう！

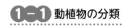

解答 p.1

定着のワーク ステージ2　第1章　身近な生物の観察

1 教 p.23 [観察] **生物の観察**　右の図は，校庭で2種類の植物が見られる場所を調べてつくった観察地図である。これについて，次の問いに答えなさい。

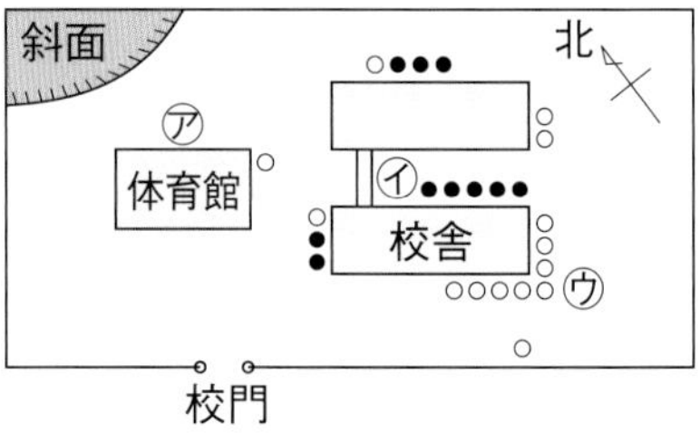

斜面
北
㋐
体育館
㋑
校舎
㋒
校門

(1) 観察地図の中で，日当たりが最もよい場所はどこか。㋐～㋒から選びなさい。（　　）

(2) 観察地図の中で，日当たりが最も悪い場所はどこか。㋐～㋒から選びなさい。（　　）

(3) 観察地図の中で，地面が最もかわいている場所はどこか。㋐～㋒から選びなさい。[ヒント]（　　）

(4) セイヨウタンポポが見られる場所を示しているのは，○と●のどちらか。（　　）

(5) セイヨウタンポポの特徴としてあてはまるものを，次のア～エからすべて選びなさい。（　　）

ア　大きな花が1つだけさいている。

イ　小さな花がたくさん集まっている。

ウ　花の色は黄色である。

エ　花の色は，さいている場所によってちがっている。

2 **スケッチのしかた**　図1は，セイヨウタンポポの1つの花をスケッチしたものである。これについて，次の問いに答えなさい。

(1) 花のつくりを観察するのに，図2の器具を使った。この器具を何というか。（　　）

(2) スケッチのしかたとして正しいものを，次のア～コからすべて選びなさい。[ヒント]（　　）

ア　よくけずった鉛筆でかく。

イ　色の消えないインクを使ってかく。

ウ　スケッチの外側は太い線でかき，中の細かい部分は細い線でかく。

エ　全体を細い線でかく。

オ　かげをつけて，なるべく立体的にかく。

カ　強調したい部分は，一度かいた線の上からなぞってかく。

キ　背景や図2の視野を示す丸いふちもかく。

ク　対象とするものだけを正確にかく。

ケ　スケッチだけでは表せないことは，絶対にかかない。

コ　スケッチだけでは表せないことは，言葉で書く。

図1

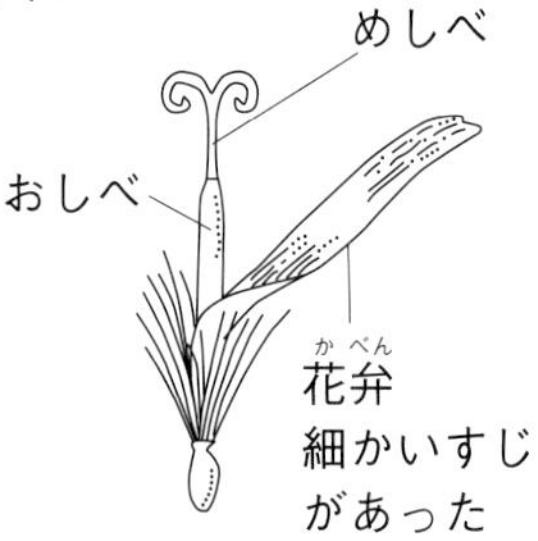

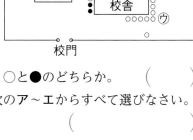

めしべ
おしべ
花弁（かべん）
細かいすじがあった

図2

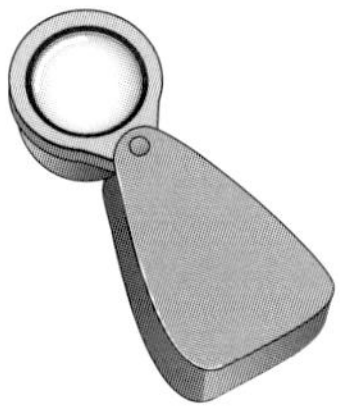

ヒントの森

1(3)日当たりのよいところの土はかわいている。

2(2)スケッチには，必要なことだけをわかりやすく伝えるという目的がある。

3 ルーペの使い方 右の図は，ルーペで観察しているようすを表したものである。これについて，次の問いに答えなさい。

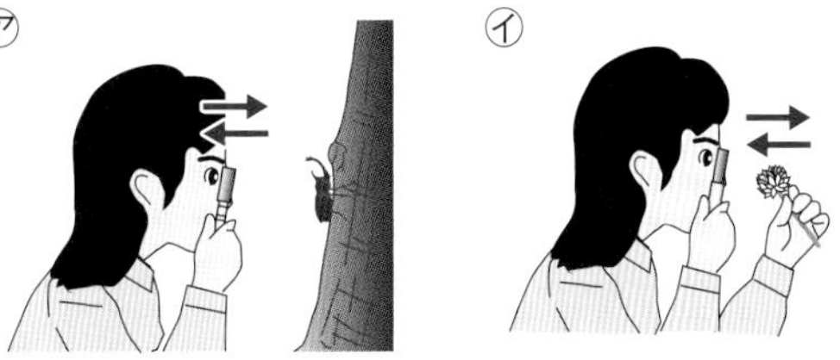

(1) ルーペの倍率はどれくらいか。次のア～エから選びなさい。（　　）

ア 2～3倍　　イ 5～10倍

ウ 20～40倍　　エ 100～200倍

[記述] (2) ルーペはどのようにして使うか。「目」という言葉を使って答えなさい。（　　）

(3) 図の㋐は，「動かせるもの」，「動かせないもの」のどちらを観察しているときのようすか。（　　）

(4) 図の㋑は，「動かせるもの」，「動かせないもの」のどちらを観察しているときのようすか。（　　）

(5) 絶対にルーペで直接見てはいけないものは何か。[ヒント]（　　）

4 [教] p.28 [探究1] **生物を分類する** 下の4種類の生物をさまざまな観点で分類した。これについて，あとの問いに答えなさい。

(1) 上の4種類の生物について，陸上にいるか，水中にいるかという観点で分類した。陸上にいるものを，すべて選びなさい。

（　　）

(2) 上の4種類の生物について，動きまわるか，動きまわらないかという観点で分類した。動きまわるものを，すべて選びなさい。[ヒント]

（　　）

(3) (2)で選んだ生物を，動きまわるときに使うあしの数でさらに分類した。あしの数が2本であるものを選びなさい。（　　）

(4) 上の4種類の生物について，赤色か，赤色ではないかという観点で分類した。赤色ではないものを，すべて選びなさい。

（　　）

(5) カメはかたい殻（から）をもっている。「かたい殻をもっているか，もっていないか」という観点で分類したとき，カメと同じなかまに分類されるものを，上の4種類の生物から選びなさい。（　　）

ヒントの森

3(5)失明の危険があるため，決してルーペで直接見てはいけない。

4(2)動きまわるものは動物である。

ステージ3　第1章　身近な生物の観察　　30分　　/100

1 右の図は，身のまわりの生物についてまとめた観察レポートである。これについて，次の問いに答えなさい。

4点×15（60点）

(1) 図の㋐〜㋓にあてはまる言葉を，下の〔 〕からそれぞれ選んで答えなさい。

〔 感想　準備　結果
　　目的　方法 〕

(2) 図の㋐〜㋓に書く内容を，次のア〜カからそれぞれ選びなさい。

ア　観察した手順。

イ　自分の感じたこと。

ウ　観察して調べた内容から，わかったことや気づいたこと，自分で考えたこと。

エ　どのような材料や器具を用いたか。

オ　観察の目的や動機。

カ　観察して調べた内容。

(3) スケッチのしかたについて，次の（ ）にあてはまる言葉を答えなさい。

　　スケッチするときは，よくけずった鉛筆で，（ ① ）線や点ではっきりとかく。また，かげや背景は（ ② ）。

(4) 図の㋔〜㋘にあてはまる説明を，次のア〜オからそれぞれ選びなさい。

ア　縦（たて）に細かいすじがあった。

イ　細い毛のようだった。

ウ　小さな花がたくさん集まっていた。

エ　矢印の形がつながっているような形で，ギザギザしていた。

オ　先が丸まっていた。

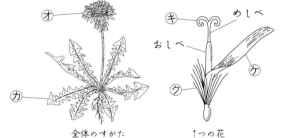

花の観察レポート
観察日〇年〇月〇日（午前11時）天気（晴れ）気温（20℃）
1年1組山田かおり

㋐	学校の校庭で植物を探し，花の特徴や種類などを調べる。
㋑	植物図鑑，ルーペ，巻き尺，筆記用具
㋒	花のさいている植物を選び，生えている場所のようす（日当たり，土のかたさ，まわりの植物など）を調べて，植物をスケッチした。
㋓	植物を見つけた場所→校舎の表側。日当たりがよい場所に生えていた。

大きさ→草の高さは15cmくらいだった。

㋔　㋕　めしべ　㋖　おしべ　㋗　㋘

全体のすがた　　1つの花

考察　植物全体のすがたの観察から，タンポポであることがわかった。

(1)	㋐		㋑		㋒		㋓	
(2)	㋐		㋑		㋒		㋓	
(3)	①			②				
(4)	㋔		㋕		㋖		㋗		㋘	

2 右の図の観察器具について，次の問いに答えなさい。

4点×7(28点)

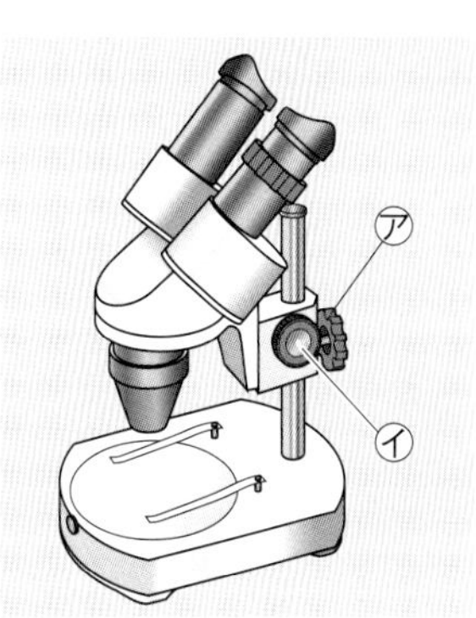

(1) 図の器具を何というか。

(2) 図の器具の倍率は何倍か。次のア～エから選びなさい。

ア　2～3倍　　イ　5～10倍

ウ　20～40倍　　エ　100～200倍

(3) 図の㋐，㋑のねじをそれぞれ何というか。

[記述] (4) 図の器具で観察したときの試料の見え方にはどのような特徴があるか。2つの接眼レンズで観察できることに着目して答えなさい。

(5) ピントを合わせるときに調整する順に，次のア～ウをならべなさい。

ア　㋐のねじ　　イ　㋑のねじ　　ウ　視度調節リング

(6) 濃(こ)い緑色をした試料を観察するとき，ステージは黒色と白色のどちらの面を使用すればよいか。

(1)		(2)		(3) ㋐		㋑	
(4)				(5)	→ →	(6)	

3 下の図は，生物の特徴を調べて，表にまとめたものの一部である。これについて，あとの問いに答えなさい。

4点×3(12点)

生物の例		アサガオ	シロツメクサ	海藻(アオサ)	ザリガニ
㋐	緑色かどうか	緑色	緑色	緑色	緑色でない
	動きまわるか	動きまわらない	㋑	動きまわらない	動きまわる
	陸上にいるか 水中にいるか	陸上	陸上	水中	水中
	殻があるか	ない	ない	ない	ある

(1) 表の㋐に入る，分類するときに注目した特徴を何というか。

(2) 表の㋑にあてはまる言葉を答えなさい。

(3) 「緑色」で「陸上にいる」という基準をもうけたとき，アサガオと同じなかまに分類される生物を，次のア～ウから選びなさい。

ア　シロツメクサ　　イ　海藻(アオサ)　　ウ　ザリガニ

(1)		(2)		(3)	

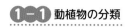

解答 p.2

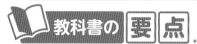

確認のワーク ステージ1　第2章　植物の分類

教科書の要点

同じ語句を何度使ってもかまいません。

（　　）にあてはまる語句を，下の語群から選んで答えよう。

1 花をさかせる植物　[教] p.32〜42

(1) 花の中心にある（①★　　　　）を囲むように，★おしべ，花弁，がくが順についている。

(2) めしべの先端を（②★　　　　），その下の細くなった部分を★花柱という。また，めしべのもとのふくらんだ部分を★子房といい，子房の中には（③★　　　　）という小さな粒が見られる。

(3) おしべの先端には★やくがあり，中に（④　　　　）が入っている。
└袋状になっている。

(4) 子房の中に胚珠がある花をもつ植物を（⑤★　　　　）という。

(5) 柱頭に花粉がつくことを（⑥　　　　）といい，受粉するとやがて子房は果実に，胚珠は（⑦　　　　）になる。

(6) 被子植物で，花弁がはなれている花を（⑧　　　　），花弁がつながっている花を（⑨　　　　）という。

(7) 葉のすじを葉脈といい，網目状の状態を（⑩　　　　），平行にならんでいる状態を（⑪　　　　）という。網状脈をもつ植物の根は主根と（⑫　　　　）からなり，平行脈をもつ植物の根は（⑬　　　　）である。

(8) 植物の種子の中でつくられる最初の葉を★子葉という。子葉が2枚であるなかまを（⑭★　　　　），子葉が1枚であるなかまを（⑮★　　　　）という。
└イネやササなど。

(9) マツの花はりん片の集まりで，★雄花と★雌花がある。雌花には子房がなく，胚珠がむき出しでついている。胚珠がむき出しの花をもつ植物を（⑯★　　　　）という。

2 種子をつくる植物・つくらない植物　[教] p.43〜47

(1) 被子植物や裸子植物のように，花をさかせて種子でふえる植物を（①★　　　　）という。

(2) イヌワラビなどの（②　　　　）やゼニゴケなどの（③　　　　）は，種子をつくらず，★胞子でふえる。また，シダ植物のからだは，根，茎，葉に分かれている。

まるごと暗記
種子植物の分類
●被子植物
→胚珠が子房の中にある。
●裸子植物
→胚珠がむき出し。

ワンポイント
被子植物は，子葉の数で単子葉類と双子葉類に分けられる。

まるごと暗記
単子葉類と双子葉類の分類
●単子葉類
→平行脈，ひげ根
●双子葉類
→網状脈，主根と側根

プラスα
多くのシダ植物の茎は，地下茎になっている。
コケ植物には根，茎，葉の区別がない。

語群
1 柱頭／平行脈／単子葉類／種子／被子植物／側根／めしべ／双子葉類／網状脈／胚珠／合弁花／花粉／ひげ根／離弁花／裸子植物／受粉　2 シダ植物／種子植物／コケ植物

★の用語は，説明できるようになろう！

同じ語句を何度使ってもかまいません。

教科書の[図]

□にあてはまる語句を，下の語群から選んで答えよう。

1 被子植物（アブラナ）の花のつくり

[教] p.37

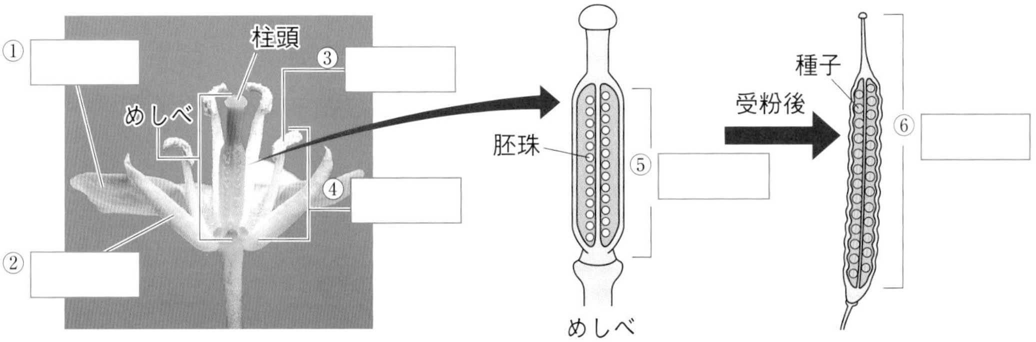

①
柱頭
③
めしべ
④
②
胚珠
⑤
めしべ
受粉後
種子
⑥

2 被子植物の分類

[教] p.40，41

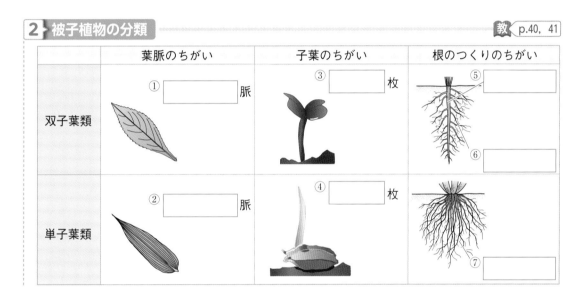

	葉脈のちがい	子葉のちがい	根のつくりのちがい
双子葉類	①□脈 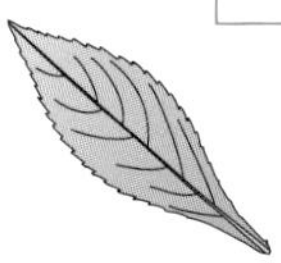	③□枚 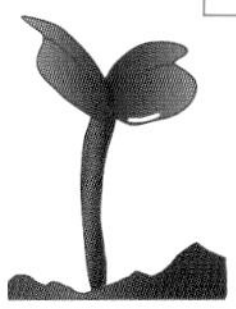	⑤□ 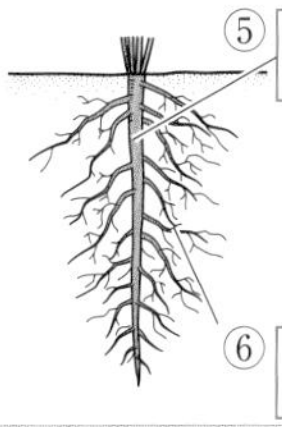 ⑥□
単子葉類	②□脈 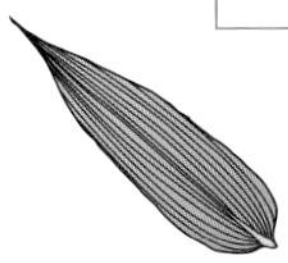	④□枚 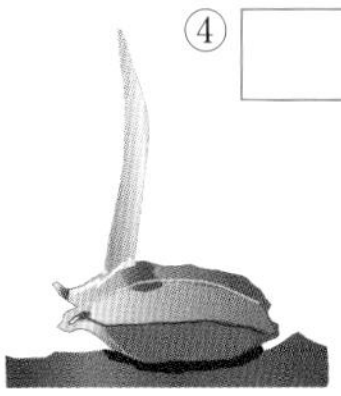	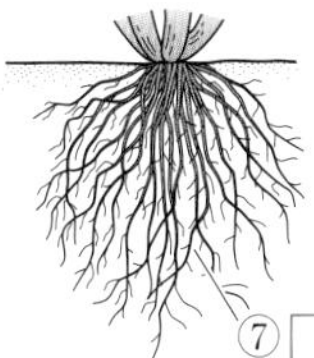 ⑦□

3 裸子植物（マツ）の花のつくり

[教] p.42

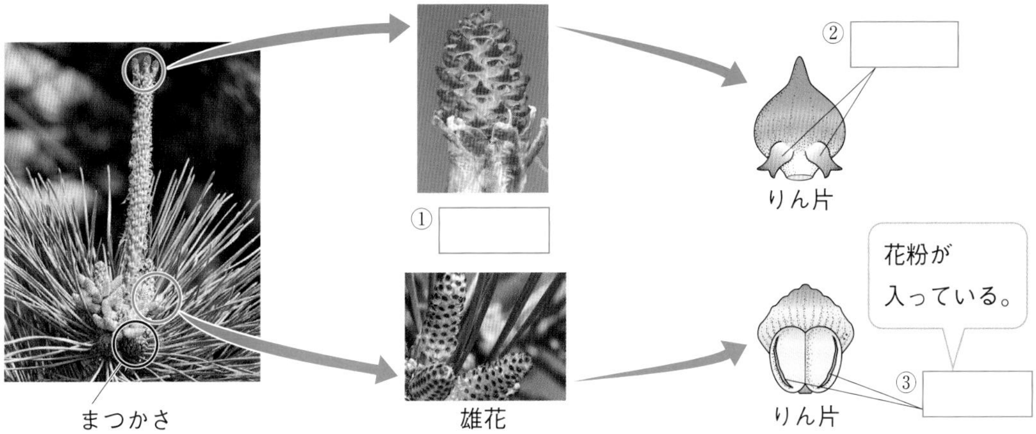

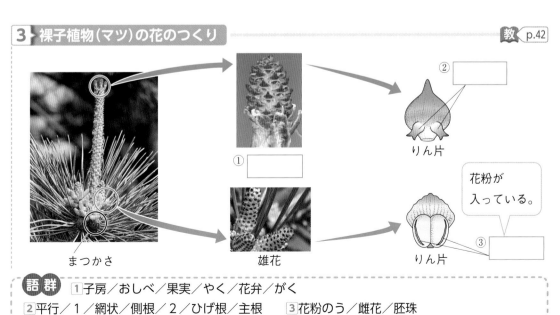

②
りん片
①
花粉が
入っている。
まつかさ
雄花
りん片
③

[語群]
[1]子房／おしべ／果実／やく／花弁／がく
[2]平行／1／網状／側根／2／ひげ根／主根　[3]花粉のう／雌花／胚珠

わからない用語は，[教科書の][要][点]の★で確認しよう！

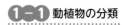

解答 p.2

定着のワーク ステージ2　第2章　植物の分類ー①

1 教 p.33 探究2 **花のつくり**　図1は，ツツジの花を外側のつくりから順に取りはずして，台紙にはったものである。また，図2は，アブラナのめしべのもとのふくらみを縦に切ったものである。これについて，次の問いに答えなさい。

(1) 図1の㋐～㋓のつくりを，それぞれ何というか。

ヒント

㋐(　　　　)
㋑(　　　　)
㋒(　　　　)
㋓(　　　　)

図1

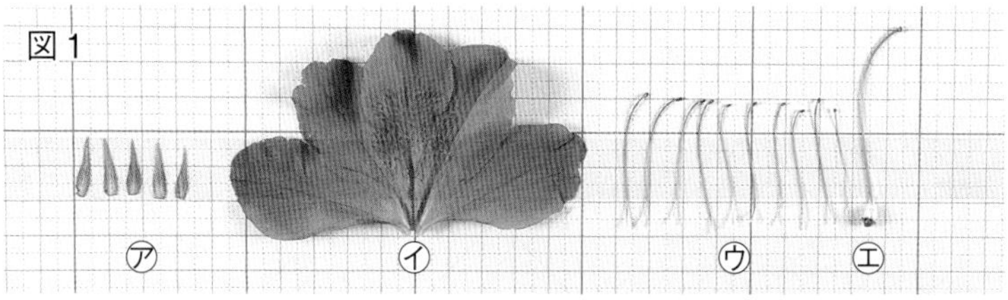

図2

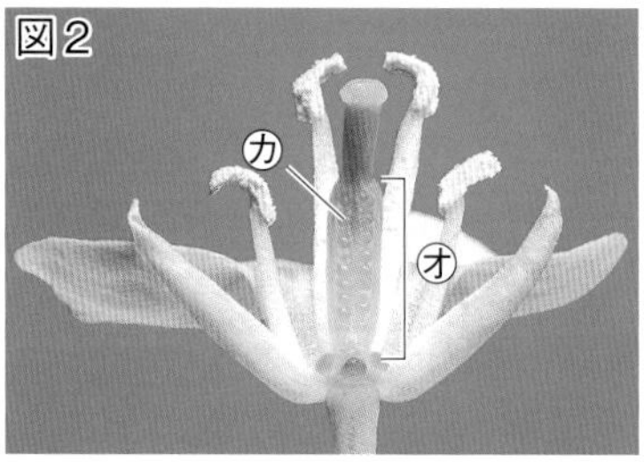

(2) 図1の㋒の先端の袋(ふくろ)状になった部分を何というか。
(　　　　)

(3) (2)の中には，何が入っているか。
(　　　　)

(4) アブラナの花の基本的なつくりやその配列は，ツツジと同じか，ちがうか。
(　　　　)

(5) 図2の㋔の部分を何というか。(　　　　)

(6) 図2の㋔の中にある小さな粒㋕を何というか。(　　　　)

2 **花から種子へ**　図1は，アブラナのめしべの断面図である。また，図2の㋔，㋕は，図1の㋒，㋓がそれぞれ成長したものである。これについて，次の問いに答えなさい。

(1) 図1の㋐，㋑のつくりを，それぞれ何というか。
㋐(　　　　)
㋑(　　　　)

(2) 花粉が㋐につくことを何というか。(　　　　)

(3) 図2の㋔，㋕のつくりを，それぞれ何というか。
㋔(　　　　)
㋕(　　　　)

図1　図2

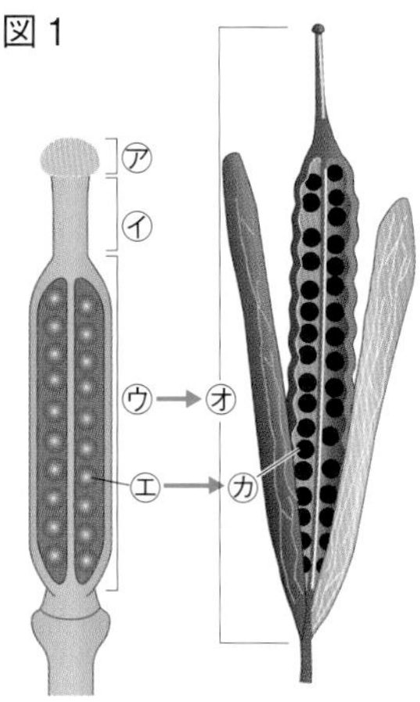

(4) アブラナのように，花弁が1枚1枚はなれている花を何というか。(　　　　)

(5) (4)のような花弁をもつ植物を，下の〔　〕からすべて選びなさい。ヒント (　　　　)

〔　アサガオ　　サクラ　　タンポポ　　ツツジ　　バラ　〕

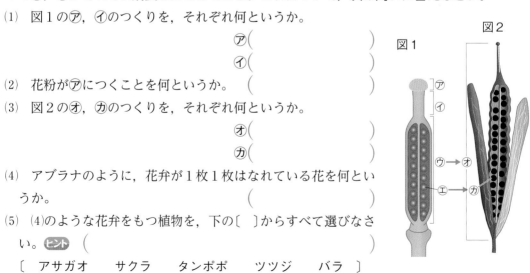

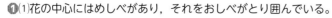

ヒントの森

❶(1)花の中心にはめしべがあり，それをおしべがとり囲んでいる。
❷(5)タンポポの花とよんでいる部分は，たくさんの花の集まりでできている。

❸ 被子植物の分類 下の図は，アブラナとイネの特徴を，ばらばらに表したものである。これについて，あとの問いに答えなさい。

子葉	葉脈	根
㋐ 	㋒ 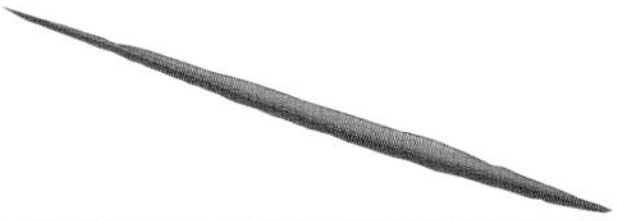	㋔ 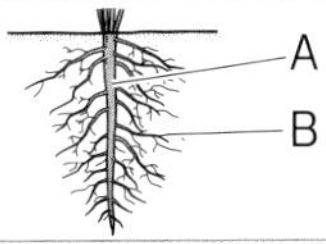　A　B
㋑ 	㋓ 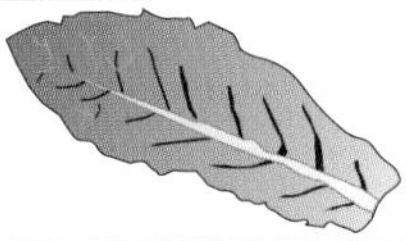	㋕ 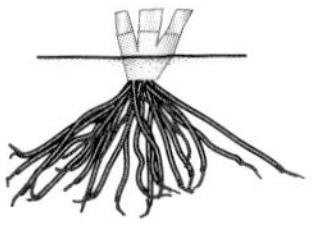

(1) アブラナの子葉，葉脈，根を表しているものを，図の㋐〜㋕からそれぞれ選びなさい。

子葉（　　　）　葉脈（　　　）　根（　　　）

(2) 図の㋒のような葉脈を何というか。　　　　　　　　　　　　（　　　　　　）

(3) 図の㋔に見られるA，Bの根を，それぞれ何というか。

A（　　　　　　　　）　B（　　　　　　　　）

(4) 子葉，葉脈，根などの特徴から，アブラナとイネは，被子植物のそれぞれ何というなかまに分類されるか。 ヒント

アブラナ（　　　　　　　　）

イネ（　　　　　　　　）

❹ マツの花のつくり 図1はマツの枝を，図2はマツの花のりん片を表したものである。これについて，次の問いに答えなさい。

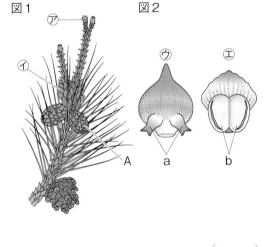

図1　㋐　㋑　A
図2　㋒　㋓　a　b

(1) 図1の㋐，㋑は，それぞれ雄花，雌花のどちらを表しているか。

㋐（　　　　　　）

㋑（　　　　　　）

(2) 図1のAは，雄花と雌花のどちらが成長したものか。　　　（　　　　　　）

(3) 図2で，雄花のりん片を表しているのは，㋒，㋓のどちらか。　（　　　）

(4) 図2のa，bのつくりを，それぞれ何というか。

a（　　　　　　）

b（　　　　　　）

(5) 図2で，花粉が入っているのは，a，bのどちらか。　　　　　　（　　　）

(6) 図2で，成長して種子になるのは，a，bのどちらか。　　　　　（　　　）

(7) マツの雌花や雄花に花弁はあるか。 ヒント　　　　　　　　　　　（　　　）

(8) マツの雌花に子房はあるか。　　　　　　　　　　　　　　　　　（　　　）

(9) マツのように，胚珠がむき出しの花をもつ植物を何というか。　（　　　　　　）

❸(4)「単」は“1つの”，「双」は“2つの”という意味がある。
❹(7)マツの雌花や雄花にはがくがないことから考える。

解答 p.3

定着のワーク ステージ2 第2章 植物の分類－②

1 種子植物 下の①〜⑤の植物の特徴について，あとの問いに答えなさい。

① 胚珠が子房の中にある。
② 子房がなく，胚珠がむき出しになっている。
③ 根，茎，葉に分かれている。
④ 種子でふえる。
⑤ 単子葉類と双子葉類に分類できる。

(1) ①〜⑤のうち，被子植物にあてはまる特徴をすべて選びなさい。 (　　　)

(2) 被子植物を，下の〔　〕からすべて選びなさい。 (　　　)

〔 サクラ　スギ　ツツジ　イチョウ 〕

(3) ①〜⑤のうち，裸子植物にあてはまる特徴をすべて選びなさい。 (　　　)

(4) 裸子植物を，下の〔　〕からすべて選びなさい。[ヒント] (　　　)

〔 スギ　アサガオ　アブラナ　ソテツ 〕

2 シダ植物 右の図は，イヌワラビのからだのつくりを表したものである。これについて，次の問いに答えなさい。

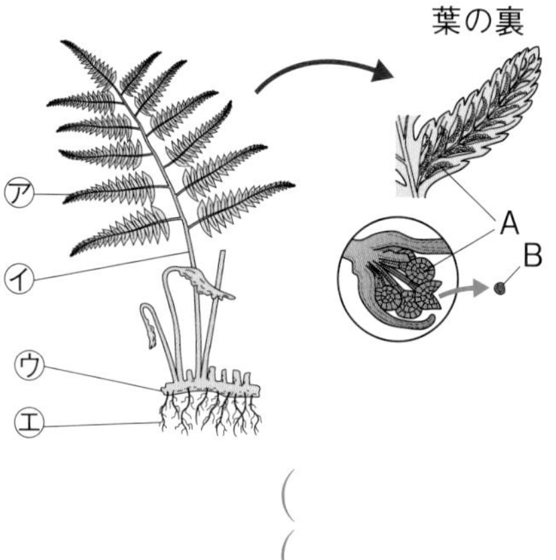

(1) シダ植物は，どのような場所に生えていることが多いか。次のア，イから選びなさい。[ヒント] (　　　)

ア 日当たりのよい明るい場所
イ 日当たりのあまりよくない場所

(2) イヌワラビの茎と根を，それぞれ図の㋐〜㋓から選びなさい。 茎(　　　) 根(　　　)

(3) 葉の裏側に集まっているAを何というか。 (　　　)

(4) Aの中にあるBを何というか。 (　　　)

(5) イヌワラビは，花をさかせるか。 (　　　)

(6) イヌワラビのなかまを何植物というか。 (　　　)

(7) イヌワラビ以外の(6)には，根，茎，葉の区別があるか。 (　　　)

ヒントの森

1(4)裸子植物の葉は，針のようになっているものが多い。
2(1)イヌワラビは山の中の木が茂っている場所などに生えていることが多い。

❸ コケ植物 右の図は，ゼニゴケのからだのつくりを表したものである。これについて，次の問いに答えなさい。

(1) ゼニゴケのなかまを何植物というか。
（　　　　　　　）

(2) 雄株は，㋐，㋑のどちらか。（　　）

(3) 雄株と雌株について正しいものを，次のア～ウから選びなさい。 ヒント （　　）
　ア 雄株だけに胞子ができる。
　イ 雌株だけに胞子ができる。
　ウ 雄株にも，雌株にも胞子ができる。

(4) 根のように見えるAの部分を何というか。（　　　　　　　）

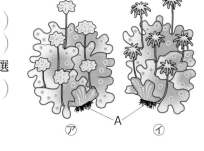

❹ 植物の分類 下の図は，植物をさまざまな基準で分類したものである。これについて，あとの問いに答えなさい。

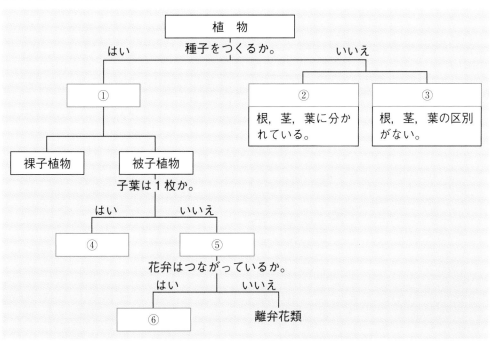

(1) 図の①～⑥にあてはまる分類名を，下の〔　〕から選びなさい。
①（　　　　　　） ②（　　　　　　） ③（　　　　　　）
④（　　　　　　） ⑤（　　　　　　） ⑥（　　　　　　）

〔 シダ植物　種子植物　コケ植物　合弁花類　単子葉類　双子葉類 〕

(2) ④の植物の葉脈を何というか。（　　　　　　　）

(3) ⑤の植物の根のつくりを，根の名前を使って説明しなさい。 ヒント
（　　　　　　　　　　　　　　　　　　）

 ❸(3)雄株には胞子のうがない。
❹(3)中心にある太い根と，そこから伸びた細い根でできている。

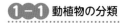

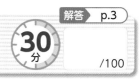

解答 p.3

実力判定テスト ステージ3 第2章 植物の分類

30分 /100

よく出る **1** 右の図は，アブラナの花のつくりを表したものである。これについて，次の問いに答えなさい。

2点×13(26点)

(1) ㋐〜㋗のつくりを，それぞれ何というか。

(2) 花粉が㋐につくことを，何というか。

(3) (2)のあと，㋒や㋓は成長して，それぞれ何になるか。

(4) ㋓が㋒の中にあるような花をもつ植物のなかまを何というか。

(5) アブラナとツツジの花のつくりを比べたとき，数が同じなのは，㋑，㋕，㋖，㋗のどのつくりか。

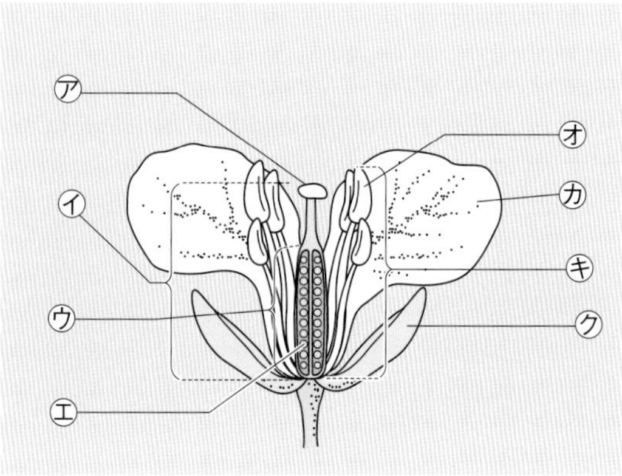

(1)	㋐		㋑		㋒		㋓	
	㋔		㋕		㋖		㋗	

(2)		(3)	㋒		㋓		(4)		(5)

よく出る **2** 下の図は，マツの花のつくりと，種子ができるまでのようすを表したものである。これについて，あとの問いに答えなさい。

6点×4(24点)

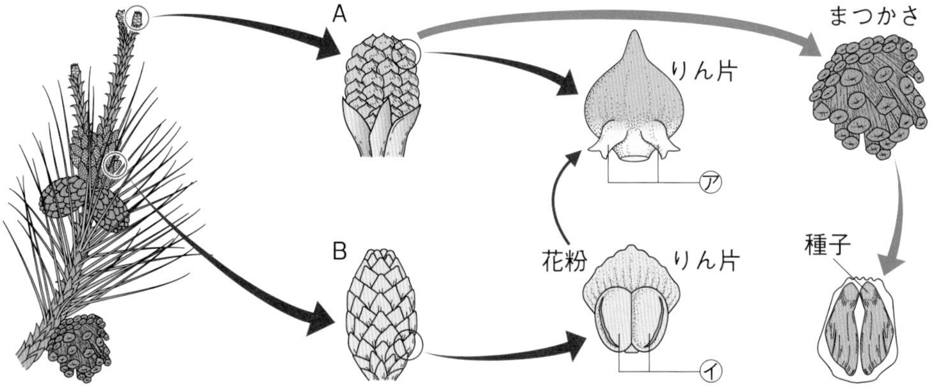

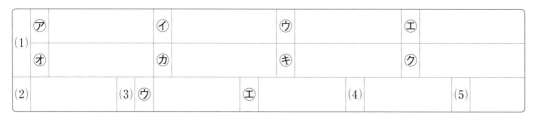

(1) 雌花は，A，Bのどちらか。

(2) ㋐，㋑のつくりを，それぞれ何というか。

記述 (3) マツは裸子植物に分類される。裸子植物の花の特徴を簡単(かんたん)に答えなさい。

(1)		(2)	㋐	㋑	
(3)					

3 右の図は，ゼニゴケの雄株と雌株のつくりを表したものである。これについて，次の問いに答えなさい。

5点×4（20点）

(1) 雌株は，㋐，㋑のどちらか。

(2) 胞子のうは，雄株，雌株のどちらについているか。

(3) ゼニゴケについての説明として正しいものを，次のア～ウから選びなさい。

ア　花がさいたあと，種子ができる。

イ　花がさいたあと，胞子ができる。

ウ　花はさかせず，胞子ができる。

(4) ゼニゴケと同じように，(3)の方法でなかまをふやす植物を，下の〔　〕から選びなさい。

〔　スギ　　イヌワラビ　　ススキ　〕

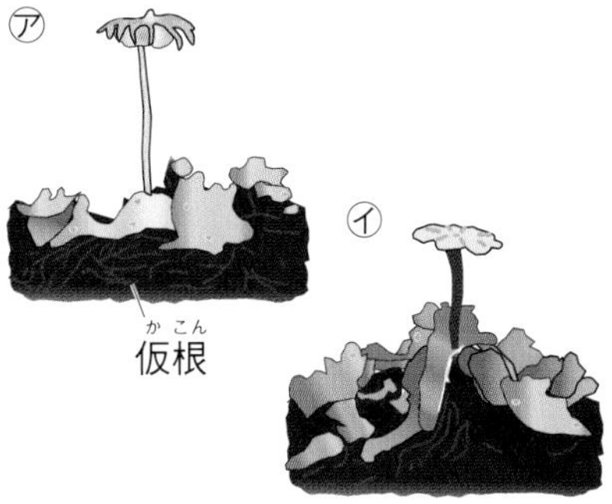

(1)		(2)		(3)		(4)	

よく出る 4 下の図は，いろいろな基準で植物を分類したものである。これについて，あとの問いに答えなさい。

3点×10（30点）

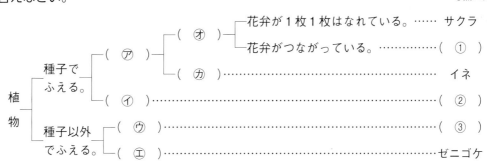

植物
- 種子でふえる。
  - （㋐）
    - （㋔）
      - 花弁が1枚1枚はなれている。…… サクラ
      - 花弁がつながっている。……（①）
    - （㋕）…… イネ
  - （㋑）……（②）
- 種子以外でふえる。
  - （㋒）……（③）
  - （㋓）…… ゼニゴケ

記述 (1) ㋐，㋑にあてはまる特徴を，「胚珠」という言葉を使って，それぞれ答えなさい。

記述 (2) ㋒，㋓にあてはまる特徴を，「根，茎，葉」という言葉を使って，それぞれ答えなさい。

記述 (3) ㋔，㋕にあてはまる特徴を，「子葉」という言葉を使って，それぞれ答えなさい。

(4) 種子でふえる植物を何というか。

(5) 図の①～③にあてはまる植物を，それぞれ次のア～ウから選びなさい。

ア　イチョウ　　イ　アサガオ　　ウ　ゼンマイ

(1)	㋐				㋑					
(2)	㋒				㋓					
(3)	㋔				㋕					
(4)		(5)	①			②		③		

解答 p.4

確認のワーク ステージ1　第3章　動物の分類

教科書の要点　(　)にあてはまる語句を，下の語群から選んで答えよう。

同じ語句を何度使ってもかまいません。

1 脊椎動物

教 p.48〜53

(1) 背骨をもつ動物を(①★　　　　)，背骨をもたない動物を(②★　　　　)という。
└5つのなかまに分類できる。

(2) ヒトなどの子は，母体から養分や酸素を受けとって育ち，親と同じようなすがたでうまれる。このうまれ方を(③★　　　　)という。
└うまれるまで，母親の子宮内で育つ。

(3) 胎生に対して，カルガモなどのように，卵でうまれるうまれ方を(④★　　　　)という。

(4) 脊椎動物は，アジなどの★魚類，カエルなどの(⑤★　　　　)，トカゲなどの(⑥★　　　　)，カルガモなどの★鳥類，ウサギなどの★哺乳類に分類される。

(5) 呼吸に注目すると，魚類と両生類の幼生は(⑦　　　　)で，両生類の成体，は虫類，鳥類，哺乳類は(⑧　　　　)で行う。両生類は皮ふからも呼吸をする。

(6) からだの表面は，魚類とは虫類は(⑨　　　　)で，両生類は粘液で，鳥類は(⑩　　　　)で，哺乳類は体毛でおおわれている。
└つばさがある。

まるごと暗記
脊椎動物
- 背骨をもつ。
- 魚類，両生類，は虫類，鳥類，哺乳類の5つに分類される。

ワンポイント
脊椎動物は，子のうみ方，呼吸のしかた，からだの表面のようすなどの観点から分類される。

プラスα
両生類は，幼生と成体で呼吸のしかたが異なる。

2 無脊椎動物

教 p.54〜63

(1) 昆虫のからだの外側をおおうかたい殻を(①　　　　)という。昆虫のように，かたい殻をもち，からだに節のある動物を(②★　　　　)という。
└節の部分でからだを動かす。

(2) 節足動物は，トンボやカブトムシのように，からだが頭部，胸部，腹部に分かれ，3対(6本)のあしがある(③　　　　)や，カニやエビなどの(④　　　　)などに分類される。

(3) イカや二枚貝など，内臓が(⑤　　　　)でおおわれ，背骨や節がない動物を(⑥★　　　　)という。ほとんどは海水中にすんでいる。

(4) 節足動物や軟体動物のほかにも，クラゲやヒトデ，ミミズなども(⑦　　　　)のなかまである。

(5) 無脊椎動物の子のうみ方は(⑧　　　　)である。

まるごと暗記
無脊椎動物
- 背骨をもたない。
- 節足動物
→外骨格におおわれ，からだに節がある。
- 軟体動物
→外とう膜がある。

語群
1肺／卵生／うろこ／両生類／脊椎動物／胎生／無脊椎動物／えら／羽毛／は虫類
2軟体動物／外骨格／昆虫類／卵生／節足動物／無脊椎動物／甲殻類／外とう膜

★の用語は，説明できるようになろう！

 教科書の 図 □ にあてはまる語句を，下の語群から選んで答えよう。

同じ語句を何度使ってもかまいません。

1 脊椎動物の分類　教 p.58

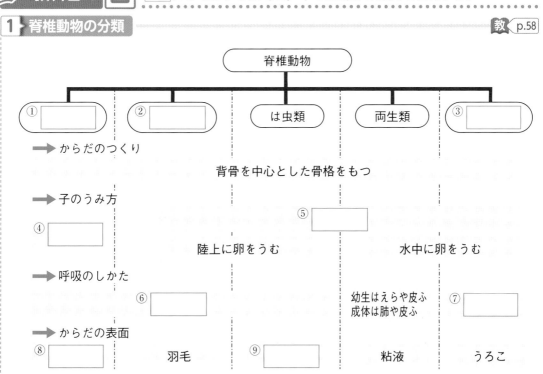

2 無脊椎動物の分類　教 p.58

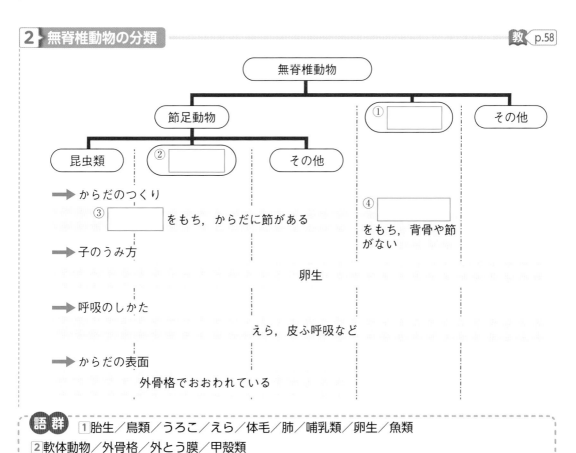

語群 1 胎生／鳥類／うろこ／えら／体毛／肺／哺乳類／卵生／魚類
2 軟体動物／外骨格／外とう膜／甲殻類

わからない用語は，教科書の 要点 の★で確認しよう！

解答 p.4

定着のワーク ステージ2 第3章 動物の分類

1 脊椎動物の分類 右の図は，脊椎動物の5種類のなかまの例をそれぞれ示したものである。これについて，次の問いに答えなさい。

㋐アジ

㋑カエル

㋒トカゲ

㋓カルガモ

㋔キツネ

(1) すべての脊椎動物がもっているからだのつくりは何か。
( )

(2) 図の㋐〜㋔の脊椎動物は，それぞれ何類に分類されるか。
㋐( ) ㋑( )
㋒( ) ㋓( )
㋔( )

(3) 次の①，②のような呼吸のしかたをする動物はどれか。それぞれ図の㋐〜㋔からすべて選びなさい。
① 一生肺で呼吸する動物 ( )
② 幼生はえらで呼吸し，成体になると肺で呼吸する動物
( )

(4) (3)の②は，えらや肺以外に，あるつくりからも呼吸している。そのつくりの名称を答えなさい。
( )

(5) からだの表面が，次の①〜③でおおわれている動物はどれか。それぞれ図の㋐〜㋔からすべて選びなさい。
① 粘液 ( )
② うろこ ( )
③ 羽毛 ( )

(6) 卵を，次の①，②のようにしてうむ動物はどれか。それぞれ図の㋐〜㋔からすべて選びなさい。
① 水中にうむ。 ( )
② 陸上にうむ。 ( )

(7) ㋐と㋓の卵を比べたとき，㋓にあって㋐にないつくりは何か。[ヒント] ( )

(8) 卵をうまない動物の，子のうまれ方について，次の文の( )にあてはまる言葉を答えなさい。[ヒント]
①( ) ②( )

母親の(①)という器官の中で，ある程度育ってからうまれてくる。このようなうまれ方を(②)という。

ヒントの森
1 (7)陸上の卵は，乾燥(かんそう)に強いつくりになっている。(8)脊椎動物のうち，卵をうまないのは哺乳類だけである。哺乳類の子は，うまれるまで母親のからだの中で成長する。

❷ 肉食動物と草食動物 次の問いに答えなさい。

記述 (1) シマウマの奥の歯が大きくなっていることは, 何に適しているか。

（　　　　　　　　　　　　　　）

記述 (2) ライオンにとがった歯があることは, 何に適しているか。

（　　　　　　　　　　　　　　）

(3) シマウマ, ライオンのうち, 肉食動物に分類されるのはどちらか。 ヒント

（　　　　　　　）

シマウマ　　　　ライオン

1-1

❸ 無脊椎動物の分類 下の図は, いろいろな無脊椎動物を表したものである。これについて, あとの問いに答えなさい。

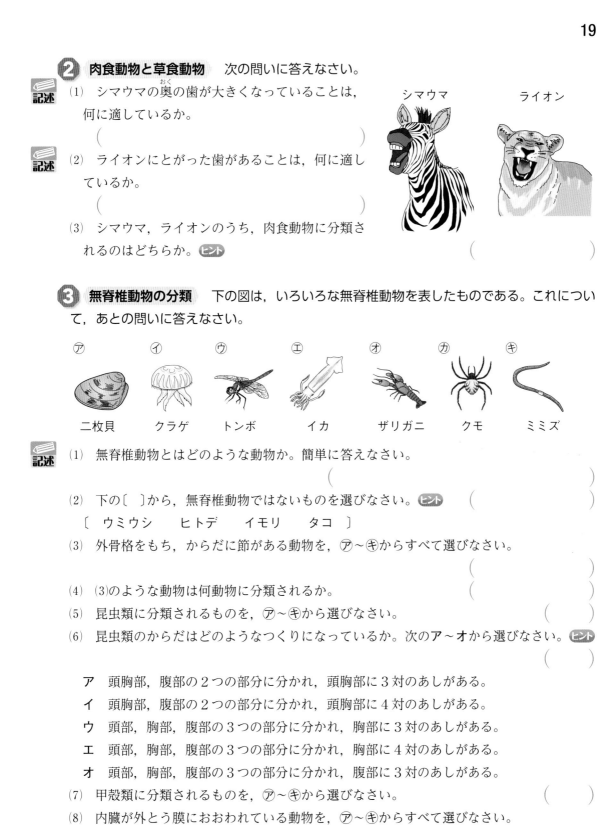

　㋐　　　　㋑　　　　㋒　　　　㋓　　　　㋔　　　　㋕　　　　㋖

二枚貝　　クラゲ　　トンボ　　イカ　　ザリガニ　　クモ　　ミミズ

記述 (1) 無脊椎動物とはどのような動物か。簡単に答えなさい。

（　　　　　　　　　　　　　　）

(2) 下の〔　〕から, 無脊椎動物ではないものを選びなさい。 ヒント （　　　　　）

〔　ウミウシ　　ヒトデ　　イモリ　　タコ　〕

(3) 外骨格をもち, からだに節がある動物を, ㋐～㋖からすべて選びなさい。

（　　　　　　　）

(4) (3)のような動物は何動物に分類されるか。 （　　　　　　　）

(5) 昆虫類に分類されるものを, ㋐～㋖から選びなさい。 （　　　　）

(6) 昆虫類のからだはどのようなつくりになっているか。次のア～オから選びなさい。 ヒント

（　　　　）

ア　頭胸部, 腹部の2つの部分に分かれ, 頭胸部に3対のあしがある。

イ　頭胸部, 腹部の2つの部分に分かれ, 頭胸部に4対のあしがある。

ウ　頭部, 胸部, 腹部の3つの部分に分かれ, 胸部に3対のあしがある。

エ　頭部, 胸部, 腹部の3つの部分に分かれ, 胸部に4対のあしがある。

オ　頭部, 胸部, 腹部の3つの部分に分かれ, 腹部に3対のあしがある。

(7) 甲殻類に分類されるものを, ㋐～㋖から選びなさい。 （　　　　）

(8) 内臓が外とう膜におおわれている動物を, ㋐～㋖からすべて選びなさい。

（　　　　　　　）

(9) (8)のような動物は何動物に分類されるか。 （　　　　　　　）

 ❷(3)歯のつくりがどのようになっているかから考える。
❸(2)背骨がある動物を選ぶ。(6)3対は6本, 4対は8本である。

実力判定テスト　ステージ 3　**第3章　動物の分類**　30分　/100

1 右の表は，脊椎動物の5つのなかまについて，特徴をまとめたものである。これについて，次の問いに答えなさい。

2点×13（26点）

記述

(1) 脊椎動物とはどのような動物か。

(2) 表の**A，B**にあてはまる呼吸のしかたを，それぞれ答えなさい。

(3) 子が卵でうまれるうまれ方を何というか。

	㋐	㋑	㋒	㋓	㋔
うまれ方	卵	卵	子	卵	卵
呼吸のしかた	A	B	B	B	えら・肺・皮ふ
からだの表面	うろこ	うろこ	体毛	羽毛	粘液

(4) 弾力のあるじょうぶな殻やかたい殻のある卵をうむ動物を，㋐，㋑，㋓，㋔からすべて選びなさい。

(5) (4)の動物が主に生活する場所を，次のア〜ウから選びなさい。

　ア　水中　　イ　しめった水辺　　ウ　陸上

(6) ㋒の子は，親と同じようなすがたでうまれる。このようなうまれ方を何というか。

(7) (6)のようにしてうまれた子は，母親が出す何を飲んで育つか。

(8) ㋐〜㋔のなかまはそれぞれ何類に分類されるか。

(1)				(2) A		B	
(3)		(4)		(5)	(6)		(7)
(8) ㋐		㋑		㋒	㋓		㋔

2 右の図は，2種類の脊椎動物を表したものである。これについて，次の問いに答えなさい。

6点×4（24点）

(1) からだの表面から水分が失われにくく，乾燥した陸上での生活に適しているのはどちらか。

(2) (1)で選んだ動物は何類に分類されるか。

(3) 幼生と成体で呼吸のしかたがちがうのはどちらか。

トカゲ　　　　　アカハライモリ

(4) (3)で選んだ動物と同じなかまに分類される動物を，次のア〜エから選びなさい。

　ア　ヤモリ　　イ　ヒキガエル　　ウ　カメ　　エ　マイマイ

(1)		(2)		(3)		(4)	

3 右の図は，無脊椎動物をなかま分けしたものである。これについて，次の問いに答えなさい。

3点×12（36点）

(1) 図の条件①は，どのような内容か。次の（　）にあてはまる言葉を答えなさい。

からだに（　）があるか，ないか。

(2) 図の条件②は，どのような内容か。次の（　）にあてはまる言葉を答えなさい。

内臓が（　）におおわれているか，いないか。

(3) 図のA，Bにあてはまる言葉をそれぞれ答えなさい。

(4) A動物のからだをおおっている殻を何というか。

(5) C，Dのなかまをそれぞれ何類というか。

(6) 次の①～⑤の動物を分類すると，図のa～eのどこに入るか。記号で答えなさい。

① イカ　　② ミミズ　　③ ムカデ　　④ ミジンコ　　⑤ セミ

```
無脊椎動物
  │
（条件①）
  ├────────────────┐
A 動物           （条件②）
  ├───┬────┐       ├────┐
  C    D   その他   B 動物  その他
チョウ エビ  クモ    タコ   クラゲ
  a    b    c       d     e
```

(1)		(2)		(3) A		B	
(4)			(5) C			D	
(6) ①		②		③		④	⑤

4 右の図は，動物をある特徴で分けたものである。これについて，次の問いに答えなさい。

2点×7（14点）

(1) 図の動物をFの線で分けたとき，①カツオをふくむなかま，②二枚貝をふくむなかまをそれぞれ何というか。

(2) 図の動物で，次の特徴をもつのはどの範囲のなかまか。A～Iの記号を使って答えなさい。

① 卵でなく，子がうまれる。

② 背骨をもち，水中に卵をうむ。

③ 背骨をもつ。

④ からだに節がある。

⑤ からだが頭部，胸部，腹部に分かれ，胸部に3対のあしがある。

```
        A
カツオ
        B
イモリ
        C
カメ
        D
カラス
        E
イヌ
        F
クワガタ
        G
エビ
        H
二枚貝
        I
```

(1) ①		②		(2) ①	から
(2) ②	から　③	から　④	から　⑤	から	

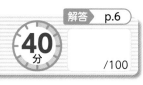

解答 p.6

単元末総合問題 1-1 動植物の分類

40分 /100

1 生物の観察について，次の問いに答えなさい。

3点×4（12点）

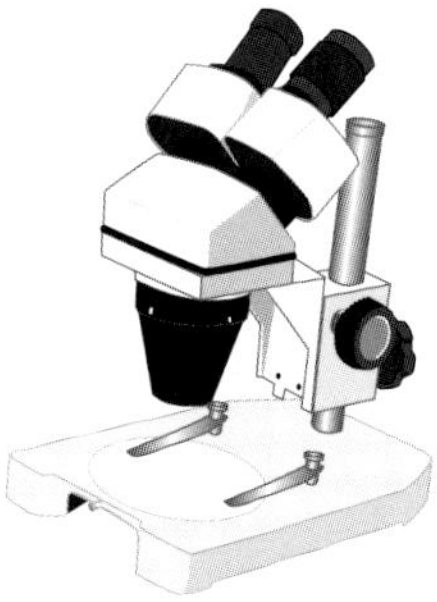

(1) 右の図の観察器具を何というか。

[記述] (2) (1)の器具を使うと，試料を立体的に観察できるのはなぜか。

(3) ルーペで木にとまっている小さな昆虫を観察するとき，どのようにすればよいか。次の**ア**〜**ウ**から選びなさい。

ア ルーペを目に近づけて固定し，昆虫を手に取って顔に近づける。

イ ルーペを目に近づけて固定し，顔を昆虫に近づける。

ウ 顔を木にとまった昆虫に近づけ，ルーペを前後に動かす。

(4) 生物の分類で，「水中にいるか，陸上にいるか」，「からだに殻があるか，ないか」という基準をもうけたとき，「水中にいて，からだに殻がある」に分類される生物を，次の**ア**〜**コ**からすべて選びなさい。

ア 二枚貝　　**イ** エビ
ウ オタマジャクシ　　**エ** イヌ
オ マイマイ　　**カ** カエル
キ コイ　　**ク** ザリガニ
ケ ハチ　　**コ** イカ

1

(1)	
(2)	
(3)	
(4)	

2 図1はマツの枝，図2はマツの枝から取ったつくり，図3はサクラのめしべのつくりを表したものである。これについて，次の問いに答えなさい。

4点×7（28点）

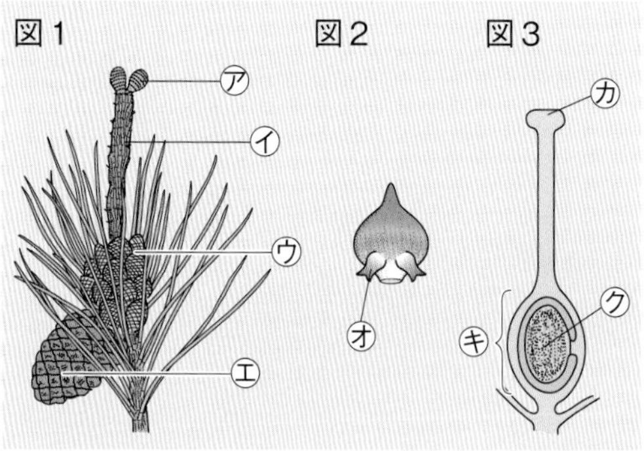

(1) マツの雄花を，図1の㋐〜㋓から選びなさい。

(2) 図2は，図1の㋐〜㋓のどの部分のりん片か。

(3) 図2の㋔の部分を何というか。

(4) 図2の㋔の部分は，図3のサクラでは㋕〜㋗のどれにあたるか。

(5) 花粉が図2の㋔の部分につくことを何というか。

(6) 図2の㋔の部分は，(5)のあと成長して何になるか。

(7) マツが裸子植物に分類されるのは，図3のサクラで㋕〜㋗のどれにあたるつくりがないためか。

2

(1)	
(2)	
(3)	
(4)	
(5)	
(6)	
(7)	

目標 生物の分類のしかたや花のつくりをよく覚えておこう。植物や動物をさまざまな特徴で分類できるようにしておこう。

自分の得点まで色をぬろう!
がんばろう! もう一歩 合格!
0 60 80 100点

3 右の図のように，植物をいろいろな特徴をもとに分類した。これについて，次の問いに答えなさい。

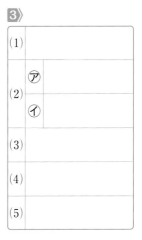

5点×6（30点）

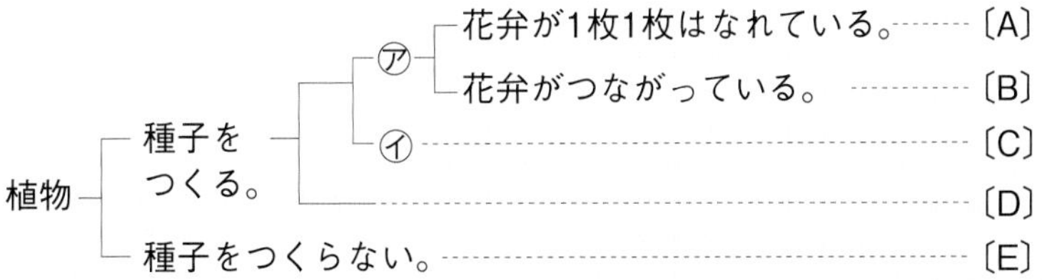

(1) 種子をつくってなかまをふやす植物を何というか。

(2) 特徴㋐，㋑にあてはまるものを，次のア～エからそれぞれすべて選びなさい。

ア 発芽したとき，子葉が２枚である。
イ 葉脈が平行脈である。
ウ 葉脈が網状脈である。
エ 根がひげ根である。

(3) 種子をつくらないEの植物は，なかまを何でふやしているか。

(4) Cの植物のなかまを何というか。

(5) タンポポは，A～Eのどれに分類されるか。

3

(1)		
(2)	㋐	
	㋑	
(3)		
(4)		
(5)		

4 下の図は，動物をいろいろな特徴をもとに分類したものである。これについて，あとの問いに答えなさい。

5点×6（30点）

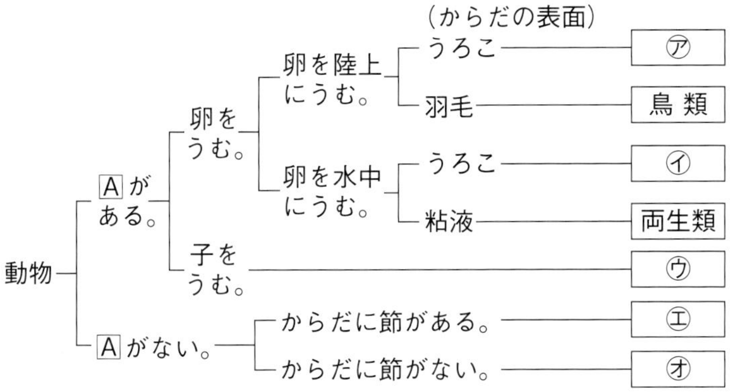

(1) 図の[A]にあてはまる言葉を答えなさい。

(2) 図のように動物を分類したとき，[A]がない動物のなかまを何というか。

(3) 図の㋐，㋑にあてはまる動物の分類名をそれぞれ答えなさい。

(4) ㋒に分類される動物を，次のア～エから選びなさい。

ア キツネ　イ イモリ　ウ ヘビ　エ バッタ

(5) イカは，㋐～㋔のどれに分類されるか。

4

(1)		
(2)		
(3)	㋐	
	㋑	
(4)		
(5)		

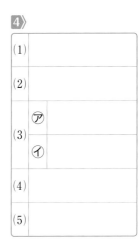

終わったら後ろの，[5]，[10]，[11]をやろう。

解答▶ p.7

確認のワーク ステージ1 第1章 物質の分類

教科書の要点

同じ語句を何度使ってもかまいません。

(　　)にあてはまる語句を，下の語群から選んで答えよう。

1 物質の分類

教 p.64〜77

(1) 形や大きさに注目したときの「もの」を(①★　　　　)といい，物体をつくっている原料に注目したときの「もの」を(②★　　　　)という。
└木やプラスチックなど。

(2) ★金属(きんぞく)には，次のような共通の性質がある。

- (③　　　　)を通しやすい。
  └導線は金属でできている。
- 熱を伝えやすい。
- (④　　　　)とよばれる特有のかがやきがある。
- 引っ張ると細くのび(延性(えんせい))，たたくとうすく広がる(展性(てんせい))。

(3) (⑤　　　　)に引きつけられることは，鉄にはあてはまるが，銅などにはあてはまらないので，金属に共通の性質ではない。

(4) 木など，金属以外の物質を(⑥★　　　　)という。

(5) 炭素をふくむ物質を(⑦★　　　　)といい，燃えると(⑧　　　　)と水が発生する。
└生物のからだや食品など。

(6) 有機物(ゆうきぶつ)以外の物質を(⑨★　　　　)といい，加熱しても二酸化炭素は発生しない。
└食塩や鉄など。

(7) 二酸化炭素や炭素は，炭素をふくむが，(⑩　　　　)に分類される。

2 物質の体積と質量(しつりょう)

教 p.78〜83

(1) gやkgの単位で表される量を(①★　　　　)という。

(2) 物質1 cm^3当たりの質量を(②★　　　　)といい，次の式で求めることができる。単位には★グラム毎立方センチメートル(記号g/cm^3)を用いる。

$$密度(みつど)[g/cm^3]=\frac{物質の(③\qquad)[g]}{物質の(④\qquad)[cm^3]}$$

(3) 物質によって密度は決まっている。

(4) 水(4℃)の密度は(⑤　　　　)g/cm^3である。

(5) 密度が水より(⑥　　　　)物質は水に沈(しず)み，水より(⑦　　　　)物質は水に浮(う)く。

(6) 気体どうし，液体どうしの間でも，物質の浮き沈みは起こる。

まるごと暗記
物質の分類
- 形や大きさに注目
→物体
- 原料に注目
→物質
- 金属の性質
・電気を通しやすい。
・熱を伝えやすい。
・みがくと光沢が出る。
・延性，展性がある。

ワンポイント
ニッケルという金属も磁石につく。

プラスα
有機物は炭素をふくむ物質である。

まるごと暗記
密度
- 物質1cm^3当たりの質量
→密度
- 密度の単位
→グラム毎立方センチメートル(記号g/cm^3)

語群
1 電気／無機物(むきぶつ)／非金属(ひきんぞく)／二酸化炭素／物質／金属光沢(こうたく)／物体／磁石／有機物
2 小さい／大きい／密度／体積／質量／1.00

★の用語は，説明できるようになろう！

同じ語句を何度使ってもかまいません。

教科書の 図 □にあてはまる語句を，下の語群から選んで答えよう。

1 ガスバーナーの使い方

教 p.73

● 火のつけ方と炎の調節

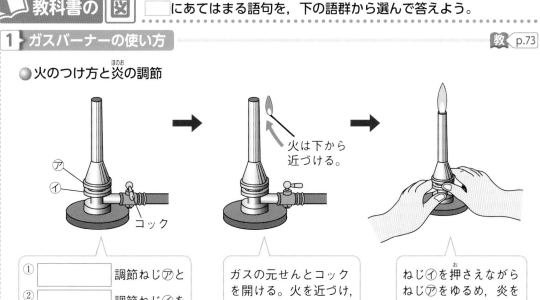

火は下から近づける。

コック

① □□□□ 調節ねじ⑦と
② □□□□ 調節ねじ⑦を
一度ゆるめ，軽く閉める。

ガスの元せんとコックを開ける。火を近づけ，ねじ③ □□□□ をゆるめて，点火する。

ねじ⑦を押さえながらねじ⑦をゆるめ，炎を
④ □□□□ 色にする。

2 メスシリンダーの読み方

教 p.80

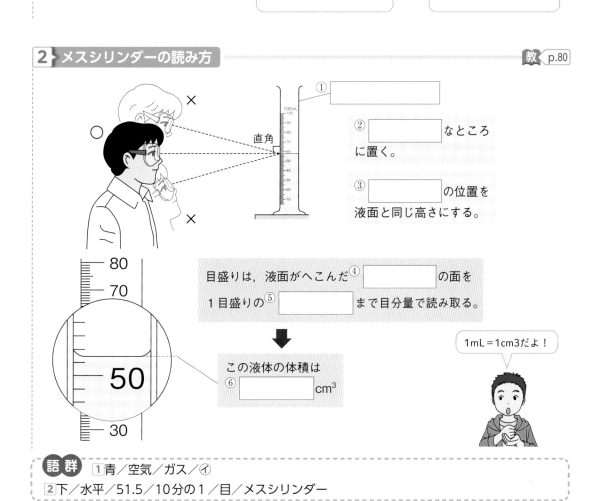

① □□□□

② □□□□ なところに置く。

③ □□□□ の位置を液面と同じ高さにする。

目盛りは，液面がへこんだ④ □□□□ の面を
1 目盛りの⑤ □□□□ まで目分量で読み取る。

この液体の体積は
⑥ □□□□ cm³

1mL＝1cm3だよ！

語群 1青／空気／ガス／⑦
2下／水平／51.5／10分の1／目／メスシリンダー

わからない用語は，教科書の要点の★で確認しよう！

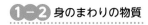

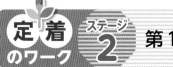

解答 p.7

定着のワーク ステージ2　第1章　物質の分類

1 金属と非金属

下の図のものについて，電気を通すかどうか，磁石に引きつけられるかどうかを調べた。これについて，あとの問いに答えなさい。

㋐ろうそく（ロウ）

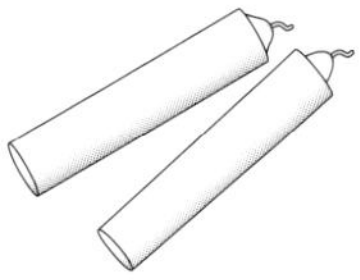

㋑空きかん（鉄）

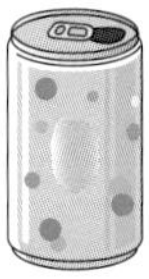

㋒消しゴム（プラスチック）

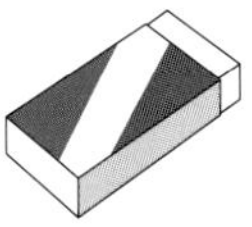

㋓10円硬貨（主に銅）

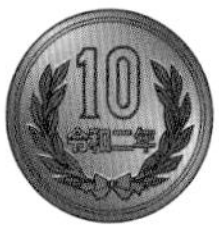

㋔氷（水）

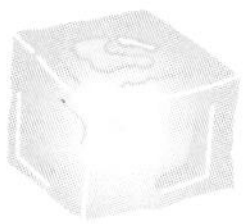

㋕ものさし（竹）

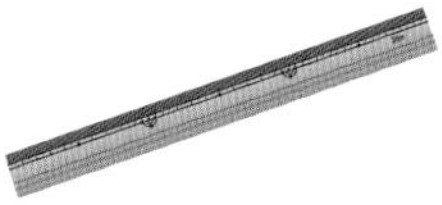

㋖スプーン（鉄）

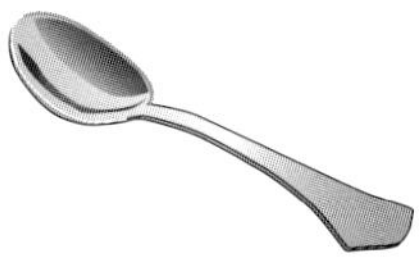

(1)　電気を通すものを，㋐〜㋖からすべて選びなさい。（　　　　）

(2)　(1)で選んだ物質は，何に分類されるか。[ヒント]（　　　　）

(3)　(2)以外の物質は，何に分類されるか。（　　　　）

(4)　磁石に引きつけられるものを，㋐〜㋖からすべて選びなさい。（　　　　）

(5)　(2)に分類される物質には，磁石に引きつけられるという共通の性質があるといえるか。（　　　　）

2 ガスバーナーの使い方

ガスバーナーの使い方について，次の問いに答えなさい。

図1

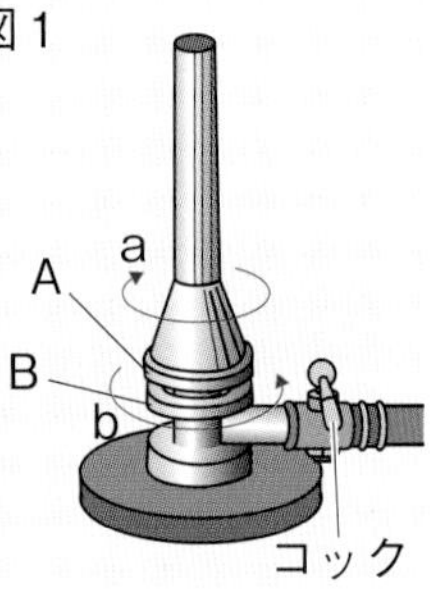

(1)　図1で，A，Bはそれぞれ何の量を調節するねじか。

A（　　　　）　B（　　　　）

(2)　ガスを出すとき，ねじをゆるめる向きは，図1のa，bのどちらか。（　　）

(3)　ガスバーナーに点火するには，どのような手順で行えばよいか。次のア〜オを正しい順にならべなさい。

（　→　→　→　→　）

ア　AとBのねじを一度ゆるめてから軽く閉める。

イ　コックを開ける。　　ウ　マッチに火をつける。

エ　ガスの元せんを開ける。

オ　ガス調節ねじをゆるめて点火する。

図2

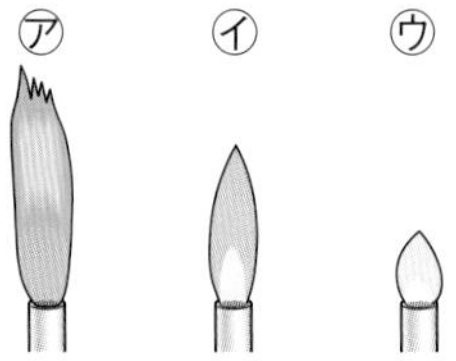

(4)　ガスバーナーに火をつけた。適正な炎は，図2の㋐〜㋒のどれか。[ヒント]（　　）

ヒントの森

1(2)これらの物質には，電気を通しやすいことのほかに，熱を伝えやすい，光沢があるなどの共通の性質がある。　2(4)青い炎になるように調節する。

❸ 教 p.72 探究① **物質を加熱して分類する**　砂糖，食塩，ロウ，デンプン，スチールウールの５つの物質をガスバーナーで加熱し，火がついた物質は石灰水が入った集気びんに入れた。これについて，あとの問いに答えなさい。

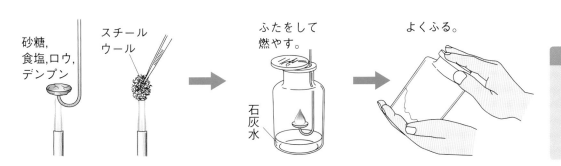

砂糖，食塩，ロウ，デンプン

スチールウール

ふたをして燃やす。

石灰水

よくふる。

(1)　５つの物質の中で，しばらく加熱しても変化しなかったものはどれか。

（　　　　　　　　　）

(2)　集気びんに入れた物質の火が消えてから物質を取り出し，ふたをしてよくふった。このとき，石灰水が白くにごった物質はどれか。すべて選びなさい。

（　　　　　　　　　）

(3)　(2)で石灰水が白くにごったのは，物質が燃えて何が発生したからか。

（　　　　　　　　　）

(4)　燃えて(3)が発生するのは，物質に何がふくまれているからか。（　　　　　　　）

記述

(5)　(2)の物質が燃えるとき，集気びんの内側にはどのような変化が見られたか。

（　　　　　　　　　）

(6)　(5)のことから，(2)の物質が燃えるときに何が発生したことがわかるか。

（　　　　　　　　　）

(7)　(2)の物質は，何に分類されるか。 ヒント（　　　　　　　）

(8)　(7)以外の物質は，何に分類されるか。（　　　　　　　）

❹ 教 p.79 探究② **未知の物質の物質名をつきとめる**　金属でできたおもりの質量を電子てんびんではかり，さらに，ある器具に水を入れて体積をはかったところ，質量は30.0gで，体積は11.1cm³であった。これについて，次の問いに答えなさい。

(1)　体積をはかるときに使う器具を何というか。 ヒント（　　　　　　　）

(2)　物質１cm³当たりの質量を何というか。（　　　　　　　）

(3)　おもりの(2)の値を，四捨五入して小数第２位まで求めなさい。 ヒント（　　　　　　）

(4)　おもりは何でできていることがわかるか。右の表から選びなさい。

（　　　　　　　　　）

物質	(2)の値〔g/cm³〕
銅	8.96
鉄	7.87
アルミニウム	2.70

ヒントの森

❸(7)炭素や二酸化炭素はこの分類にふくまれない。
❹(1)水を入れた器具におもりを入れて体積をはかる。(3)小数第３位を四捨五入する。

解答 p.8

実力判定テスト ステージ3　第1章　物質の分類

30分　/100

よく出る **1** 3種類の物質A〜Cの性質を調べるため，下の実験1〜3を行った。これについて，あとの問いに答えなさい。　5点×4（20点）

実験1　物質が電気を通すかどうかを調べたところ，AとCは電気を通した。
実験2　磁石に引きつけられるかどうかを調べたところ，Cだけが磁石に引きつけられた。
実験3　加熱したところ，Bだけが燃えて，二酸化炭素と水が発生した。

(1)　物質とは，何に注目したときの「もの」のことをいうか。
(2)　有機物はどれか。A〜Cから選びなさい。
(3)　**実験3**で，Bが燃えたときに発生した気体が二酸化炭素であることを確かめるために石灰水を用いた。二酸化炭素にふれると，石灰水はどのように変化するか。
(4)　A〜Cの物質の組み合わせとして正しいものを，次のア〜エから選びなさい。
ア　A－鉄　B－食塩　C－銅
イ　A－銅　B－食塩　C－鉄
ウ　A－鉄　B－砂糖　C－銅
エ　A－銅　B－砂糖　C－鉄

(1)		(2)		(3)		(4)	

2 下の6種類の物質を分類した。これについて，あとの問いに答えなさい。　4点×5（20点）

㋐水　㋑ロウ　㋒アルミニウム　㋓銅　㋔プラスチック　㋕二酸化炭素

(1)　㋐〜㋕の中から，金属に分類される物質をすべて選びなさい。
(2)　金属をみがくと見られる特有のかがやきを何というか。下の〔　〕から選びなさい。
〔　展性　　延性　　金属光沢　〕
[記述] (3)　スチールウールを加熱すると炎を出さずに燃えるが，鉄は有機物には分類されない。その理由を答えなさい。
(4)　㋐〜㋕から，有機物に分類されるものをすべて選びなさい。
(5)　㋐〜㋕から，無機物であり，非金属でもある物質をすべて選びなさい。

(1)		(2)	
(3)			
(4)		(5)	

3 右の表は，いろいろな物質の密度を表したものである。これについて，次の問いに答え
なさい。　　　　　　　　　　　　　　　　　　　　　　　　　　4点×8（32点）

(1) 密度とは何か。

(2) 表で，1g当たりの体積が最も大きい物質は何か。

(3) 表で，1g当たりの体積が最も小さい物質は何か。

(4) 銅10cm³の質量は何gか。

(5) アルミニウム8.10gの体積は何cm³か。

(6) 表で，体積が5cm³の質量が39.35gである物質は何か。

(7) 表で，4℃の水の中に入れると，浮く物質をすべて選び
なさい。

(8) (7)の物質が水に浮く理由を答えなさい。

物質	密度〔g/cm³〕
水銀	13.5
銅	8.96
鉄	7.87
アルミニウム	2.70
ポリエチレン	0.95
氷（0℃）	0.92

※ポリエチレンはプラスチックの一種である。

(1)		(2)		(3)		(4)	
(5)		(6)		(7)			
(8)							

4 ある物体Aの質量をはかると14gで，物体Aを50cm³の水が入ったメスシリンダーの
中にすべて沈めると，水面が右の図のようになった。これについて，次の問いに答えなさい。
　　　　　　　　　　　　　　　　　　　　　　　　4点×7（28点）

(1) メスシリンダーは，どのようなところに置いて使うか。

(2) メスシリンダーの目盛りを読むとき，目の位置はどのよう
にするか。次のア～ウから選びなさい。

ア　液面の少し上の高さにする。

イ　液面と同じ高さにする。

ウ　液面の少し下の高さにする。

(3) 図の液面の目盛りを読み取りなさい。

(4) 物体Aの体積は何cm³か。

(5) 物体Aの密度を求めなさい。

(6) 物体Aと同じ物質でできた物体B 8cm³の質量は何gか。

(7) 物体Aと同じ物質でできた物体C 48gを50cm³の水が入っ
たメスシリンダーの中に入れると，液面の目盛りは何cm³になるか。次のア～エから選び
なさい。

ア　58cm³　　イ　60cm³　　ウ　62cm³　　エ　64cm³

(1)		(2)	(3)	(4)	
(5)	(6)	(7)			

解答 p.8

確認のワーク ステージ1　第2章　粒子のモデルと物質の性質(1)

同じ語句を何度使ってもかまいません。

教科書の要点　(　)にあてはまる語句を，下の語群から選んで答えよう。

1 水溶液

教 p.84～88

(1)　1種類の物質からできている物質を(①★　　　　)，いくつかの物質が混ざり合った物質を(②★　　　　)という。

(2)　物質が水に溶けると，物質は水の中に広がって見えなくなり，(③　　　　)な液になる。

(3)　物質が液体に溶けることを(④★　　　　)といい，物質が溶けている液体を(⑤★　　　　)という。

(4)　物質を溶かしている液体を(⑥★　　　　)といい，溶けている物質を(⑦★　　　　)という。溶媒が水である溶液を(⑧★　　　　)という。

気体や液体が溶けた溶液もある。

(5)　溶液の濃さを濃度という。溶質の質量が溶液の質量の何％になるかで表した濃度を(⑨★　　　　)といい，次の式で求める。

$$\text{質量パーセント濃度}[\%]=\frac{\text{溶質の質量}[g]}{(⑩\quad\quad)\text{の質量}[g]}\times 100$$

(6)　固体と液体が混ざり合った液から，ろ紙などを使って，固体と液体をわける操作を(⑪★　　　　)という。

2 溶解度と再結晶

教 p.89～95

(1)　物質がそれ以上水に溶けきれなくなった状態を★飽和したといい，その水溶液を(①★　　　　)という。

(2)　100gの水に物質を溶かして飽和水溶液にしたときの，溶けた物質の質量を(②★　　　　)という。

(3)　水溶液を冷やしたり，水を蒸発させたりしたときに出てくる規則正しい形をした固体を(③★　　　　)という。

(4)　結晶は(④　　　　)な物質で，形や色は物質によって決まっている。

その物質が何かを知る手がかりになる。

(5)　固体の物質をいったん水に溶かし，その水溶液から水を蒸発させたり，水溶液を冷やしたりして，物質を結晶として再び取り出すことを(⑤★　　　　)という。これを利用すると，混合物からより純粋な物質を得られる。

まるごと暗記

溶液
- 溶解 →物質が液体に溶けること。
- 溶質 →溶けている物質。
- 溶媒 →溶かしている液体。
- 溶液 →溶質が溶けた液体。
- 水溶液 →溶媒が水の溶液。
- 濃度 →溶液の濃さ。

ワンポイント

溶質が溶媒に溶けて溶液になっても，全体の質量は変わらない。

まるごと暗記

飽和
- 飽和水溶液 →それ以上溶けきれなくなった状態の水溶液。

ワンポイント

いっぱんに，固体の物質は，温度が上がるほど，溶解度が大きくなる。

語群　1 透明／混合物／ろ過／純粋な物質／水溶液／溶媒／質量パーセント濃度／溶解／溶質／溶液　2 再結晶／飽和水溶液／結晶／溶解度／純粋

★の用語は，説明できるようになろう！

教科書の 図 □ にあてはまる語句を，下の語群から選んで答えよう。

同じ語句を何度使ってもかまいません。

1 水溶液，ろ過のしかた
教 p.86, 88

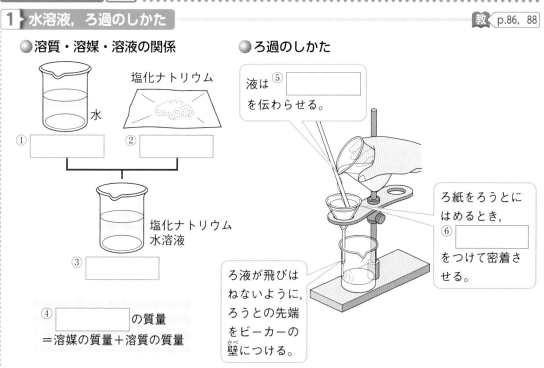

●溶質・溶媒・溶液の関係

塩化ナトリウム

水

① □　② □

③ □

塩化ナトリウム水溶液

④ □ の質量
＝溶媒の質量＋溶質の質量

●ろ過のしかた

液は⑤ □ を伝わらせる。

ろ紙をろうとにはめるとき，⑥ □ をつけて密着させる。

ろ液が飛びはねないように，ろうとの先端をビーカーの壁につける。

2 溶解度
③，④は数値を書こう。　教 p.90

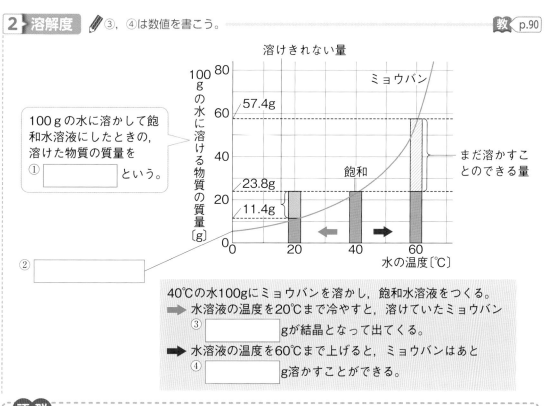

100gの水に溶かして飽和水溶液にしたときの，溶けた物質の質量を① □ という。

② □

溶けきれない量

ミョウバン

57.4g

23.8g

11.4g

飽和

まだ溶かすことのできる量

水の温度〔℃〕

40℃の水100gにミョウバンを溶かし，飽和水溶液をつくる。
➡ 水溶液の温度を20℃まで冷やすと，溶けていたミョウバン③ □ gが結晶となって出てくる。
➡ 水溶液の温度を60℃まで上げると，ミョウバンはあと④ □ g溶かすことができる。

語群 1 溶液／溶質／溶媒／水／ガラス棒
2 33.6／12.4／溶解度／溶解度曲線

わからない用語は，教科書の要点の★で確認しよう！

定着のワーク ステージ2 **第2章 粒子のモデルと物質の性質(1)−①**

① 水溶液の性質 図1のように砂糖を水の中に入れ，そのようすを観察した。これについて，次の問いに答えなさい。

(1) 水のように，1種類の物質からできている物質を何というか。
（　　　　　　　　）

(2) 砂糖水のように，いくつかの物質が混ざり合った物質を何というか。
（　　　　　　　　）

(3) 水溶液は透明か，にごっているか。
（　　　　　　　　）

(4) 砂糖の粒子（りゅうし）を●で表したとき，砂糖が水に溶けていくようすは，どのように表されるか。図2のア〜ウを，順にならべなさい。
ヒント （　　　→　　　→　　　）

(5) さらに2週間静かに置いておくと，水溶液のようすはどうなるか。次のア〜ウから選びなさい。　（　　　）
ア 液の上の方が濃くなる。
イ 液の下の方が濃くなる。
ウ 変化しない。

図1

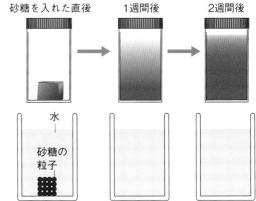

砂糖を入れた直後　1週間後　2週間後

水
砂糖の粒子

図2

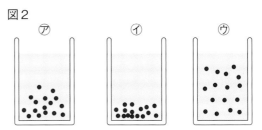

ア　　　イ　　　ウ

② 水溶液 右の図のように，水に塩化ナトリウムを溶かした水溶液をつくった。これについて，次の問いに答えなさい。 ヒント

(1) 物質が液体に溶けることを何というか。
（　　　　　　　　）

(2) 塩化ナトリウムのように，溶けている物質を何というか。　（　　　　　　　　）

(3) 塩化ナトリウムを溶かす水のような液体を何というか。　（　　　　　　　　）

(4) (2)が(3)に溶けてできた液体を何というか。
（　　　　　　　　）

(5) 液体を溶かした水溶液はあるか。
（　　　　　　　　）

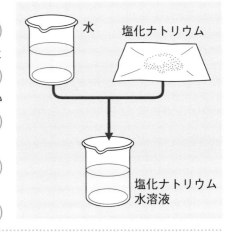

水　塩化ナトリウム

塩化ナトリウム水溶液

❶(4)水が砂糖の粒子の中に入っていくため，砂糖の粒子はしだいに広がっていく。
❷水溶液は(3)が水である(4)のことである。

3 水溶液の濃さ 右の図のように，水の量を変えたビーカー㋐～㋒に，塩化ナトリウムをそれぞれ10gずつ入れてよくかき混ぜた。㋐～㋒のどのビーカーでも，塩化ナトリウムはすべて溶けた。これについて，次の問いに答えなさい。

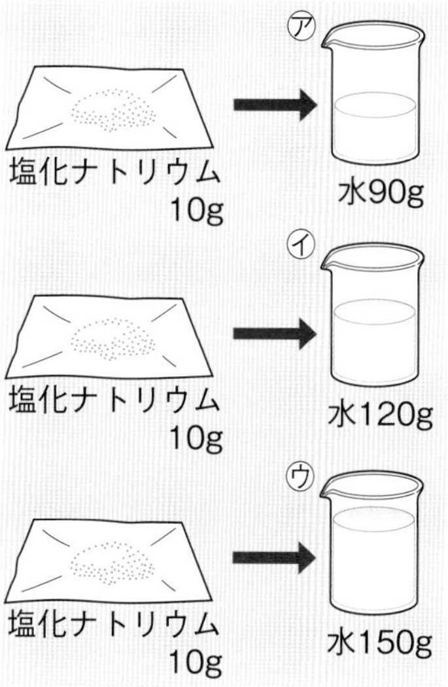

(1) 質量パーセント濃度を求める式の，次の(　)にあてはまる言葉を答えなさい。 ①(　　　) ②(　　　) ③(　　　)

質量パーセント濃度〔%〕$=\dfrac{(\ ①\ )\text{の質量〔g〕}}{(\ ②\ )\text{の質量〔g〕}}\times 100$

$=\dfrac{(\ ①\ )\text{の質量〔g〕}}{(\ ③\ )\text{の質量〔g〕}+\text{溶質の質量〔g〕}}\times 100$

(2) ㋐の水溶液の質量パーセント濃度を求めなさい。 (　　　)

(3) ㋑，㋒の水溶液の質量パーセント濃度を，それぞれ四捨五入して小数第1位まで求めなさい。 ㋑(　　　) ㋒(　　　)

(4) ㋐～㋒の水溶液のうち，最も濃いものはどれか。 (　　　)

(5) ㋐の水溶液に，水をさらに50g加えた。このときの質量パーセント濃度を，四捨五入して小数第1位まで求めなさい。 (　　　)

(6) ㋑の水溶液に，塩化ナトリウムをさらに10g加えて溶かした。このときの質量パーセント濃度を，四捨五入して小数第1位まで求めなさい。[ヒント] (　　　)

4 水溶液の濃さ 水溶液の濃さについて，次の問いに答えなさい。

(1) 70gの水に130gの砂糖を溶かした水溶液㋐と，100gの水に100gの砂糖を溶かした水溶液㋑では，どちらの水溶液の方が濃いか。記号で答えなさい。 (　　　)

(2) 質量パーセント濃度が5%の砂糖水120gには，何gの砂糖が溶けているか。 (　　　)

(3) (2)で，砂糖を溶かしている水は何gか。 (　　　)

(4) 質量パーセント濃度が12%の塩化ナトリウム水溶液を200gつくるには，水と塩化ナトリウムがそれぞれ何g必要か。 水(　　　) 塩化ナトリウム(　　　)

(5) 質量パーセント濃度が12%の塩化ナトリウム水溶液200gに水を100g加えた。できた水溶液の質量パーセント濃度を求めなさい。[ヒント] (　　　)

(6) 質量パーセント濃度が12%の塩化ナトリウム水溶液200gに塩化ナトリウムを6g加えた。できた水溶液の質量パーセント濃度を，四捨五入して小数第1位まで求めなさい。 (　　　)

ヒントの森

3(6)塩化ナトリウム水溶液の質量は，120＋10＋10＝140〔g〕になる。
4(5)水を加えても，溶質の質量は変わらない。

解答　p.9

定着のワーク　ステージ2　**第2章　粒子のモデルと物質の性質(1)−②**

❶ ろ過 デンプンを水に入れてよくかき混ぜたものから，右の図のような装置でデンプンを取り除いた。これについて，次の問いに答えなさい。

(1) 図のようにして，固体と液体をわける操作を何というか。（　　　　　　　　）

(2) ㋐の器具を何というか。（　　　　　　　　）

 (3) どのようにしてろ紙を㋐の器具に密着させるか。
（　　　　　　　　　　　　　　　）

(4) ㋑はろ紙を通りぬけてきた液である。㋑の中にデンプンはふくまれているか。
（　　　　　　　　　　　　　　　）

 (5) ㋑の液が飛びはねないように，㋐の先端をどのようにするか。
（　　　　　　　　　　　　　　　）

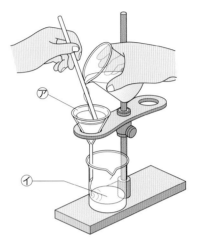

❷ 溶解度と温度 右のグラフは，100gの水に溶かすことのできる物質の質量と水の温度との関係を表したものである。これについて，次の問いに答えなさい。

(1) 100gの水に50gの塩化ナトリウムを入れたところ，塩化ナトリウムが溶けきれずに残った。このように，ある物質が限度まで溶けている状態を何というか。
（　　　　　　　　　　　　　　　）

(2) (1)のようになった水溶液を何というか。
（　　　　　　　　　　　　　　　）

(3) 100gの水に溶ける物質の質量を何というか。
（　　　　　　　　　　　　　　　）

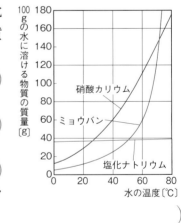

(4) 20℃の水100gに溶ける質量が最も小さい物質を，グラフ中から選びなさい。　　（　　　　　　　　）

(5) 60℃の水100gに溶ける質量が最も大きい物質を，グラフ中から選びなさい。
（　　　　　　　　）

(6) 水の温度が変わっても溶ける量があまり変化しない物質を，グラフ中から選びなさい。
ヒント（　　　　　　　　）

(7) 40℃の水100gに，硝酸カリウム，ミョウバン，塩化ナトリウムをそれぞれ80gずつ入れて，よくかき混ぜた。溶け残りの質量が最も大きい物質は何か。ヒント
（　　　　　　　　）

ヒントの森　❷(6)グラフの傾きが小さい物質ほど，温度による溶ける質量の変化が少ない。(7)40℃の水100gに溶けるそれぞれの物質の質量を比較する。

3 [教] p.91 [探究] 3 **水溶液から溶質を取り出す** 下の図のように，試験管Ａ，Ｂに，水を５ｇずつ取り，塩化ナトリウムと硝酸カリウムを３ｇずつ入れて，よくふり混ぜると，少し溶け残りがあった。次に，２本の試験管を加熱し，水の温度を50℃まで上げて，溶ける量が増えるかどうかを調べた。さらに，溶け残りがあった場合，その上ずみ液を新しい試験管に入れてから，試験管を水で20℃まで冷やして水溶液のようすを観察した。これについて，あとの問いに答えなさい。

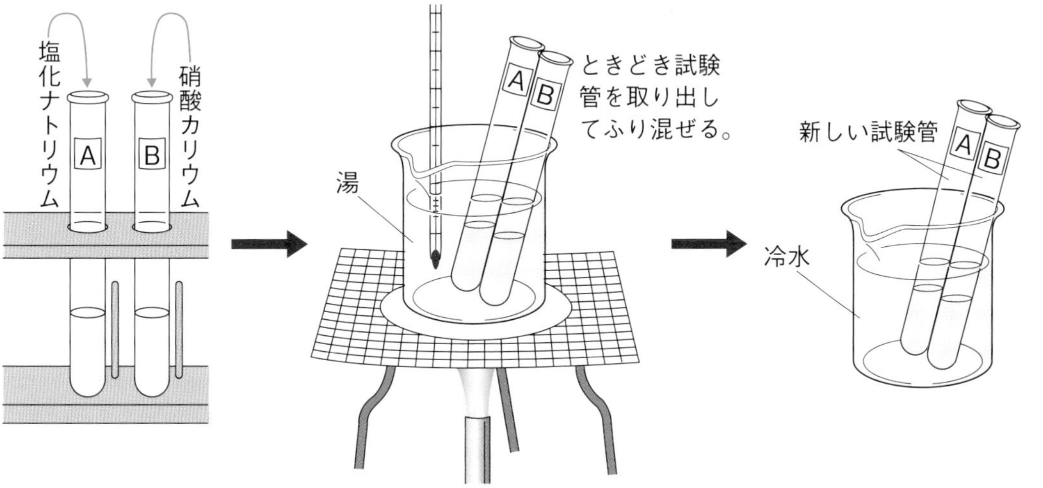

⑴ 加熱したとき，一方はすべて溶けたが，もう一方は変化がなかった。すべて溶けたのは，Ａ，Ｂのどちらか。❷のグラフを参考にして答えなさい。 (　　)

⑵ 水溶液を20℃まで冷やしたとき，固体が出てきたのは，Ａ，Ｂのどちらか。[ヒント] (　　)

[記述] ⑶ ⑵で，固体が出てこなかった水溶液から溶質を取り出すには，どのようにすればよいか。[ヒント] (　　)

⑷ 冷やすか，⑶の方法で取り出した固体をルーペで観察した。試験管Ａから取り出した固体を，次の㋐～㋒から選びなさい。 (　　)

㋐
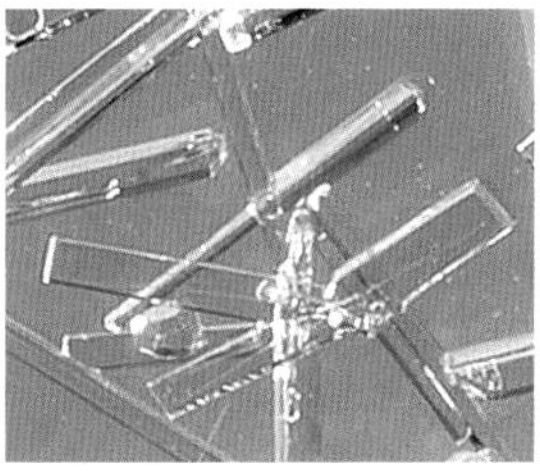

㋑
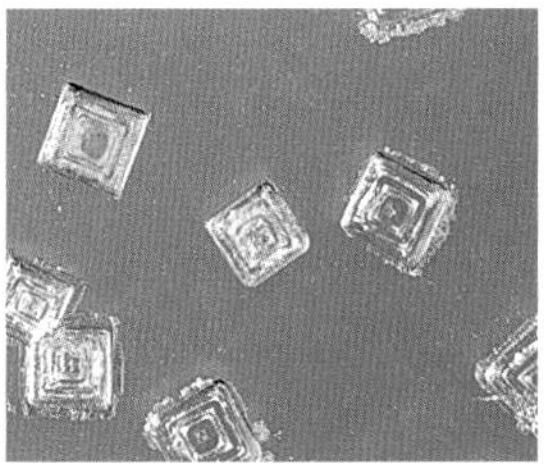

㋒
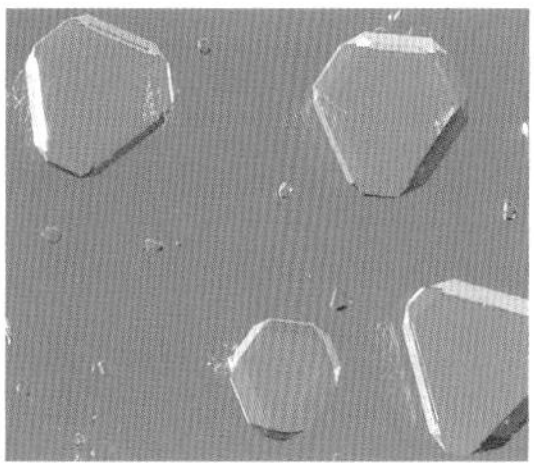

⑸ ⑷のように，いくつかの平面で囲まれた，規則正しい形をした固体を何というか。 (　　)

⑹ ⑸の固体は純粋な物質か，混合物か。 (　　)

⑺ この実験のように，固体の物質をいったん溶媒に溶かし，再び⑸として取り出すことを何というか。 (　　)

ヒントの森 ❸⑵硝酸カリウムは，水の温度が下がると溶ける質量が大きく減少する。⑶水の量を増やすと溶ける質量が増加することから考える。

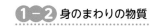

 ステージ 3 　第2章　粒子のモデルと物質の性質(1) 30分 　/100

1 右の図は，コーヒーシュガー(砂糖)が完全に水に溶けたようすを表したものである。これについて，次の問いに答えなさい。

5点×4（20点）

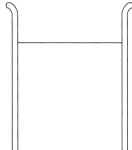

(1) 砂糖を溶質というのに対し，砂糖を溶かしている水を何というか。

(2) 溶質が水に溶けた溶液を，特に何というか。

作図 (3) 砂糖の粒子のモデルを6個の●で表すとき，砂糖が完全に水に溶けた状態はどのように表せるか。右の図にかきなさい。

(4) 水に溶けるものを，次のア～エからすべて選びなさい。

ア　デンプン　　　イ　二酸化炭素
ウ　エタノール　　エ　食紅

(1)		(2)		(3)	図に記入	(4)	

2 塩化ナトリウム12gに水48gを加えてよくかき混ぜ，塩化ナトリウム水溶液Aをつくった。これについて，次の問いに答えなさい。

4点×5（20点）

(1) 塩化ナトリウム水溶液Aの質量は何gか。

(2) 溶質の質量が溶液の質量の何％になるかで表される濃度を何というか。

(3) 塩化ナトリウム水溶液Aの(2)は何％か。

(4) この塩化ナトリウム水溶液Aと同じ濃度の塩化ナトリウム水溶液Bを100gつくりたい。何gの塩化ナトリウムを何gの水に溶かせばよいか。

(1)		(2)		(3)		(4)	塩化ナトリウム		水	

3 ろ過について，次の問いに答えなさい。

5点×2（10点）

記述 (1) 水の中にデンプンを入れてよくかき混ぜてろ過すると，デンプンがろ紙の上に残った。その理由を，「デンプンの粒子」という言葉を使って答えなさい。

作図 (2) 右の図は，デンプンを加えた水をろ過しているところであるが，操作方法が1か所まちがっている。正しい操作方法になるように，図の中の正しい位置に，必要な器具をかき入れなさい。

(1)		(2)	図に記入

4 右の図のように，20℃の水100gにミョウバンを入れてよくかき混ぜ，溶け残りが出るまで溶かした。これについて，次の問いに答えなさい。 6点×3（18点）

(1) 物質がそれ以上溶けなくなった水溶液を何というか。

(2) 溶け残りが出たミョウバンの水溶液をろ過したろ液にミョウバンを加えてよくかき混ぜた。加えたミョウバンはどのようになるか。次のア〜ウから選びなさい。

　ア　すべて溶ける。

　イ　一部が溶ける。

　ウ　まったく溶けない。

(3) (2)で，ろ液にミョウバンはふくまれているか。

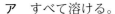
ミョウバン
水

(1)		(2)		(3)	

5 右のグラフは，硝酸カリウム，ミョウバン，塩化ナトリウムのそれぞれについて，100gの水に溶ける限度の質量と水の温度との関係を表したものである。これについて，次の問いに答えなさい。 4点×8（32点）

(1) 右のようなグラフを何というか。

(2) 40℃の水100gに最も多く溶ける物質を，右のグラフから選びなさい。

(3) 40℃の水100gに硝酸カリウムを50g入れると，すべて溶けるか，溶け残りが出るか。

(4) ミョウバン30gと塩化ナトリウム30gを，それぞれ60℃の水100gに溶かしたあと，水溶液を20℃まで冷やした。このとき，結晶が出てくるのは，ミョウバン，塩化ナトリウムのどちらか。

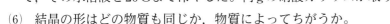

(5) 60℃の水100gに硝酸カリウム50gを溶かして，その水溶液を20℃まで冷やした。何gの硝酸カリウムが取り出せるか。

(6) 結晶の形はどの物質も同じか，物質によってちがうか。

(7) 再結晶とは，どのような操作のことか。

(8) 再結晶を利用すると，混合物からどのような物質を取り出すことができるか。

(1)		(2)		(3)	
(4)		(5)		(6)	
(7)					
(8)					

解答 p.10

確認のワーク ステージ1 第2章 粒子のモデルと物質の性質(2)

教科書の要点

同じ語句を何度使ってもかまいません。

(　　)にあてはまる語句を，下の語群から選んで答えよう。

1 酸素，二酸化炭素

教 p.96〜100

(1) 二酸化マンガンにオキシドール（うすい過酸化水素水。）を加えると，(①★　　　　)が発生する。

(2) 酸素は水に溶けにくい気体なので，(②★　　　　)置換法（ちかんほう）で集めることができる。

(3) 試験管に集めた酸素の中に火のついた線香（せんこう）を入れると，線香が激しく(③　　　　)。

(4) 酸素は，においや色がなく，物質を燃やすはたらき（助燃性という。）がある。酸素そのものは(④　　　　)気体である。

(5) 石灰石（せっかいせき）に塩酸を加えると，(⑤★　　　　)が発生する。

(6) 二酸化炭素は空気より密度が(⑥　　　　)気体なので，(⑦★　　　　)置換法で集めることができる。また，水に少し溶けるだけなので，水上置換法でも集めることができる。

(7) 二酸化炭素は，においや色がなく，(⑧　　　　)を白くにごらせる性質がある。

2 水素，アンモニア

教 p.101〜105

(1) 亜鉛（あえん）や鉄，マグネシウムなどの金属に，うすい塩酸を加えると，(①★　　　　)が発生する。

(2) 水素は水に溶けにくい気体なので，(②　　　　)置換法で集めることができる。

(3) 水素は，においや色がなく，空気と比べて密度が非常に(③　　　　)。

(4) 水素を入れた試験管の口に火を近づけると，ポンという音がして燃え，(④　　　　)ができる。

(5) 塩化アンモニウムと水酸化カルシウムを混ぜ合わせて，加熱すると，(⑤★　　　　)が発生する。

(6) アンモニアは水に非常に溶けやすく，空気より密度が小さい（軽い。）ので，(⑥★　　　　)置換法で集める。

(7) アンモニアは特有な刺激臭（しげきしゅう）があり，水溶液は(⑦　　　　)性である。

ワンポイント

水に溶けにくい気体は**水上置換法**，水に溶けやすく空気より密度が大きい気体は**下方置換法**，水に溶けやすく空気より密度が小さい気体は**上方置換法**で集める。

まるごと暗記

気体の性質

- 酸素
→**物質を燃やす**はたらきがある。
- 二酸化炭素
→石灰水を**白くにごらせる**。
- 水素
→**最も密度が小さい**気体。燃えると水ができる。
- アンモニア
→**刺激臭**がある。水溶液はアルカリ性。

プラスα

二酸化炭素が溶けた水溶液は，酸性である。

語群

1 下方（かほう）／水上／大きい／燃える／燃えない／石灰水／二酸化炭素／酸素
2 水上／上方（じょうほう）／小さい／水／アルカリ／アンモニア／水素

★の用語は，説明できるようになろう！

同じ語句を何度使ってもかまいません。

教科書の 図 □にあてはまる語句を，下の語群から選んで答えよう。

1 気体の集め方 ③〜⑤は気体の集め方を書こう。 教 p.96

水に①[ ]気体

水に②[ ]気体

③[ ]

はじめに水を満たしておく。

気体

水

空気より密度が大きい。

④[ ]

気体→ →空気

空気より密度が小さい。

⑤[ ]

気体→ →空気

1—2

2 いろいろな気体の発生方法 ①は液体の名称を書こう。 教 p.102

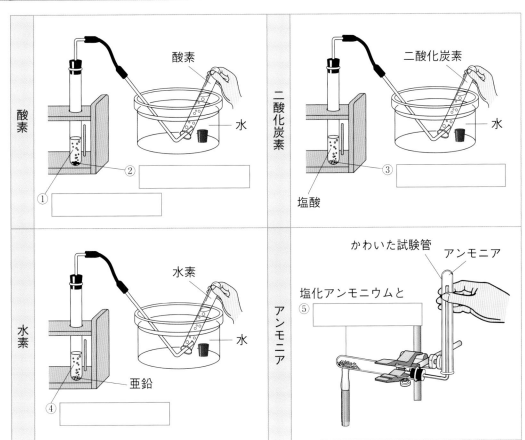

酸素

酸素

①[ ] ②[ ]

水

二酸化炭素

二酸化炭素

塩酸

③[ ]

水

水素

水素

亜鉛

④[ ]

水

アンモニア

かわいた試験管 アンモニア

塩化アンモニウムと

⑤[ ]

語群 1 溶けやすい／溶けにくい／上方置換法／下方置換法／水上置換法

2 水酸化カルシウム／二酸化マンガン／石灰石／オキシドール／うすい塩酸

わからない用語は，**教科書の 要点** の★で確認しよう！

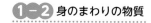

解答 ▶ p.11

定着のワーク　ステージ 2　第2章　粒子のモデルと物質の性質(2)

1 教 p.97 探究 4 **酸素と二酸化炭素を発生させて区別する** 図1，図2のように酸素と二酸化炭素を発生させ，それぞれの性質を調べた。これについて，次の問いに答えなさい。

(1) 図1で，酸素を発生させるために用いる液体⑦，黒色の固体⑦は，それぞれ何か。

⑦（　　　　　　　　　）

⑦（　　　　　　　　　）

(2) 酸素を集めた試験管に，図3のように火のついた線香を入れると，線香はどのようになるか。

（　　　　　　　　　　　　）

(3) (2)のことから，酸素にはどのようなはたらきがあることがわかるか。

（　　　　　　　　　　　　）

(4) 酸素の性質にあてはまるものを，次のア〜エから選びなさい。 ヒント

（　　　）

ア　色もにおいもない。

イ　気体そのものが燃える。

ウ　水に溶けやすい。

エ　空気より密度が小さい。

(5) 図2で，二酸化炭素を発生させるために，石灰石に加える液体⑦は何か。

（　　　　　　　　　　　　）

(6) 二酸化炭素に，色やにおいはあるか。

（　　　　　　　　　　　　）

図1

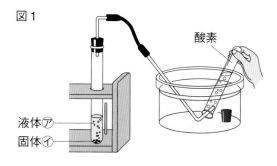

液体⑦
固体⑦
酸素

図2

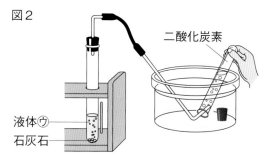

液体⑦
石灰石
二酸化炭素

図3

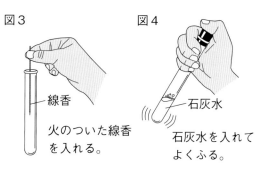

線香

火のついた線香を入れる。

図4

石灰水

石灰水を入れてよくふる。

(7) 二酸化炭素を集めた試験管に，図3のように火のついた線香を入れると，線香はどのようになるか。 ヒント （　　　　　　　　　　　　　）

(8) 二酸化炭素を集めた試験管に，図4のように石灰水を入れてよくふると，石灰水はどのようになるか。（　　　　　　　　　　　　　）

記述 (9) 二酸化炭素は，下方置換法でも集めることができる。これは二酸化炭素にどのような性質があるからか。「密度」という言葉を使って答えなさい。 ヒント

（　　　　　　　　　　　　　　　　　　　　　　　　　　　　）

(10) 二酸化炭素の水溶液は，何性か。　　　　　　　（　　　　　　　　　　）

ヒントの森　**1**(4)空気中に体積の割合で約2割ふくまれていることから考える。(7)二酸化炭素に物質を燃やすはたらきはない。(9)下方置換法では，集めた気体は試験管の底の方からたまる。

2 水素の発生とその性質

右の図の装置で水素を発生させ，集めた水素に火のついたマッチを近づけた。これについて，次の問いに答えなさい。

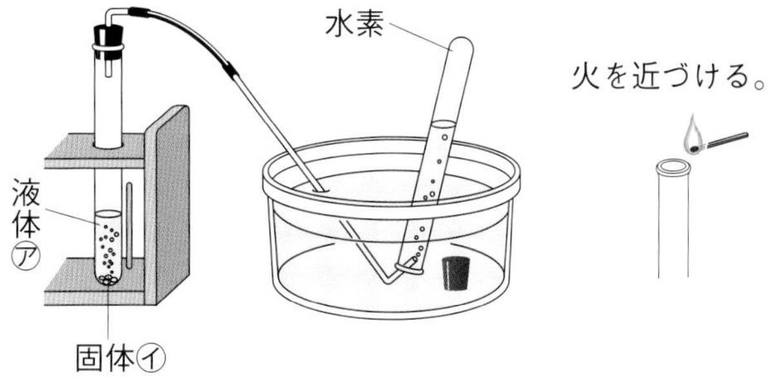

水素
火を近づける。
液体㋐
固体㋑

(1) 水素を発生させるために用いる液体㋐，固体㋑は何か。正しい組み合わせを，次のア～エから選びなさい。（　　）

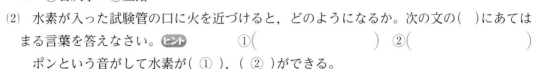

ア　㋐うすい塩酸　㋑石灰石
イ　㋐うすい塩酸　㋑亜鉛
ウ　㋐うすい硫酸　㋑石灰石
エ　㋐石灰水　㋑亜鉛

(2) 水素が入った試験管の口に火を近づけると，どのようになるか。次の文の（　）にあてはまる言葉を答えなさい。[ヒント]　①（　　　　　　）　②（　　　　　　）

ポンという音がして水素が（ ① ），（ ② ）ができる。

(3) 水素の性質としてあてはまるものを，次のア～カから3つ選びなさい。
（　　）（　　）（　　）

ア　水に溶けやすい。　　イ　水に溶けにくい。
ウ　気体の中で最も密度が大きい。　　エ　気体の中で最も密度が小さい。
オ　青色で，においがない。　　カ　色もにおいもない。

3 アンモニアの発生とその性質

図1の装置でアンモニアを発生させ，その性質を調べた。これについて，次の問いに答えなさい。

図1

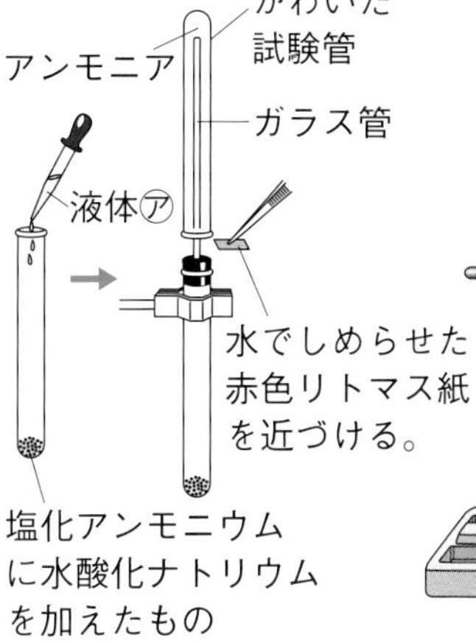

かわいた
試験管
アンモニア
ガラス管
液体㋐
水でしめらせた
赤色リトマス紙
を近づける。
塩化アンモニウム
に水酸化ナトリウム
を加えたもの

図2

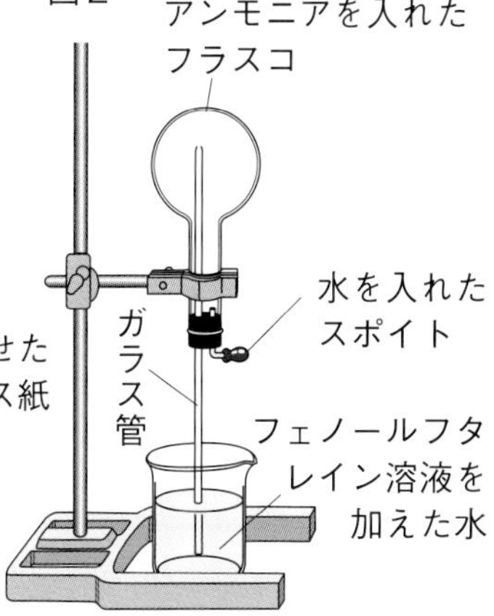

アンモニアを入れた
フラスコ
水を入れた
スポイト
ガラス管
フェノールフタレイン溶液を
加えた水

(1) アンモニアを発生させるために，塩化アンモニウムと水酸化ナトリウムの混合物に加えた液体㋐は何か。
（　　　　　）

(2) 図1のような気体の集め方を何というか。
（　　　　　）

(3) 図1で，赤色リトマス紙の色はどのようになるか。
（　　　　　）

[記述] (4) 図2で，フラスコ内にスポイトで水を入れると，赤い噴水（ふんすい）ができる。これは，アンモニアにどのような性質があるためか。水への溶けやすさと，水に溶けた水溶液の性質について答えなさい。[ヒント]
（　　　　　　　　　　　　　　　　　　　　）

ヒントの森
2(2)ポンという音がしたあと，試験管の内側がくもっている。
3(4)フェノールフタレイン溶液をある性質の水溶液に加えると，赤色になる。

解答 p.11

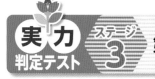

実力判定テスト ステージ3　第2章　粒子のモデルと物質の性質(2)

30分　/100

よく出る 1 右の図は，いろいろな気体を集める方法を表したものである。これについて，次の問いに答えなさい。　4点×8（32点）

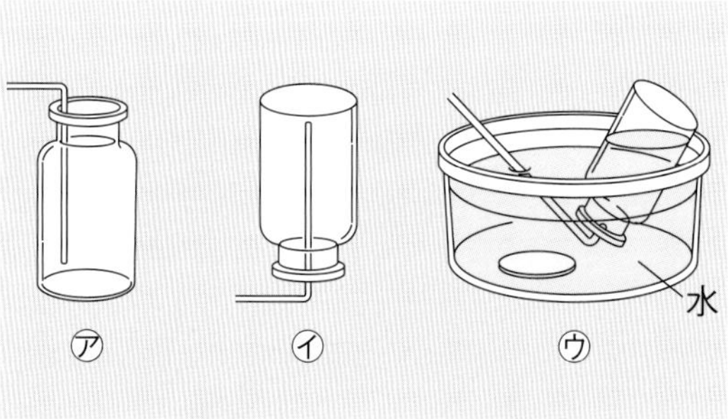

(1) ㋐〜㋒の気体の集め方を，それぞれ何というか。

[記述] (2) ㋐は，どのような性質の気体を集めるときに用いられる方法か。

(3) ㋐，㋑の気体の集め方は，気体が集気びんの中の何を押(お)し出すことによって気体を集める方法か。

(4) ㋒の気体の集め方は，気体が集気びんの中の何を押し出すことによって気体を集める方法か。

(5) 酸素は㋐〜㋒のどの方法で集めるか。

(6) 二酸化炭素を集める方法として適切でないものを，㋐〜㋒から選びなさい。

(1)	㋐		㋑		㋒		
(2)							
(3)		(4)		(5)		(6)	

2 右の図の装置である気体を発生させ，その気体の性質を調べた。これについて，次の問いに答えなさい。　3点×5（15点）

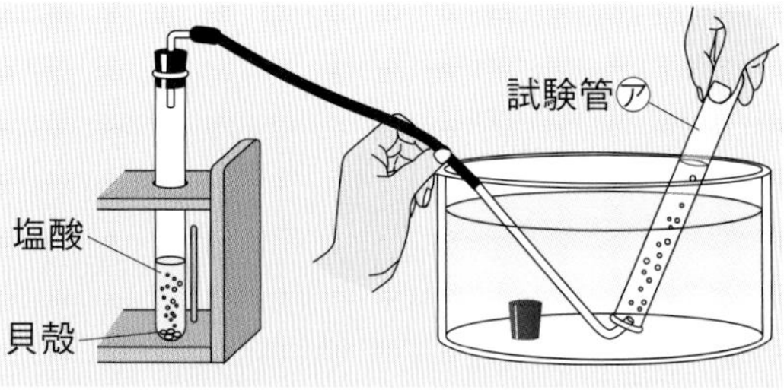

(1) 発生した気体は何か。

[記述] (2) 試験管㋐に集めた気体が(1)であることを確認するためには，何という液体を用いて，どのような操作をすればよいか。

(3) (2)の結果，液体はどのように変化するか。

[記述] (4) 実験では，はじめに出てくる気体は使わない。その理由を答えなさい。

(5) 図で，貝殻のかわりにある物質を用いても同じ気体が発生する。その物質を，次のア〜エから選びなさい。

ア　石灰石　　イ　マグネシウム　　ウ　二酸化マンガン　　エ　亜鉛

(1)		(2)			
(3)		(4)		(5)	

3 右の図のような装置でアンモニアを発生させ，試験管に集めてその性質を調べた。これについて，次の問いに答えなさい。　5点×7（35点）

(1) 図の㋐は，塩化アンモニウムと何の混合物か。

(2) アンモニアには，色やにおいがあるか。

(3) 図のようにして気体を集めることができるのは，アンモニアにどのような性質があるからか。

(4) 図のように，気体を集める試験管の口の部分に，水でしめらせたリトマス紙を近づけると，リトマス紙の色が変化した。近づけたのは，赤色リトマス紙か，青色リトマス紙か。

(5) (4)のようになるのは，アンモニアが水に溶けると何性になるからか。

(6) アンモニアを集めた試験管を，口を下に向けたままビーカーに入った水の中に入れると，試験管の中の水面が上がった。このことから，アンモニアにはどのような性質があることがわかるか。

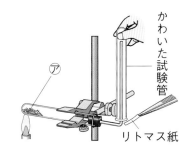

かわいた試験管

㋐

リトマス紙

1－2

(1)		(2)色		におい	
(3)				(4)	
(5)		(6)			

4 下の表は，酸素，二酸化炭素，窒素，水素，塩素の5種類の気体の性質についてまとめたものである。これについて，あとの問いに答えなさい。　3点×6（18点）

気体	におい	空気と比べた密度	水に対する溶けやすさ	そのほかの性質
㋐	ない	非常に小さい	溶けにくい	㋔と混合して火をつけると燃え，水ができる。
㋑	刺激臭	大きい	溶けやすい	水溶液は酸性である。
㋒	ない	大きい	少し溶ける	水溶液は酸性である。
㋓	ない	わずかに小さい	溶けにくい	空気中に多くふくまれ，燃えない。
㋔	ない	わずかに大きい	溶けにくい	物質を燃やすはたらきがある。

(1) ㋐〜㋔にあてはまる気体名を，それぞれ答えなさい。

(2) 黄緑色をした気体を，㋐〜㋔から選びなさい。

(1)㋐		㋑		㋒	
(1)㋓		㋔		(2)	

解答 p.12

確認のワーク ステージ1　第3章　粒子のモデルと状態変化

教科書の要点　(　)にあてはまる語句を，下の語群から選んで答えよう。

同じ語句を何度使ってもかまいません。

1 物質の状態変化

教 p.106〜116

(1) 温度によって物質の状態が，固体，液体，気体と変わることを物質の(①★　　　)という。

(2) 物質を構成している粒子は，(②　　　)の状態では規則正しくならんでいる。液体の状態では位置を変えながら動き回っていて，(③　　　)の状態では粒子と粒子の間の距離が大きく広がり，自由に飛び回っている。

(3) 物質が状態変化するとき，物質を構成している粒子の数は変わらないので，(④　　　)は変化しない。しかし，粒子と粒子の間が，大きく広がったり，縮まったりするため，(⑤　　　)は変化する。

(4) いっぱんに，物質が液体から固体へと状態変化するときは，体積が(⑥　　　)する。水は例外で，液体の水から固体の氷に状態変化するとき，体積は(⑦　　　)する。

(5) 固体が液体になるときの温度を(⑧★　　　)といい，液体が沸とうして気体になるときの温度を(⑨★　　　)という。

(6) 氷を加熱すると，(⑩　　　)℃で水になり始め，すべてが水になるまで温度は変わらない。

(7) 水を加熱すると，(⑪　　　)℃で沸とうが始まり，すべてが水蒸気になるまで温度は変わらない。

(8) 融点や沸点は，物質の(⑫　　　)によって決まっている。

物質を特定する手がかりになる。

2 蒸留

教 p.117〜127

(1) 液体を沸とうさせて集めた気体を冷やし，再び液体として取り出す操作を(①★　　　)という。

(2) 蒸留を利用すると，物質の(②　　　)のちがいによって，液体の混合物からそれぞれの液体を分けて取り出せる。

(3) 液体の混合物を加熱すると，沸点の(③　　　)物質が先に取り出せる。

まるごと暗記
状態変化と融点・沸点
- 状態変化
  固体⇔液体⇔気体
- 融点
  →固体から液体になる温度。
- 沸点
  →液体が沸とうして気体になる温度。

ワンポイント
融点も沸点も，物質の種類によって決まっている。

プラスα
水の沸点は100℃，エタノールの沸点は78℃。

まるごと暗記
- 蒸留
  →液体を沸とうさせて得た気体を，冷やして再び液体にする。

プラスα
混合物の沸点や融点は，決まった温度にならない。

語群
1 種類／融点／状態変化／気体／0／質量／100／固体／体積／減少／沸点／増加
2 沸点／低い／蒸留

★の用語は，説明できるようになろう！

 教科書の 図 　□ にあてはまる語句を，下の語群から選んで答えよう。

同じ語句を何度使ってもかまいません。

1 物質の状態変化 ✎ ①～③は物質の状態を書こう。 教 p.107, 111

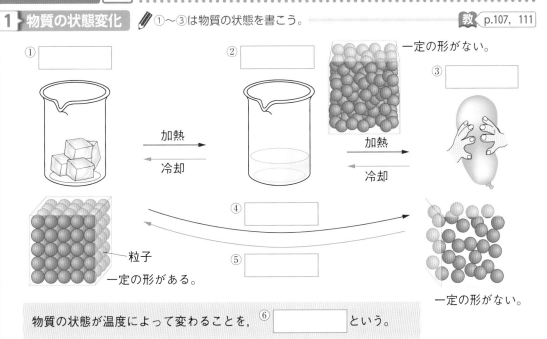

① □　② □　③ □

一定の形がない。

加熱 →　冷却 ←

加熱 →　冷却 ←

粒子

一定の形がある。

④ □

⑤ □

一定の形がない。

物質の状態が温度によって変わることを，⑥ □ という。

2 水が状態変化するときの温度 教 p.112

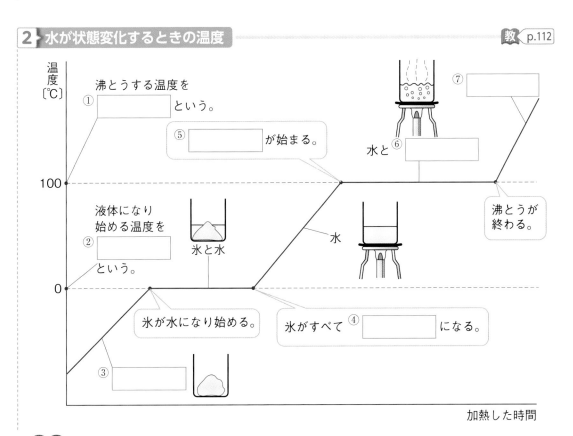

温度〔℃〕

沸とうする温度を ① □ という。

⑤ □ が始まる。

⑦ □

水と ⑥ □

100

沸とうが終わる。

液体になり始める温度を ② □ という。

氷と水

水

0

氷が水になり始める。

氷がすべて ④ □ になる。

③ □

加熱した時間

語群 1 液体／気体／固体／冷却／加熱／状態変化
2 氷／水蒸気／融点／沸点／沸とう／水

😊 わからない用語は，📖 教科書の 要点 の★で確認しよう！

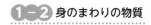

解答 p.12

定着のワーク ステージ2 第3章 粒子のモデルと状態変化−①

1 物質が状態変化するときの温度

右の図は，物質が固体，液体，気体と状態を変えるようすを表したものである。これについて，次の問いに答えなさい。

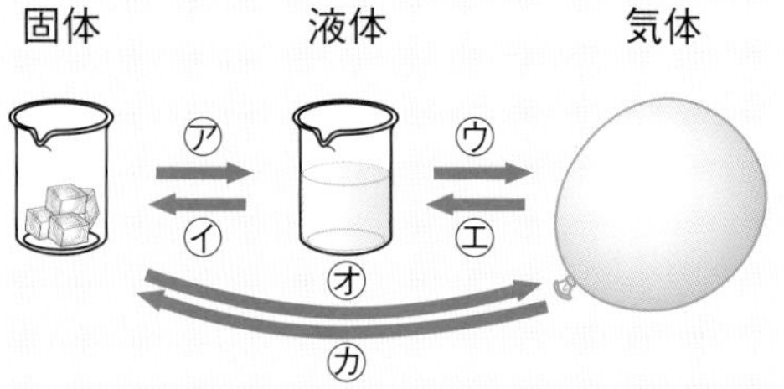

(1) 図の㋐〜㋕の矢印の変化は，それぞれ加熱，冷却のどちらによって起こるか。[ヒント]

㋐（　　　） ㋑（　　　）
㋒（　　　） ㋓（　　　）
㋔（　　　） ㋕（　　　）

(2) 図のように，物質の状態が温度によって変わることを何というか。（　　　）

(3) 水が氷になるとき，体積はどのように変化するか。（　　　）

(4) 一定の形や一定の体積がなく，押し縮めることができるのは，固体，液体，気体のどれか。（　　　）

(5) 一定の形はないが，一定の体積があり，押し縮めることがむずかしいのは，固体，液体，気体のどれか。（　　　）

2 エタノールの状態変化

右の図のように，ポリエチレンの袋に液体のエタノールを少量入れ，口を閉じた。次に，袋に熱い湯をかけたところ，袋は大きくふくらんだ。これについて，次の問いに答えなさい。

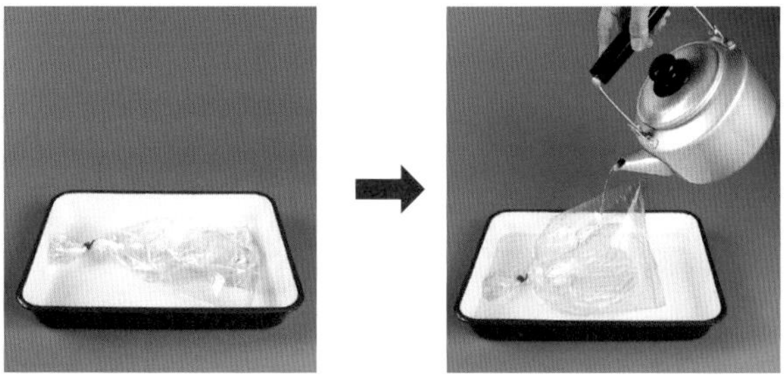

(1) ポリエチレンの袋が大きくふくらんだとき，エタノールの粒子の数や運動のようすはどのように変化したか。次のア〜エから選びなさい。（　　）

ア 粒子の数が増え，粒子と粒子の間の距離が広がった。
イ 粒子の数は変わらなかったが，粒子と粒子の間の距離が広がった。
ウ 粒子の数は変わらなかったが，粒子と粒子の間の距離が縮まった。
エ 粒子の数が減り，粒子と粒子の間の距離が縮まった。

(2) 袋の中のエタノールの状態は，液体から何に変化したか。（　　　）

(3) (2)のとき，エタノールの体積はどのように変化したか。[ヒント]
（　　　）

(4) エタノールの質量は，湯をかける前と比べて変化したか。
（　　　）

ヒントの森
1(1)氷は加熱すると水になり，さらに加熱すると水蒸気に変化する。
2(3)袋がふくらんだことから考える。

3 [教] p.109 [探究5] **状態変化と体積，質量の変化**　試験管に入れた液体のエタノールにある操作を加えて，固体のエタノールにした。これについて，次の問いに答えなさい。

(1) 下線部のある操作とは，加熱か，冷却か。　(　　　　)

(2) 図は液体のエタノールの粒子のようすを表したものである。液体のエタノールが固体になると，エタノールの粒子の数や運動のようすはどのように変化するか。次の㋐～㋒の粒子のモデルから選びなさい。　(　　)

図

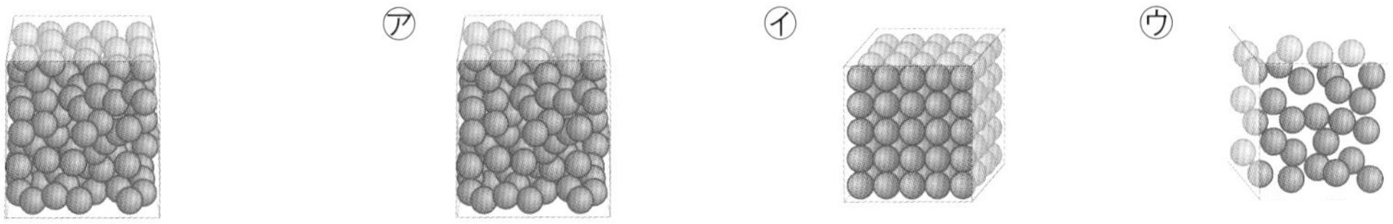

(3) 液体のエタノールが固体になると，質量と体積はどのようになるか。[ヒント]

質量(　　　　　　)　体積(　　　　　　)

4 [教] p.109 [探究5] **状態変化と体積，質量の変化**　図1のように，液体のロウを入れたビーカーの液面の位置に印をつけ，ビーカーごと液体のロウの質量をはかった。次に，ビーカーを冷やしてロウを固体にし，その体積を調べて，ビーカーごと固体のロウの質量をはかった。これについて，次の問いに答えなさい。

(1) 液体のロウの質量をはかると30.5gであった。このとき，固体のロウの質量はどのようになるか。次のア～ウから選びなさい。　(　　)

ア　30.5gよりも大きい。
イ　30.5gよりも小さい。
ウ　30.5gである。

図1

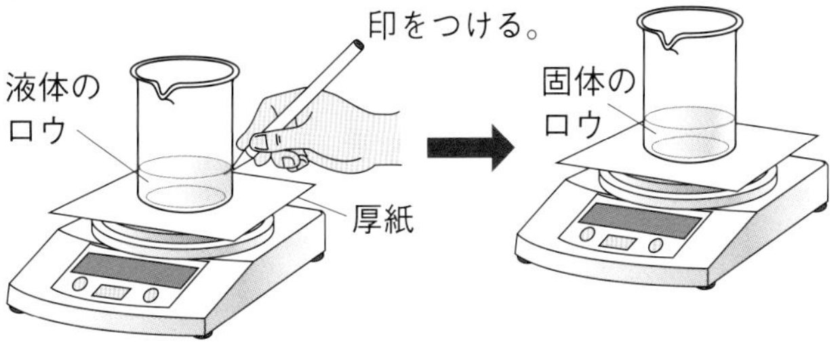

(2) 固体のロウのようすを横から見たとき，その断面はどのようになるか。図2の㋐～㋓から選びなさい。　(　　)

図2

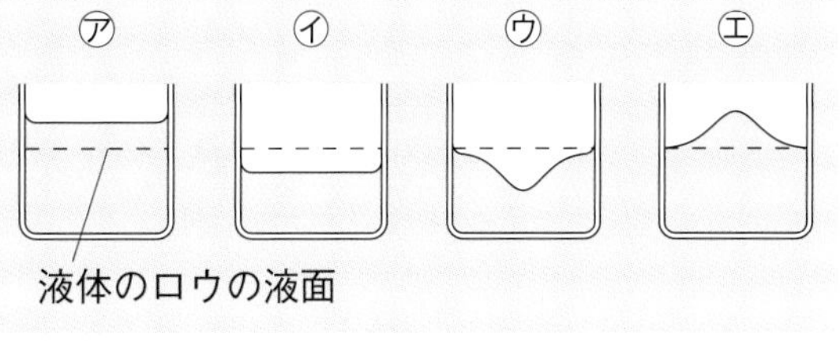

(3) 固体のロウが(2)のようになるのは，液体のロウが固体になると，体積がどのように変化するためか。[ヒント]

(　　　　　　　　)

(4) 液体のロウと固体のロウを粒子モデルで表すと，どのようになっているか。次のア，イから選びなさい。　(　　)

ア　液体では粒どうしがゆるく，固体では粒どうしがきつくつまっている。
イ　液体では粒どうしがきつくつまっていて，固体では粒どうしがゆるい。

ヒントの森　**3**(3)状態変化したときの，粒子の数や運動のようすの変化から考える。　**4**(3)いっぱん的な物質で，液体が固体になるときの体積の変化のしかたは，水の場合と異なっている。

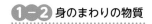

解答 ▶ p.12

 **第3章　粒子のモデルと状態変化−②**

1 水の状態変化と温度　右のグラフは，氷を加熱したときの温度変化を表したものである。
これについて，次の問いに答えなさい。

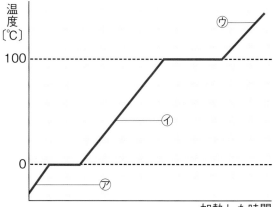

(1) グラフの㋐〜㋒にあてはまる水の状態
（液体，固体，気体）を，それぞれ答えな
さい。　　　　　　㋐（　　　　　　　）
　　　　　　　　　㋑（　　　　　　　）
　　　　　　　　　㋒（　　　　　　　）

(2) 氷が水になり始める温度は何℃か。
　　　　　　　　　　（　　　　　　　）

(3) 固体が液体になるときの温度を何とい
うか。　　　　（　　　　　　　）

(4) 水が沸とうし始める温度は何℃か。　　　　　　　　　　（　　　　　　　）

(5) 液体が沸とうして気体になるときの温度を何というか。　（　　　　　　　）

(6) 氷が水になっている間，温度は変化するか。**ヒント**　　　　（　　　　　　　）

(7) 水が沸とうしている間，温度は変化するか。**ヒント**　　　（　　　　　　　）

2 エタノールの状態変化と温度　下の表は，液体のエタノールを加熱して，30秒ごとに
温度をはかったものである。これについて，あとの問いに答えなさい。

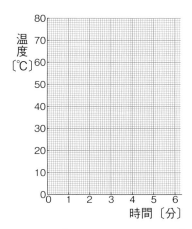

エタノールの温度変化

時間〔分〕	0	0.5	1	1.5	2	2.5	3
温度〔℃〕	17.2	17.9	20.8	25.4	33.4	44.3	56.0

時間〔分〕	3.5	4	4.5	5	5.5	6
温度〔℃〕	64.9	71.8	76.0	77.9	78.1	78.0

(1) 温度は，温度計の最小の目盛りの何分の1まで読みとるか。　（　　　　　　　）

 (2) エタノールの温度変化を右のグラフに表しなさい。

(3) エタノールが液体から気体に変化するときの温度に最も近いものを，次の**ア〜エ**から選
びなさい。**ヒント**　　　　　　　　　　　　　　　　　　　　（　　　　　　　）

　ア 40℃　　　**イ** 50℃　　　**ウ** 60℃　　　**エ** 80℃

ヒントの森　❶(6)(7)グラフは横軸に平行になっている。
　　　　　　❷(3)温度変化がなくなってきている部分を探す。

3 [教] p.117 [探究6] **水とエタノールの混合物を分ける** 右の図のように，水９cm³とエタノール３cm³の混合物を大型試験管に入れて加熱し，１分ごとに温度をはかった。そして，出てきた気体を冷水で冷やして，液体が２cm³たまるごとに㋐〜㋒の順に３本の試験管に集めた。これについて，次の問いに答えなさい。

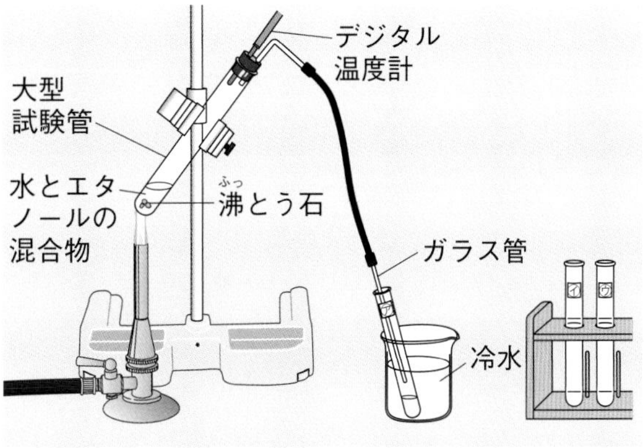

(1) 実験のとき，試験管にたまった液の中に何が入らないように注意するか。 [ヒント] （　　　　　　）

(2) ㋐の試験管に集めた液体は，エタノールのにおいがするか，ほとんどしないか。 （　　　　　　）

[記述] (3) (2)でにおいをかぐとき，どのようにするか。

（　　　　　　　　　　　　　　）

(4) ㋐の試験管の液体にろ紙をひたし，そのろ紙に火を近づけると，ろ紙は燃えるか。[ヒント] （　　　）

(5) ㋒の試験管の液体は，エタノールのにおいがするか，ほとんどしないか。 （　　　）

(6) ㋒の試験管の液体にろ紙をひたし，そのろ紙を火に近づけると，ろ紙は燃えるか。[ヒント] （　　　）

(7) 次の①，②にあてはまるのは，㋐〜㋒のどの試験管に集めた液体か。

① 水が最も多くふくまれている。 （　　）

② エタノールが最も多くふくまれている。 （　　）

(8) 右のグラフは混合物の温度変化を表したものである。㋐の試験管に集めた液体は，加熱を始めて約何分後に得られたか。次のア〜ウから選びなさい。[ヒント] （　　）

ア 約７分後

イ 約10分後

ウ 約12分後

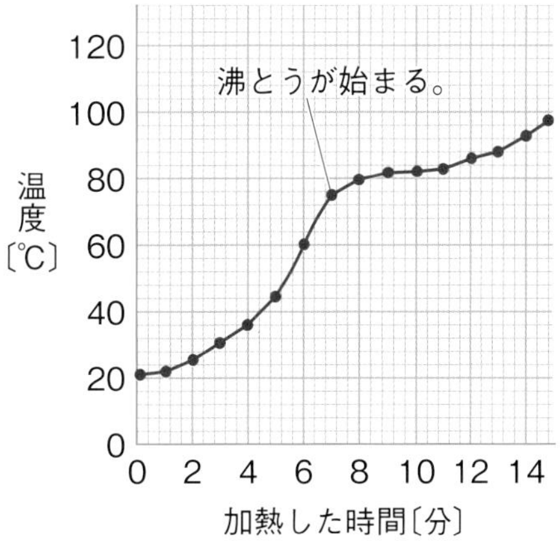

(9) この実験のように，液体を沸とうさせて出てくる気体を集めて冷やし，再び液体として取り出す操作を何というか。

（　　　　　　）

(10) (9)を利用すると，何のちがいによって，液体の混合物からそれぞれの液体を分けて取り出すことができるか。 （　　　　　　）

ヒントの森

3(1)試験管にたまった液が逆流しないようにする。(4)(6)エタノールにひたしたろ紙を火に近づけると，燃える。(8)エタノールの沸点に近い温度で集められる。

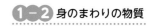

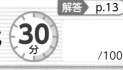

解答 p.13

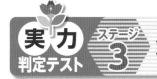

実力判定テスト ステージ3　第3章　粒子のモデルと状態変化

30分　　/100

よく出る **1** 右の図のように，加熱や冷却による変化について，次の問いに答えなさい。　　4点×8（32点）

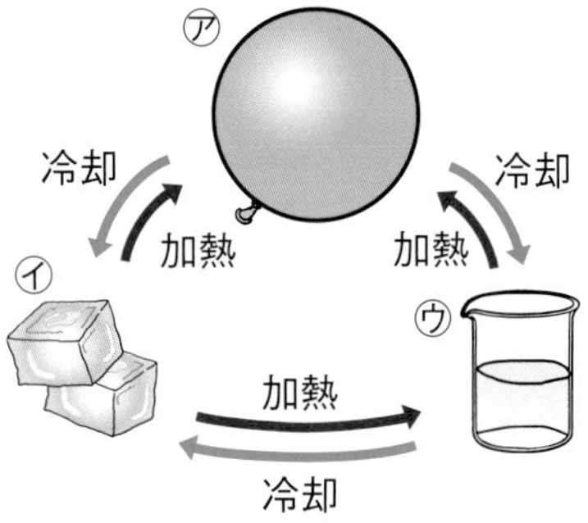

(1) 次の(　)にあてはまる言葉を答えなさい。
　いっぱんに，物質は加熱したり冷却したりすることで，温度が変化し，
　(①) ⇄ 液体 ⇄ 気体
のように，その(②)が変化する。

(2) (1)のように，物質が変化することを何というか。

(3) (2)の変化では，物質の体積は変化するか。

[記述] (4) (3)のようになるのはなぜか。「粒子」という言葉を使って答えなさい。

(5) (2)の変化では，物質の質量は変化するか。

[記述] (6) (5)のようになるのはなぜか。「粒子」という言葉を使って答えなさい。

(7) 物質をつくる粒子が規則正しくならんでいるのは，図の㋐〜㋒のどのときか。

(1) ①		②		(2)		(3)	
(4)						(5)	
(6)						(7)	

2 右の図のように，液体のロウを冷やして固体にした。次の問いに答えなさい。　　4点×5（20点）

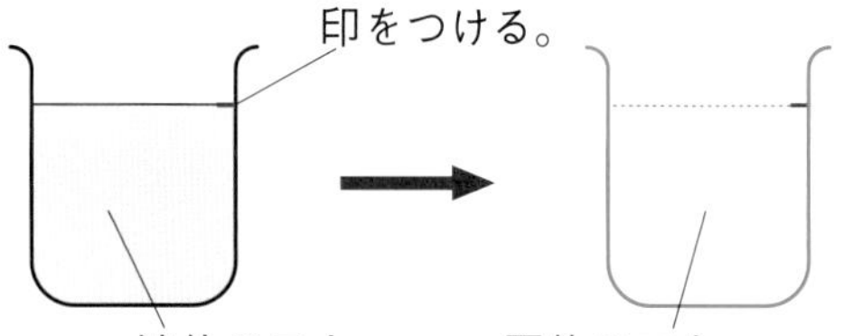

[作図] (1) ロウが固体になったときの断面のようすを，液体のロウの断面のようすを参考にして，右の図にかきなさい。

(2) ロウの粒子と粒子の間の距離が小さいのは，液体，固体のどちらか。

(3) 固体のロウを液体のロウの中に入れると，固体のロウは浮くか，沈むか。

[記述] (4) (3)のようになるのはなぜか。ロウの密度に着目して，簡単に答えなさい。

[記述] (5) 水が液体から固体になるとき，体積や密度はどのように変化するか。

(1)	図に記入	(2)		(3)	
(4)					
(5)					

3 物質が状態変化するときの温度について，次の問いに答えなさい。 4点×7（28点）

物質	沸点〔℃〕	融点〔℃〕
㋐	78	−115
㋑	100	0
㋒	217	43
㋓	351	63
㋔	1485	801

[記述] (1) 融点とは，物質がどのようになる温度か。

[記述] (2) 沸点とは，物質がどのようになる温度か。

(3) 物質の質量を2倍にすると，融点はどのようになるか。

(4) 次の①～③にあてはまる物質を，それぞれ表の㋐～㋔からすべて選びなさい。

① 60℃で液体である物質

② 60℃で固体である物質　　③ 150℃で気体である物質

(5) 水を，表の㋐～㋔から選びなさい。

(1)		(2)									
(3)		(4)	①		②		③		(5)		

1
-
2

[よく出る] 4 右の図の装置で，水15cm^{3}とエタノール5cm^{3}の混合物を蒸留し，得られる液体を調べる実験を行った。これについて，次の問いに答えなさい。 4点×5（20点）

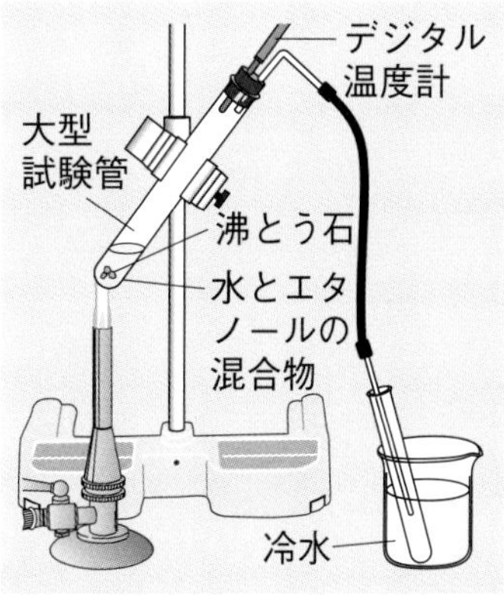

[記述] (1) 蒸留とは，どのような操作のことか。

(2) 冷水に入れた試験管にはじめに集まる液体5cm^{3}は，水とエタノールのどちらをより多くふくんでいるか。

[記述] (3) (2)のようになる理由を答えなさい。

(4) この実験における混合物の温度変化をグラフに表すと，どのようになるか。次の㋐～㋒から選びなさい。

㋐

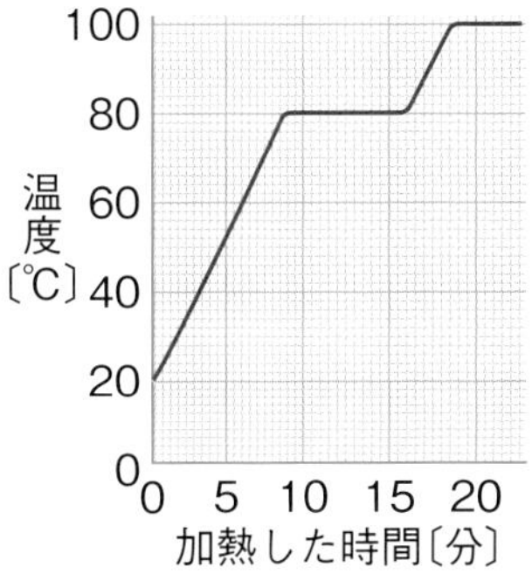

㋑

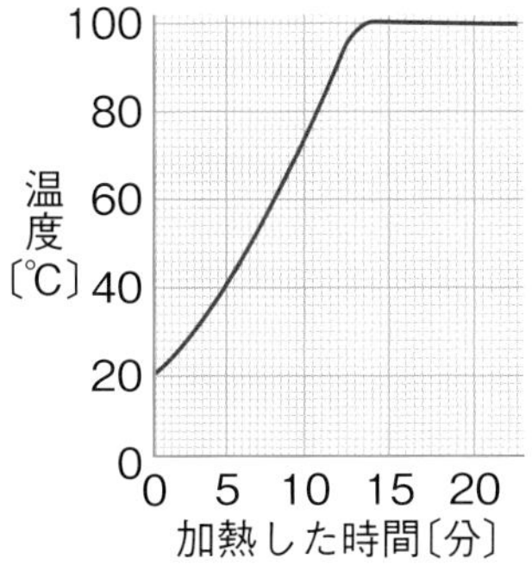

㋒

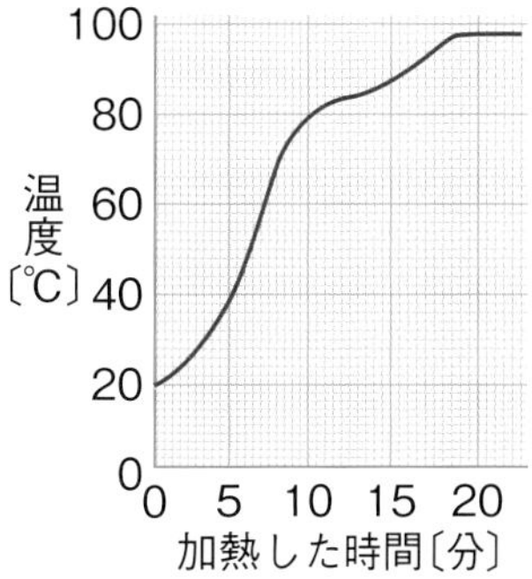

[記述] (5) (4)でそのグラフを選んだ理由を答えなさい。

(1)			
(2)		(3)	
(4)		(5)	

単元末総合問題　**1-2 身のまわりの物質**　40分　/100

1 右の図のように，同じ体積の5種類の物体A〜Eを，100cm³の水が入ったメスシリンダーに入れた。表は，物体A〜Eをつくっている物質の密度を示したものである。これについて，次の問いに答えなさい。

5点×6（30点）

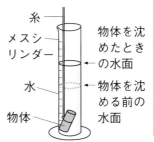

物質名	密度〔g/cm³〕
ポリエチレン	0.95
アルミニウム	2.70
鉄	7.87
銅	8.96
銀	10.5

(1) 物体Aは水に浮いた。物体Aをつくる物質は何か。表から選びなさい。

(2) 物体B，C，Dを水に沈めると，それぞれ水面の目盛りは120cm³を示した。次に，電子てんびんでそれぞれの質量をはかったところ，Bは157.4g，Cは54.0g，Dは179.2gであった。物体B，C，Dをつくる物質は何か。それぞれ表から選びなさい。

(3) 物体E 20cm³の質量は何gか。

(4) 同じ質量で比べたとき，体積が最も小さくなる物質は何か。表から選びなさい。

1

(1)		
(2)	B	
	C	
	D	
(3)		
(4)		

2 3つのビーカーに60℃の水100gを入れ，それぞれのビーカーに硝酸カリウム，塩化ナトリウム，ミョウバンを少しずつ入れてよくかき混ぜ，3種類の飽和水溶液をつくった。右のグラフは，それぞれの物質の溶解度を表したグラフである。これについて，次の問いに答えなさい。

4点×5（20点）

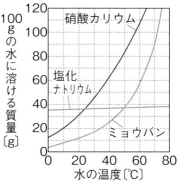

(1) ミョウバンの水溶液の質量パーセント濃度を，四捨五入して小数第1位まで求めなさい。ただし，60℃の水100gに溶けるミョウバンは57.4gである。

(2) (1)の水溶液を60℃に保ったまま，さらに60℃の水を150g加えた。ミョウバンは，あと何g溶けるか。

(3) 60℃の3種類の飽和水溶液をそれぞれ20℃に冷やした。最も多くの結晶が生じたのは，硝酸カリウム，塩化ナトリウム，ミョウバンのどの水溶液か。

(4) (3)のように，水溶液の温度を下げることによって多くの結晶を取り出せるのは，どのような物質か。

(5) 水にいったん溶かした物質を，水溶液を冷やしたり，水を蒸発させたりして，再び結晶として取り出すことを何というか。

2

(1)	
(2)	
(3)	
(4)	
(5)	

密度の求め方，水溶液の質量パーセント濃度の求め方，溶解度曲線の読み方，気体の性質をしっかり覚えよう。

目標

自分の得点まで色をぬろう！

😭がんばろう　😊もう少し　😄合格！

0　　　　　　　60　　80　100点

3 図1のような装置で二酸化炭素を，図2のような装置でアンモニアを発生させ，気体の性質を調べた。これについて，次の問いに答えなさい。

4点×5（20点）

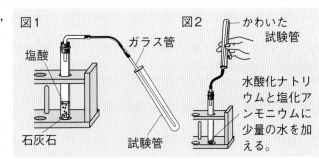

図1　ガラス管　塩酸　石灰石　試験管

図2　かわいた試験管　水酸化ナトリウムと塩化アンモニウムに少量の水を加える。

(1) 図1で，気体を集めたあと，試験管に石灰水を入れてふると，石灰水はどのように変化するか。

 (2) 気体を図1の方法で集めることができるのは，二酸化炭素にどのような性質があるからか。

(3) 図2のような気体の集め方を何というか。

(4) 図2で，気体を集めた試験管の口の部分に，水でしめらせた赤色リトマス紙を近づけると，赤色リトマス紙は青色に変化した。このことから，アンモニアにはどのような性質があることがわかるか。次のア〜エから2つ選びなさい。

ア　水に溶けにくい。　　イ　水に溶けやすい。

ウ　水溶液は酸性である。　エ　水溶液はアルカリ性である。

4 右の図は，ビーカーの中に入れた氷を加熱したときの温度変化のようすをグラフに表したものである。これについて，次の問いに答えなさい。　5点×6（30点）

(1) 水のように1種類の物質からできているものを何というか。

(2) ㋐の温度のことを何というか。

(3) ㋑の温度は何℃か。

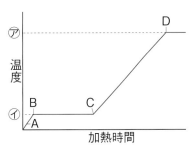

温度　加熱時間

(4) 次の①，②の物質の状態は，グラフではどの部分にあたるか。それぞれ下のア〜ウから選びなさい。

① すべて液体である。

② 固体と液体が混ざった状態である。

ア　A−B間　　イ　B−C間　　ウ　C−D間

 (5) 次に，ビーカーの中に，20℃の水とエタノールを同量ずつ入れて加熱し，混合物の温度変化を調べた。このときの温度変化のグラフの形は，図のグラフとどのようにちがうか。簡単に答えなさい。

終わったら後ろの，1，2，12，13をやろう。

解答 p.15

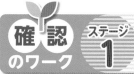

確認のワーク ステージ1 第1章 光の性質(1)

教科書の要点

同じ語句を何度使ってもかまいません。

(　)にあてはまる語句を，下の語群から選んで答えよう。

1 光の進み方

教 p.128〜146

(1) 自ら光を出す物体を(①★　　　　)という。

(2) 光はまっすぐに進む。このことを光の(②★　　　　)という。

宇宙空間や，水やガラスの中でも光の進み方は同じ。

(3) 光を鏡に当てたときのように，光がはね返る現象を光の(③★　　　　)という。

(4) 光を鏡に当てたとき，反射(はんしゃ)する前の光を(④★　　　　)といい，反射したあとの光を(⑤★　　　　)という。

(5) 光を鏡に当てたとき，鏡の面に垂直な線との間に，入射光(にゅうしゃこう)がつくる角を(⑥★　　　　)といい，反射光(はんしゃこう)がつくる角を(⑦★　　　　)という。

(6) 光が反射するとき，光の入射角(にゅうしゃかく)と反射角(はんしゃかく)の大きさは等しい。これを(⑧★　　　　)という。

(7) 鏡にうつって見えるものを物体の(⑨★　　　　)という。

(8) でこぼこしている物体の表面で，光がさまざまな方向に反射することを(⑩★　　　　)という。

(9) 物質の境界面で，光が折れ曲がって進むことを，光の(⑪★　　　　)といい，屈折(くっせつ)した光を(⑫★　　　　)という。

(10) 光が屈折するとき，境界面に垂直な線との間に，入射光がつくる角を(⑬　　　　)といい，屈折光(くっせつこう)がつくる角を(⑭★　　　　)という。

(11) 光が空気中からガラスや水の中に入るとき，屈折角(くっせつかく)は入射角より(⑮　　　　)なり，ガラスや水の中から空気中に出るとき，屈折角は入射角より(⑯　　　　)なる。

(12) 光が水中から空気中に進むとき，入射角がある角度より大きくなると，光は水と空気の境界面ですべて反射される。このような現象を(⑰★　　　　)という。

(13) 太陽や電灯の光には，いろいろな色の光が混ざっている。このような光を(⑱★　　　　)といい，プリズムに通すと，混ざっていた色の光を分けることができる。

三角柱のガラス。

まるごと暗記

光の性質①
- 光の反射
→光がはね返る現象。
- 反射の法則
→入射角＝反射角

プラスα

どの位置からでも物体が見えるのは，乱反射した光を見ているから。

まるごと暗記

光の性質②
- 光の屈折
→光が境界面で曲がる。
- 空気から水
→入射角＞屈折角
- 水から空気
→入射角＜屈折角

ワンポイント

境界面に垂直に光を当てると，屈折せず直進する。

プラスα

虹(にじ)がいろいろな色に分かれて見えるのは，空気中の水滴(すいてき)がプリズムのようなはたらきをするため。

語群

1 大きく／小さく／反射光／直進(ちょくしん)／屈折／反射の法則／入射角／白色光／全反射(ぜんはんしゃ)／反射／屈折光／屈折角／像(ぞう)／光源(こうげん)／乱反射(らんはんしゃ)／入射光／反射角

★の用語は，説明できるようになろう！

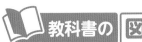

同じ語句を何度使ってもかまいません。

教科書の [図] □にあてはまる語句を，下の語群から選んで答えよう。

1 光の反射

[教] p.139，140

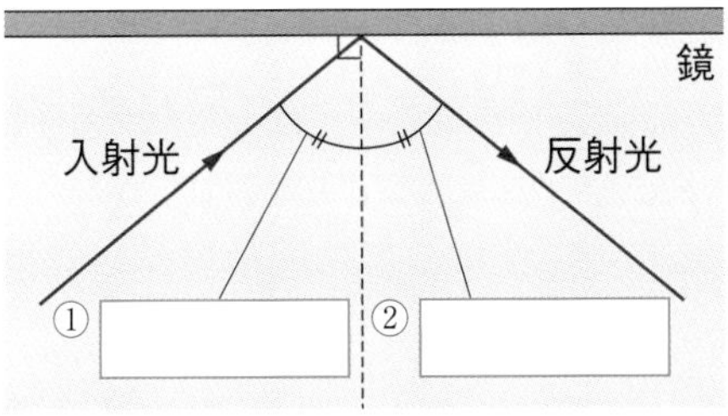

鏡
入射光
反射光
①
②

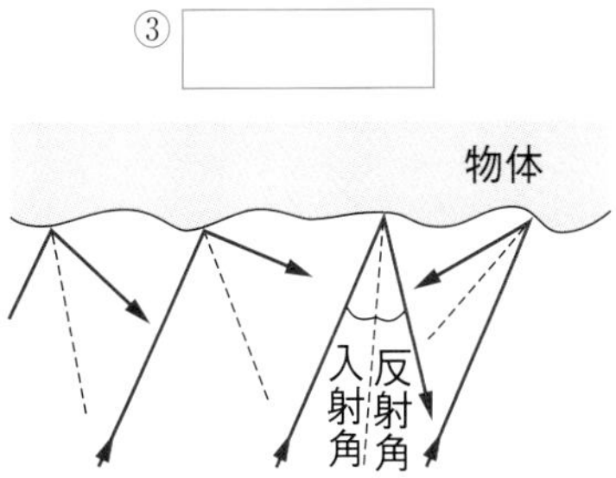

③
物体
入射角
反射角

反射の法則…入射角 ④ □ 反射角

2 光の屈折，全反射

⑤，⑥は記号を書こう。

[教] p.144，146

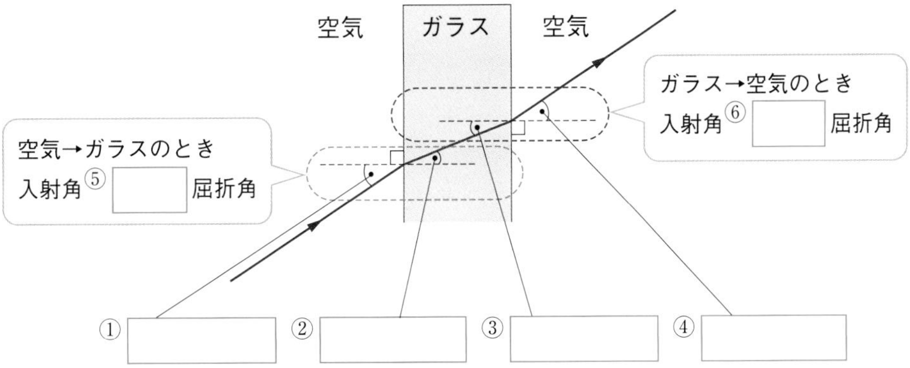

空気
ガラス
空気
ガラス→空気のとき
入射角 ⑥ □ 屈折角
空気→ガラスのとき
入射角 ⑤ □ 屈折角
①
②
③
④

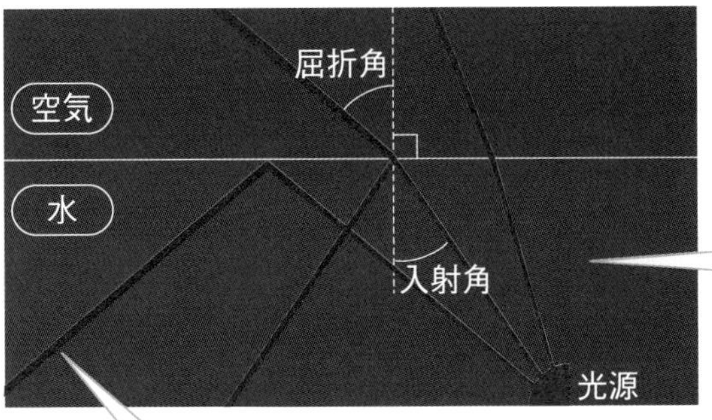

屈折角
空気
水
入射角
光源

入射角を大きくすると，
屈折角も ⑦ □ なる。

入射角がある角度を超(こ)えると ⑧ □ する。

語群 [1]乱反射／入射角／反射角／＝
[2]屈折角／入射角／＜／＞／大きく／全反射

わからない用語は，教科書の[要][点]の★で確認しよう！

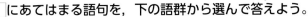

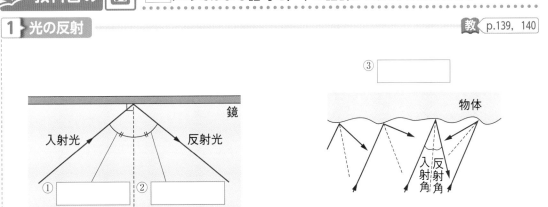

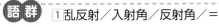

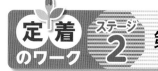

解答 p.15

定着のワーク ステージ2　第1章　光の性質(1)

1 光の進み方と物体が見えるしくみ　右の図のような装置で，光の進み方を調べた。これについて，次の問いに答えなさい。

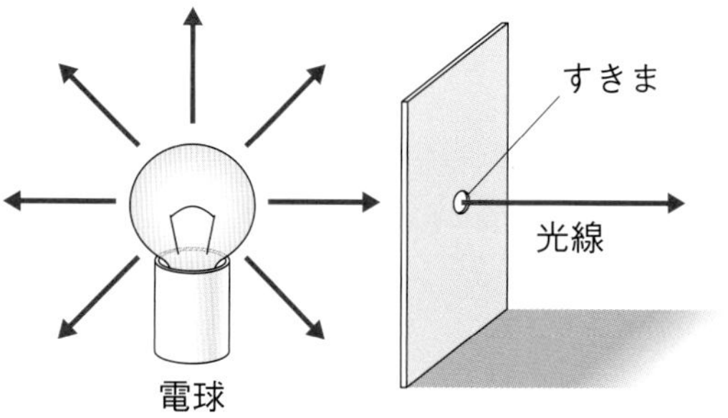

(1) 電球のように，自分で光を出す物体を何というか。（　　　）

(2) 電球から出た光は，すきまを通ってまっすぐに進む。このような光の進み方を何というか。（　　　）

(3) 物体が見えるしくみについて，次の(　)にあてはまる言葉を答えなさい。[ヒント]

①（　　　）

②（　　　）

電球が見えるのは，電球から出た光が(①)目にとどくためである。本などの物体が見えるのは，光が物体の表面で(②)目にとどくからである。

2 [教] p.135 [探究1] **光の反射のしかた**　右の図1のように，鏡に光を当てて，はね返った光の進み方を調べた。図2は，鏡を上から見たものである。これについて，次の問いに答えなさい。

図1

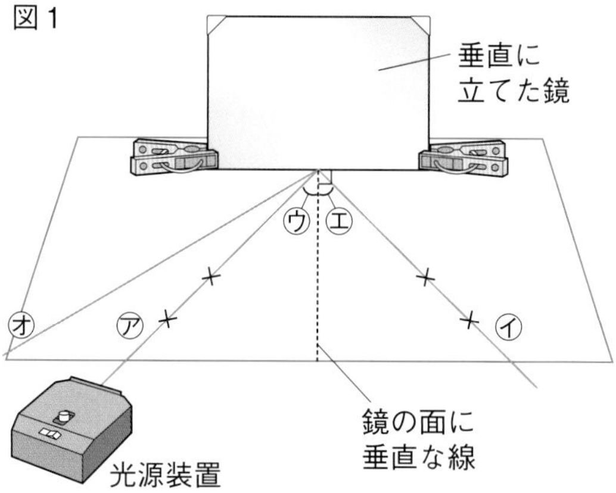

(1) 図1で，鏡に当たる前の光㋐と鏡ではね返った光㋑をそれぞれ何というか。

㋐（　　　）

㋑（　　　）

(2) 図1で，㋒，㋓の角度をそれぞれ何というか。

㋒（　　　）

㋓（　　　）

(3) ㋒の角度と㋓の角度の関係はどのようになっているか。次のア〜ウから選びなさい。（　　　）

ア　㋒>㋓　　イ　㋒=㋓　　ウ　㋒<㋓

(4) (3)の関係になることを何というか。（　　　）

[作図] (5) 光源装置を動かして，㋔の位置から光を鏡に当てたとき，鏡で反射した光はどのように進むか。その道すじを図2にかきなさい。[ヒント]

図2

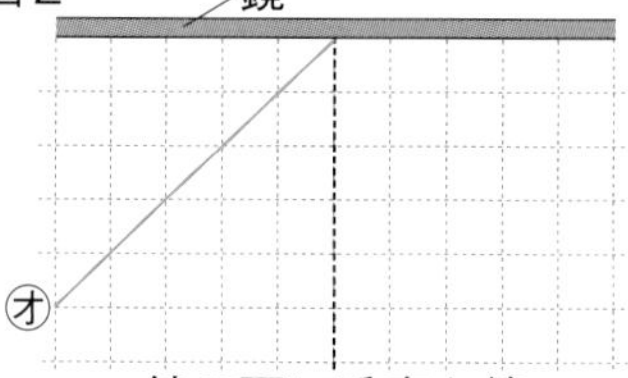

鏡の面に垂直な線

ヒントの森

❶(3)本は自分で光を出す物体ではない。

❷(5)㋒が大きくなれば，㋓も大きくなり，(4)の関係は保たれる。

❸ 教 p.141 探究 2 **光が物体を通るときの進み方** 右の図のように，方眼紙の上に方形ガラスを置き，光をガラスに当てたときの，光の進む道すじを調べた。これについて，次の問いに答えなさい。

(1) 光が空気中からガラスの中へ進むとき，図の㋐，㋑の角度をそれぞれ何というか。

㋐（　　　　　　　　）

㋑（　　　　　　　　）

(2) 光がガラスの中から空気中へ進むとき，図の㋒，㋓の角度をそれぞれ何というか。

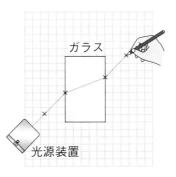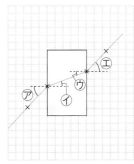

㋒（　　　　　　　　）

㋓（　　　　　　　　）

(3) 光が空気中からガラスの中へ進むとき，㋐と㋑の関係はどのようになっているか。

（　　　　　　　　　　　　　　　　　　　　）

(4) 光がガラスの中から空気中へ進むとき，㋒と㋓の関係はどのようになっているか。

（　　　　　　　　　　　　　　　　　　　　）

(5) ガラスの面に垂直に当てた光は，どのように進むか。ヒント

（　　　　　　　　　　　　　　　　　　　　）

❹ **光の反射と屈折** 右の図のように，光が水中から空気中に進む道すじを調べた。これについて，次の問いに答えなさい。

(1) 入射角は，㋐〜㋓のどれか。

（　　　　）

(2) 屈折角は，㋐〜㋓のどれか。

（　　　　）

(3) 図で，入射角と屈折角の関係はどのようになっているか。次のア〜ウから選びなさい。ヒント （　　　　）

ア　入射角＞屈折角

イ　入射角＝屈折角

ウ　入射角＜屈折角

(4) (3)の関係は，光がガラスの中から空気中に進むときと同じか，ちがうか。

（　　　　　　　　　　）

(5) 図で，入射角を大きくしていったとき，ある角度を超えると光が水面ですべて反射する。この現象を何というか。 （　　　　　　　　　）

 の森
❸(5)ガラスの面に垂直に当てた光の入射角は0°である。
❹(3)光は水中から空気中に進んでいる。

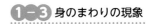

ステージ3　第1章　光の性質(1)　　30分　/100

解答▶p.15

1 右の図は，P点にある物体から出た光が，鏡で反射してQ点にある目にとどくまでの道すじを表したものである。これについて，次の問いに答えなさい。　　4点×8（32点）

(1) 入射角と反射角を，それぞれ図の㋐〜㋑から選びなさい。

(2) 入射角と反射角の関係は，どのようになっているか。

(3) 鏡にうつって見えるものを，物体の何というか。

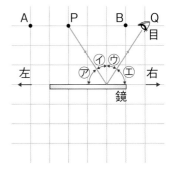

(4) P点の(3)は，どの位置に見えるか。右の図にP'としてかきなさい。

(5) A点，B点にある物体のうち，Q点から見たときに，鏡にうつって見えるのはどちらか。

(6) (5)で，鏡にうつって見えない方の物体を見るためには，鏡を左，右のどちらの方向に移動させればよいか。

(7) 光を出していない物体が見えるのは，光源から出た光がその物体の表面でいろいろな方向に反射して，その反射した光が目にとどくためである。光が物体の表面でいろいろな方向に反射する現象を何というか。

(1)	入射角		反射角		(2)			(3)	
(4)	図に記入			(5)			(6)		(7)

2 右の図は，空気中のP点から出た光が，厚いガラスの中に入り，再び空気中へ出ていくときの道すじを表したものである。これについて，次の問いに答えなさい。　　4点×7（28点）

(1) P点から出た光がガラスの中に入るときの光のようすについて説明した次の文の（　）にあてはまる言葉を答えなさい。

　　光は，空気とガラスの境界面で（　）する。

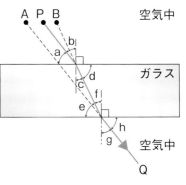

(2) 入射角をa〜hから2つ選びなさい。

(3) 屈折角をa〜hから2つ選びなさい。

(4) 光がガラスの中から空気中へ出るとき，入射角と屈折角では，どちらの方が大きくなるか。

(5) Q点からガラスを通してP点を見たとき，P点はA，P，Bのどの方向にあるように見えるか。

(1)		(2)		(3)		(4)		(5)	

3 空気とガラスの境界での光の進み方について調べるために，15°ごとに線をかいた記録用紙の上に，半円形ガラスを置いて，光源装置の光の進む道すじを調べた。これについて，次の問いに答えなさい。 5点×4（20点）

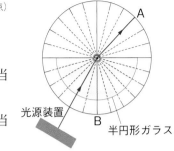

光源装置
B
半円形ガラス

(1) 図で，ガラスから空気中に進む光の入射角は何度か。

(2) 図で，ガラスから空気中に進む光の屈折角は何度か。

(3) 図のAの方向から光源装置の光を半円形ガラスの中心に当てると，光が折れ曲がった。このときの屈折角は何度か。

(4) 図のBの方向から光源装置の光を半円形ガラスの中心に当てると，ガラスの中から空気中へ光はどのように進むか。

(1)		(2)		(3)		(4)	

4 茶わんに硬貨（こうか）を入れ，図1のように，硬貨が見えなくなるまで目の位置を下げた。次に，目の位置はそのままにして茶わんに水を入れると，図2のように硬貨が見えるようになった。これについて，次の問いに答えなさい。 5点×2（10点）

(1) 図2で硬貨が見えるようになった現象について説明した次の文の（　）にあてはまる言葉を答えなさい。

　硬貨で反射した光が，水面で（　）して目にとどくので，硬貨が浮き上がって見える。

図1　　図2　

図3

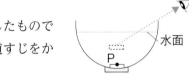

水面

(2) 図3は，硬貨が浮き上がって見えているようすを表したものである。硬貨のP点で反射した光が，目にとどくまでの道すじをかきなさい。

(1)		(2)	図3に記入

5 光による現象や光の色について，次の問いに答えなさい。 5点×2（10点）

(1) 水そうに入れた金魚が，水面にうつって見えることがある。これは，光の何という現象によるものか。

(2) 光の色について述べた文として正しいものを，次のア〜エからすべて選びなさい。

　ア　太陽光はいろいろな色の光が混ざっている。

　イ　太陽光は白色一色である。

　ウ　太陽光は白色光である。

　エ　太陽光はプリズムを通して分けることができる。

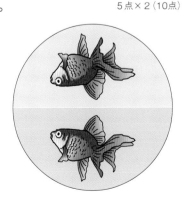

(1)		(2)	

解答 p.16

確認のワーク ステージ1 第1章 光の性質(2)

同じ語句を何度使ってもかまいません。

教科書の要点 (　　)にあてはまる語句を，下の語群から選んで答えよう。

1 凸(とつ)レンズを通る光の進み方

教 p.147〜152

(1) 虫めがねのように，中央がふくらんでいて，まわりがうすくなっているレンズを(①★　　　　)という。

(2) 凸レンズに，凸レンズの軸(じく)に平行な光を当てると，光は凸レンズの厚い方へ(②　　　　)して1点に集まる。この点を凸レンズの(③★　　　　)という。

(3) 凸レンズの中心から焦点(しょうてん)までの距離を(④★　　　　)という。

凸レンズが厚いほど短くなる。

(4) 凸レンズの(⑤　　　　)を通った光は，屈折せずにそのまままっすぐ進む。

(5) 焦点を通って凸レンズに入った光は，屈折して凸レンズの軸に(⑥　　　　)に進む。

まるごと暗記

凸レンズ

- 凸レンズ
→中央がふくらみ，まわりはうすい。
- 焦点
→凸レンズに平行な光を当てたとき，光が集まる点。
- 焦点距離
→凸レンズの中心から焦点までの距離。

2 実像(じつぞう)と虚像(きょぞう)

教 p.153〜155

(1) 凸レンズの焦点の(①　　　　)に光源を置くと，スクリーン上には光源の上下左右が(②　　　　)の像ができる。このように，凸レンズを通った光が実際に集まってできる像を(③★　　　　)という。

(2) 実像の大きさは，光源の位置によって変わる。光源が焦点距離(しょうてんきょり)の2倍よりも遠い位置にあるときは，光源より(④　　　　)像ができる。焦点距離の2倍の位置にあるときは，光源と(⑤　　　　)大きさの像ができる。焦点距離の2倍の位置と焦点の間にあるときは，光源より(⑥　　　　)像ができる。

(3) 光源が焦点に近いほど，実像ができる位置は凸レンズから遠くなる。

(4) 光源が焦点の位置にあるとき，像は(⑦　　　　)。

(5) 凸レンズの焦点の内側に光源を置き，凸レンズを通して光源を見ると，光源が上下左右が(⑧　　　　)向きで拡大されて見える。この像を(⑨★　　　　)という。虚像は実際に光が集まってできた像ではない。

ワンポイント

焦点は凸レンズの両側にある。

まるごと暗記

実像と虚像

- 実像
→光源が焦点の外側にあるとき，実際に光が集まってできる像。
- 虚像
→見えているだけで，実際に光が集まってできているわけではない。

プラスα

ルーペで見える像も，虚像である。

語群

❶屈折／焦点／凸レンズ／平行／中心／焦点距離

❷実像／虚像／外側／できない／大きい／小さい／同じ／逆

★の用語は，説明できるようになろう！

同じ語句を何度使ってもかまいません。

□にあてはまる語句を，下の語群から選んで答えよう。

1 凸レンズ
教 p.147

凸レンズの軸に平行な光は，凸レンズを通過したあと1点に集まるよ。

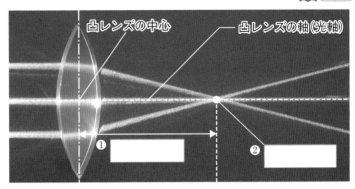

凸レンズの中心　　凸レンズの軸(光軸)

① _____

② _____

2 凸レンズによる像
教 p.153

1
|
3

● **凸レンズを通る光**　　※この本では，光を凸レンズの中心線で曲がるようにかく。

像の作図

・凸レンズの軸に平行な光は，① _____ を通る。

・凸レンズの中心を通る光は，② _____ する。

光源が凸レンズの焦点の外側にあるとき

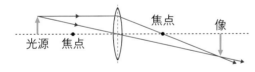

光源　焦点　　焦点　　像

③ _____ ができる。

光源が焦点の位置にあるとき

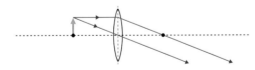

像はできない。

光源が凸レンズの焦点の内側にあるとき

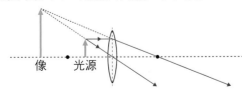

像　　光源

凸レンズを通して
④ _____ が見える。

語群 1 焦点／焦点距離
2 直進／実像／焦点／虚像

＜ わからない用語は， 教科書の 要点 の★で確認しよう！

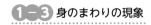

解答 ▶ p.16

定着のワーク　ステージ2　第1章　光の性質(2)

1 **凸レンズを通る光の進み方**　右の図のように，凸レンズの軸に平行な光を凸レンズに当てた。これについて，次の問いに答えなさい。

(1) 凸レンズを通った光が集まる，凸レンズの軸上の㋐の点を何というか。

（　　　　　　）

(2) 凸レンズの軸に平行に進んできた光が㋐の点に集まるのは，光が凸レンズでどのようになるからか。　（　　　　　　）

(3) 凸レンズの中心から㋐の点までの距離㋑を何というか。（　　　　　　）

(4) 凸レンズのふくらみが厚くなると，㋑はどうなるか。（　　　　　　）

(5) 凸レンズの左側にある(1)から凸レンズの中心までの距離について正しいものを，次のア〜ウから選びなさい。ヒント　（　　　　　　）

　ア　㋑と同じ。　　イ　㋑より大きい。　　ウ　㋑より小さい。

2 教 p.149 探究3 **凸レンズによってできる像の決まり**　右の図のような装置で，凸レンズは動かさないで光源(物体)の位置を変え，スクリーンを動かしてできる像を調べた。これについて，次の問いに答えなさい。

(1) 光源を凸レンズの焦点距離の位置の外側に置いたとき，スクリーン上にできる像はどのようになるか。次のア〜ウから選びなさい。

ヒント　（　　　　）

　ア　光源とは上下左右が逆の像ができる。

　イ　光源と同じ向きの像ができる。

　ウ　スクリーン上に像はできない。

※光源と像は同じ側から見る。

光源(物体)　フィルター　凸レンズ　スクリーン　光学台

焦点距離の位置　焦点距離の位置

(2) 光源を凸レンズの焦点距離の位置の内側に置いたとき，像はどのようになるか。(1)のア〜ウから選びなさい。　（　　　　　　）

(3) 光源を凸レンズの焦点距離の位置の内側に置いたとき，スクリーンのある側から凸レンズを通して光源を見ると，像はどのように見えるか。光源と比べた大きさと，向きについて答えなさい。ヒント

大きさ（　　　　　　）

向き　（　　　　　　）

(4) (3)のような像を何というか。　（　　　　　　）

ヒントの森　❶(5)光が集まる点は，1つだけではなく，凸レンズの両側にある。

　　　　❷(1)実際に光が集まった像ができる。(3)虫めがねで見える像と同じしくみである。

[3] 実像と虚像　凸レンズ，光源，スクリーンを用い，凸レンズと光源の距離を変えて，スクリーン上に像がはっきりできる位置を調べた。また，図１～４は，光源と凸レンズの位置関係を表したものである。これについて，あとの問いに答えなさい。

図１
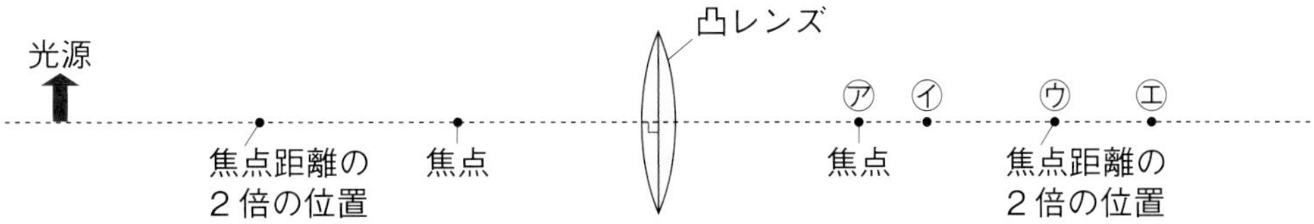

図２
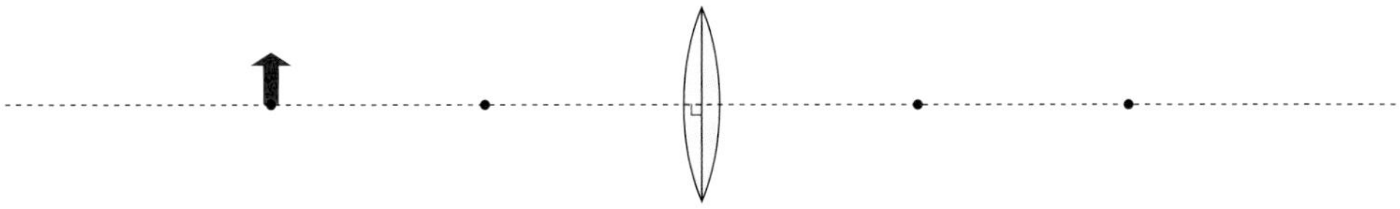

図３
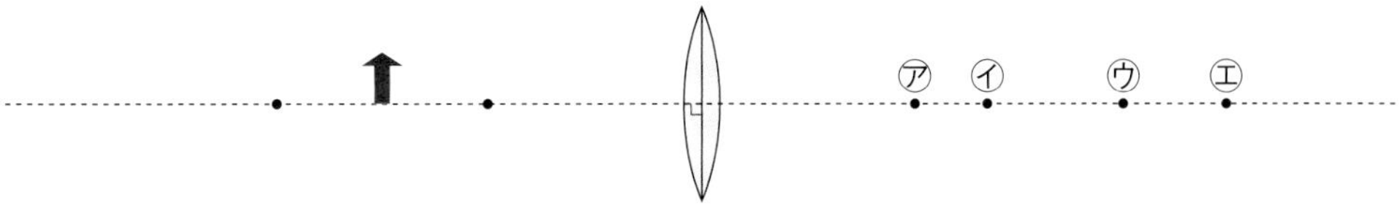

図４
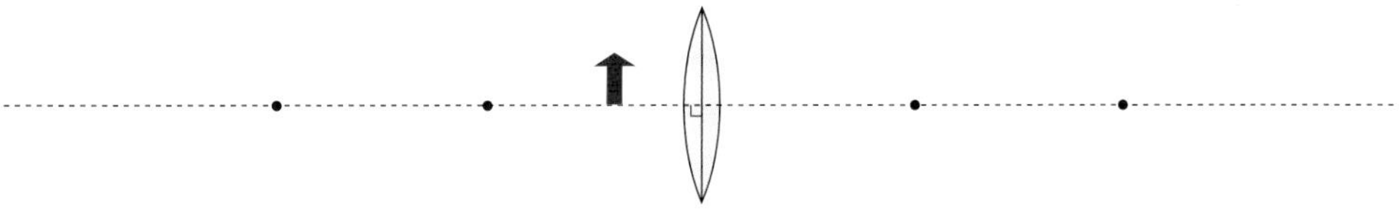

(1)　スクリーン上にはっきりできる像を何というか。　(　　　　)

(2)　図１のように，光源が焦点距離の２倍より遠い位置にあるときに像ができる位置を，図１の㋐～㋓から選びなさい。また，光源と比べたときの像の大きさを答えなさい。
像ができる位置(　　　)　像の大きさ(　　　　)

[作図] (3)　図２のように，光源が焦点距離の２倍の位置にあるときにできる像を図２にかきなさい。ただし，作図に用いた線も残しておくこと。

(4)　図３のように，光源が焦点距離の２倍の位置と焦点の間にあるときに像ができる位置を，図３の㋐～㋓から選びなさい。また，光源と比べたときの像の大きさを答えなさい。
像ができる位置(　　　)　像の大きさ(　　　　)

(5)　光源が焦点の位置にあるとき，像はできるか。[ヒント]　(　　　　)

[作図] (6)　図４では，凸レンズを通して像が見える。このとき見える像を図４にかきなさい。ただし，作図に用いた線も残しておくこと。

(7)　(6)で見える像の説明として正しいものを，次のア，イから選びなさい。[ヒント]　(　　　)

ア　実際に光が集まってできている像である。

イ　光が出ているように見えるだけの像である。

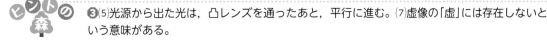

ヒントの森
[3](5)光源から出た光は，凸レンズを通ったあと，平行に進む。(7)虚像の「虚」には存在しないという意味がある。

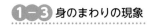

解答 p.17

実力判定テスト ステージ3　第1章　光の性質(2)

30分　　/100

1 凸レンズにいろいろな方向から光を当て，光の進み方を調べた。これについて，次の問いに答えなさい。ただし，図の・は凸レンズの焦点を表し，光は凸レンズの中心線で屈折するものとする。　6点×5(30点)

[作図] (1) 下の図の①〜③の方向から凸レンズに光を当てた。このとき，凸レンズを通ったあとの光はどのように進むか。その光線をそれぞれ作図しなさい。

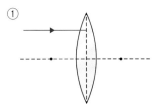

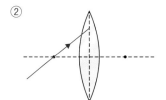

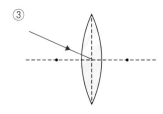

[レベルUP] (2) 下の図の①，②の方向から凸レンズに光を当てた。このとき，凸レンズを通ったあとの光の進み方として最も適切なものを，それぞれ㋐〜㋒から選びなさい。

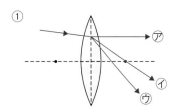

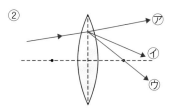

(1)	①〜③	図に記入	(2)	①		②	

2 右の図は，凸レンズによってできた光源の像をスクリーン上にうつしたときの位置関係を表したものである。これについて，次の問いに答えなさい。ただし，──▶は，光線を表している。　7点×4(28点)

(1) この凸レンズの焦点距離は何cmか。

(2) スクリーン上にうつった像を何というか。

(3) 図の状態から，光源を左側へ動かした。このとき，像がうつるスクリーンの位置はどのように変化するか。

(4) (3)のとき，スクリーンにうつる像の大きさはどのように変化するか。

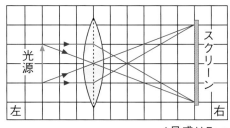

1目盛り5cm

(1)		(2)		(3)		(4)	

よく出る **3** 図１のような装置で，光源の位置は変えずに凸レンズとスクリーンを動かし，スクリーン上にはっきりと像がうつったときのそれぞれの位置やできた像を調べた。表は位置を調べた結果をまとめたものである。これについて，あとの問いに答えなさい。 7点×6（42点）

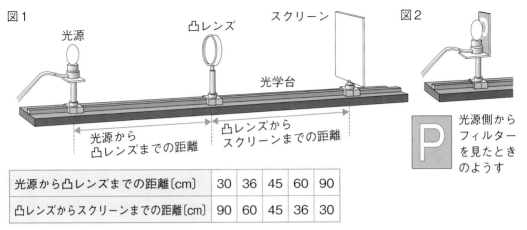

図１

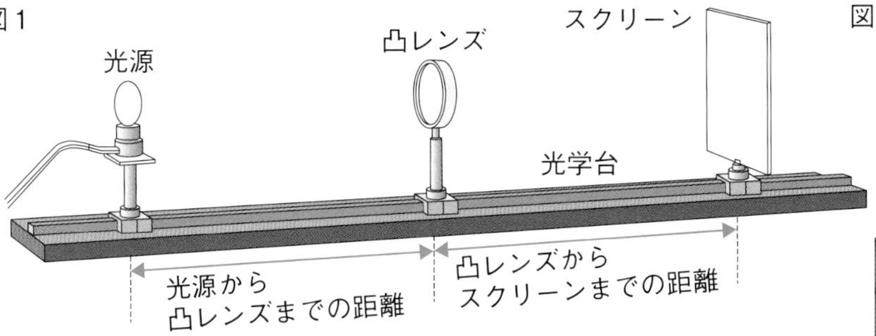

図２

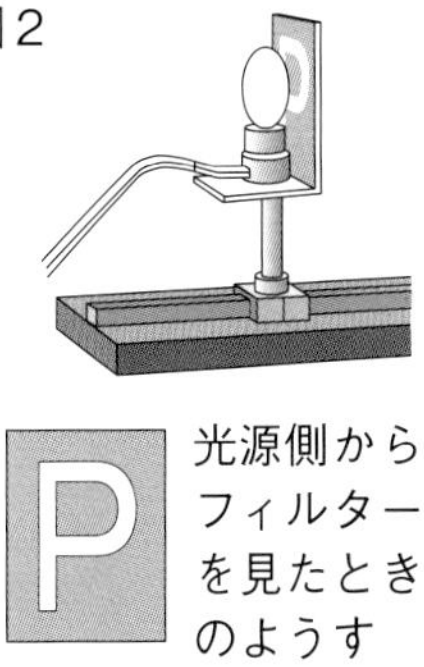

光源から凸レンズまでの距離〔cm〕	30	36	45	60	90
凸レンズからスクリーンまでの距離〔cm〕	90	60	45	36	30

(1) 光源から凸レンズまでの距離と凸レンズからスクリーンまでの距離が同じとき，像の大きさはどうなるか。次の**ア**～**ウ**から選びなさい。

ア 光源より大きい。

イ 光源と同じ大きさ。

ウ 光源より小さい。

レベルUP (2) 使用した凸レンズの焦点距離は何cmか。次の**ア**～**エ**から選びなさい。

ア 20cm

イ 22.5cm

ウ 36cm

エ 45cm

(3) 光源から凸レンズまでの距離が30cmのとき，像の大きさはどうなるか。(1)の**ア**～**ウ**から選びなさい。

記述 (4) 虚像ができるのは，光源から凸レンズまでの距離をどのようにしたときか。

記述 (5) 虚像はどのような像か。光源と比べたときの，像の向きと大きさについて，「上下左右」という言葉を使って答えなさい。

(6) 図２のように光源にフィルターを取りつけて，光源から凸レンズまでの距離を30cmにして，スクリーン上に像をうつした。スクリーン上にうつる像の形を，次の㋐～㋓から選びなさい。ただし，像は凸レンズ側から見たものとする。

㋐ 

㋑ 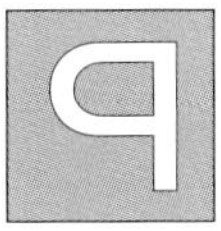

㋒ 

㋓ 

(1)		(2)		(3)		(4)	
(5)						(6)	

解答 p.17

確認のワーク ステージ1 第2章 音の性質

教科書の要点

同じ語句を何度使ってもかまいません。

(　　)にあてはまる語句を，下の語群から選んで答えよう。

1 音の伝わり方

教 p.156～158

(1) 楽器のように，音を出している物体を(①★　　　　)あるいは★発音体(はつおんたい)という。

(2) 音源(おんげん)のふるえを(②★　　　　)という。

(3) 物体が振動(しんどう)して音を出しているとき，その振動によってまわりの(③　　　　)が押し縮められたり，引き伸(の)ばされたりする。この空気の振動が，次から次へと空気中を伝わっていく。このような現象を(④★　　　　)という。

(4) 空気中を音が伝わるとき，空気の振動が伝わっても，空気そのものは移動して(⑤　　　　)。

(5) 空気中を伝わってきた音の波(なみ)が，耳の(⑥　　　　)を振動させることで，音が聞こえる。

耳の奥にある膜。

(6) 真空中では音は(⑦　　　　)。

まるごと暗記

音の伝わり方

- 音源，発音体
- →音を出している物体。
- 振動
- →音源のふるえ。
- 波
- →振動が伝わる現象。

2 音の大きさ・高さ

教 p.159～165

(1) モノコードの弦を強くはじくと，弱くはじいたときより(①　　　　)音が出る。

(2) モノコードの弦の長さを長くすると，短いときより(②　　　　)音が出る。

(3) 音源が振動する幅(はば)を(③★　　　　)といい，振幅(しんぷく)が大きいほど大きな音になる。

(4) 音源が1秒間に振動する回数を(④★　　　　)といい，振動数(しんどうすう)が多いほど高い音になる。

(5) 振動数の単位は(⑤　　　　)(記号Hz)で表す。波形のグラフで，振動数は一定時間の波の数で表される。

(6) 音は，空気などの気体だけでなく，水などの(⑥　　　　)や，金属などの(⑦　　　　)の中も伝わる。

(7) ＡＢ間を音が伝わる速さは，次のようにして求める。

$$音の速さ〔m/s〕=\frac{ＡＢ間の(⑧\qquad)〔m〕}{音がＡＢ間を伝わる時間〔s〕}$$

まるごと暗記

音の大きさ・高さ

- 振幅
- →振動の幅。
  振幅が大きい
  →大きな音
- 振動数
- →音源が1秒間に振動する回数。
  単位はヘルツ(Hz)
  振動数が多い
  →高い音

プラスα

弦(げん)を強く張るほど，また，弦が細いほど，振動数は多くなる。

ワンポイント

音が伝わるのにかかった時間がわかれば，音源までの距離がわかる。

語群

1 振動／いない／伝わらない／音源／鼓膜(こまく)／波／空気

2 ヘルツ／振動数／低い／液体／振幅／距離／大きい／固体

★の用語は，説明できるようになろう！

同じ語句を何度使ってもかまいません。

教科書の 図 □ にあてはまる語句を，下の語群から選んで答えよう。

教 p.158

1 音の伝わり方

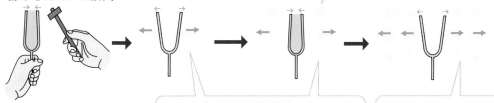

まわりの空気が押し縮められ
たり引き伸ばされたりする。

音さをたたいた瞬間

音さが①□□□□して，まわり
の②□□□□を振動させる。

振動が伝わっていく現
象を，③□□□□
という。

空気の振動が耳の④□□□□□に達すると，音が聞こえる。

1
―
3

2 音の大きさと高さ ✏①〜④はどのような音かを書こう。

教 p.162

音の大小 同じ高さの音   音の高低 同じ大きさの音

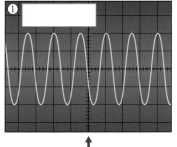

❶□□□□

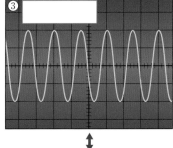

❸□□□□

●波形のグラフ

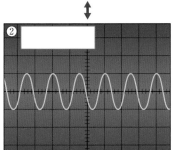

❷□□□□

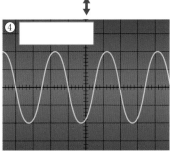

❹□□□□

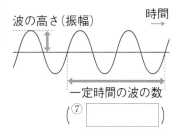

波の高さ（振幅）   時間

一定時間の波の数
（⑦□□□□）

・振幅が大きいほど，音は⑤□□□□。

・振動数が多いほど，音は⑥□□□□。

振動数の単位には，
ヘルツ（記号Hz）
を使うよ。

語群 1 空気／鼓膜／振動／波

2 振動数／高い音／低い音／大きい音／小さい音／高い／大きい

😊 わからない用語は， 📖教科書の 要点 の★で確認しよう！

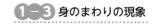
解答 ▶ p.18

定着のワーク　ステージ2　第2章　音の性質

1 教 p.157 実験 **音の伝わりを確かめる**　図1，2のような装置で，音さとブザーの音の伝わり方を調べた。これについて，次の問いに答えなさい。

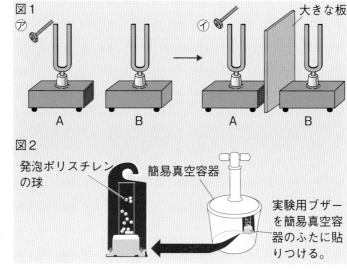

図1
図2
発泡ポリスチレンの球　　簡易真空容器
大きな板
実験用ブザーを簡易真空容器のふたに貼りつける。

(1) 音さなど，音を出している物体を何というか。
（　　　　　　　　）

(2) 図1の㋐のように，同じ高さの音が出る音さA，Bをならべて，音さAを鳴らした。このとき，音さBはどのようになるか。
（　　　　　　　　）

(3) 図1の㋑のようにして，音さAを鳴らすと，音さBの音は(2)のときと比べてどのようになるか。
（　　　　　　　　）

(4) 図2で，音が出ているブザーを入れた容器の中の空気をぬいていくと，ブザーの音はどのようになっていくか。（　　　　　　　　）

(5) 実験の結果から，何が音を伝えていることがわかるか。（　　　　　　　　）

(6) 音の振動が伝わっていく現象を何というか。（　　　　　　　　）

2 **音の伝わる速さ**　右の図のように，2人がストップウォッチを同時にスタートさせてA点とB点に移動した。そして，A点で競技用号砲をうち，その音を聞いた瞬間に2人ともストップウォッチを止めた。これについて，次の問いに答えなさい。

(1) AB間の距離が100mで，A点とB点でのストップウォッチの時間の差は0.3秒であった。音がAB間を伝わる速さは何m/sか。小数第1位を四捨五入して求めなさい。
ヒント（　　　　　　　　）

(2) AB間の距離を変えて同様の実験を行ったところ，時間の差が0.4秒であった。AB間の距離は何mか。音の伝わる速さは(1)の結果を用い，小数第1位を四捨五入して求めなさい。ヒント（　　　　　　　　）

(3) 音が500m伝わるのにかかる時間を，小数第2位を四捨五入して求めなさい。（　　　　　　　　）

同時にストップウォッチをスタートさせて，それぞれA点とB点に移動する。

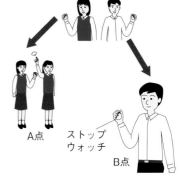
A点　ストップウォッチ　B点

ヒントの森　❷(1)「AB間の距離÷音がAB間を伝わる時間」で求める。(2)「音が伝わる速さ×音がAB間を伝わる時間」で求める。

3 教 p.159 探究4 **音の大小や高低と音源の振動との関係** 右の図のようなモノコードを使って，弦のはじき方や弦の長さと音の大小や高低との関係について調べた。これについて，次の問いに答えなさい。

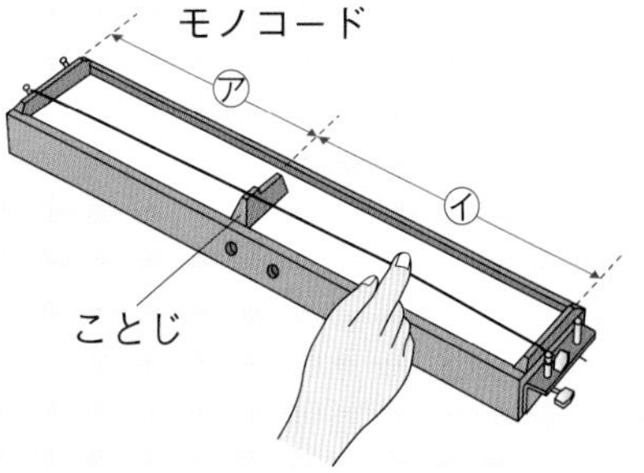

(1) 図のようにしてはじくとき，弦の長さを表しているのは，㋐，㋑のどちらか。（　　）

(2) 弦の長さは変えずに，弦を強くはじいたとき，音はどのようになるか。

（　　　　　　）

(3) 弦をはじく強さは変えずに，弦を長くしたとき，音はどのようになるか。

（　　　　　　）

(4) より高い音を出す方法として正しいものはどれか。次のア～エから2つ選びなさい。

（　　）（　　）

ア　弦の長さと張り方を同じにして，弦の太さを太くする。

イ　弦の長さと張り方を同じにして，弦の太さを細くする。

ウ　弦の長さと太さを同じにして，弦の張り方を強くする。

エ　弦の長さと太さを同じにして，弦の張り方を弱くする。

4 **弦の振動と音の大小や高低** 弦の振動と音の大小や高低との関係について調べた。これについて，次の問いに答えなさい。

図1

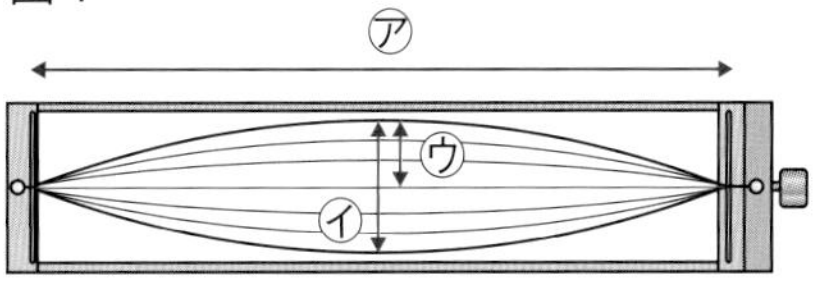

(1) 弦の振動の幅のことを何というか。

（　　　　　　）

(2) (1)を表しているのは，図1の㋐～㋒のどの部分か。

（　　）

(3) (1)が大きいほど，音はどのようになるか。（　　　　　　）

(4) 弦が1秒間に振動する回数のことを何というか。（　　　　　　）

(5) (4)の単位は何か。ヒント（　　　　　　）

(6) (4)が多いほど，音はどのようになるか。（　　　　　　）

(7) 図2で，1回の振動を表すのは，Ⓢから始まって㋓～㋕のどこまでか。（　　）

図2

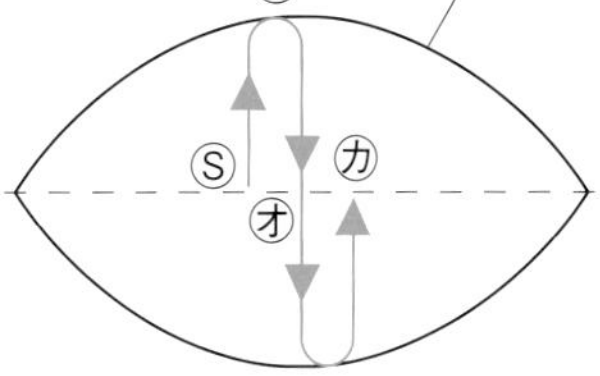

(8) 弦のはじき方や張り方と(4)との関係で正しいものを，次のア～エから選びなさい。ヒント（　　）

ア　弦の張り方が同じなら，はじき方が強いほど(4)が多い。

イ　弦の張り方が同じなら，はじき方が強いほど(4)が少ない。

ウ　はじく強さが同じなら，張り方が強いほど(4)が多い。

エ　はじく強さが同じなら，張り方が強いほど(4)が少ない。

ヒントの森

4(5)記号はHzで，1秒間に60回振動する場合は60Hzと書く。(8)弦を強くはじくと，弦の振動の幅が大きくなる。

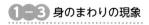

解答 p.18

第2章　音の性質

30分　/100

1 下の図は，音さをたたいたときの音の出るしくみと，音が空気中を伝わるしくみを表したものである。これについて，あとの問いに答えなさい。　　　　5点×4（20点）

たたく。

（1）　図の音さの動きによって，音さのまわりの空気はどのようになっているか。

（2）　音さの音が聞こえるのはなぜか。その理由を，耳のつくりの名称を使って簡単に答えなさい。

（3）　音は真空中を伝わるか。

（4）　音の伝わり方について正しいものを，次のア〜ウから選びなさい。

　　ア　音は，空気などの気体の中だけ伝わる。

　　イ　音は，気体と液体の中は伝わるが，固体の中は伝わらない。

　　ウ　音は，気体，液体，固体のどの中でも伝わる。

（1）	
（2）	
（3）	（4）

2 音が空気中を伝わる速さについて，次の問いに答えなさい。　　　7点×4（28点）

（1）　右の図のような場所で，Aさんが大声を出した。その声ががけで反射し，Aさんの後ろにいるBさんに聞こえるまでの時間は3秒であった。このとき，音の伝わる速さは何m/sか。

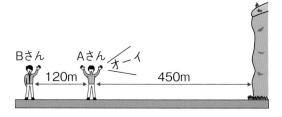

垂直ながけ

Bさん　Aさん　オーイ
120m　　450m

（2）　音が（1）の速さで伝わるとき，1700m離れた公園で打ち上げられた花火は，見えてから何秒後に音が聞こえるか。

（3）　（2）で，Cさんのいる場所では花火が見えてから2.5秒後に音が聞こえた。Cさんのいる場所は公園から何m離れているか。

（4）　遠くの花火は，光が見えたあとに音が聞こえる。その理由を答えなさい。

（1）		（2）		（3）	
（4）					

❸ 右の図は，同じ長さで太さの異なる弦を，同じ強さで張ったモノコードである。これについて，次の問いに答えなさい。

(1) 太い弦と細い弦を同じ強さではじいた。2本の弦から出る音は，音の何が異なるか。

(2) (1)で，太い弦をはじくと，細い弦をはじいたときと比べ，どのような音が出るか。

(3) 太い弦と細い弦を同じ強さではじいたとき，振動数が多いのはどちらの弦か。

(4) 太い弦を異なる強さではじいたとき，変化するのは何か。次のア〜ウから選びなさい。

　ア　振動数
　イ　振幅
　ウ　振動数と振幅

(1)		(2)		(3)		(4)	

❹ 右の図は，2種類の音さを，強さを変えてたたき，振動のようすをコンピュータで波形として見たものである。これについて，次の問いに答えなさい。

4点×9（36点）

(1) 同じ音さの音の波形は，㋐〜㋒のどれとどれか。

 (2) (1)のように判断した理由を答えなさい。

(3) 同じ強さでたたいた2種類の音さの音の波形は，㋐〜㋒のどれとどれか。

 (4) (3)のように判断した理由を答えなさい。

(5) 音が最も小さいのは，㋐〜㋒のどれか。

(6) (5)のように判断した理由を，次のア〜エから選びなさい。

　ア　振幅が最も大きいから。
　イ　振幅が最も小さいから。
　ウ　振動数が最も多いから。
　エ　振動数が最も少ないから。

(7) 音が最も低いのは，㋐〜㋒のどれか。

(8) (7)のように判断した理由を，(6)のア〜エから選びなさい。

(9) ㋐の振動数は何Hzか。

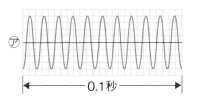
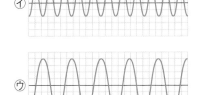

解答 p.19

確認のワーク　ステージ1

第3章　力のはたらき(1)

教科書の要点

同じ語句を何度使ってもかまいません。

(　　)にあてはまる語句を，下の語群から選んで答えよう。

1 力による現象

教 p.166〜168

(1) 物体が力を受けているとき，次のような現象が見られる。

3つの現象のうちの1つ以上が見られる。

・物体の(①　　　)が変わる。

・物体の(②　　　)のようすが変わる。

・物体が(③　　　)られている。

やわらかいボールをにぎると，ボールの形が変化するよね。

(2) 地球上のすべての物体は，地球が中心に向かって引きつける力である(④★　　　)を受けている。

(3) 物体が受ける重力(じゅうりょく)が大きいと(⑤　　　)と感じ，小さいと(⑥　　　)と感じる。

(4) 重力の大きさの単位は(⑦★　　　)(記号N)で表す。

(5) 100gの物体が受ける重力は約(⑧　　　)Nである。

(6) (⑨　　　)ばかりは目盛りがニュートンの単位で示されている。

(7) ばねばかりを手で3Nの目盛りまで引いたとき，手がばねばかりを引く力は(⑩　　　)Nである。

2 力の表し方

教 p.169〜174

(1) ばねの伸びは，ばねが受ける力の大きさに比例する。この関係を(①★　　　)という。

(2) ばねばかりは，フックの法則を利用したものである。

(3) 力の3つの要素は，(②★　　　)(作用点(さようてん))，★**力の向き**，★**力の大きさ**である。

(4) 力は(③　　　)を用いて表す。

(5) 力を表す矢印は(④　　　)からかき，矢印の向きは(⑤　　　)にかき，矢印の長さは(⑥　　　)に比例させてかく。

(6) 1Nの力を1cmの矢印で表すとき，2Nの力は2cm，5Nの力は(⑦　　　)cmの矢印で表す。

まるごと暗記

力による現象
- 力を受けている物体
  - ・形が変わる。
  - ・運動のようす(速さや向き)が変わる。
  - ・支えられている。
- 重力
  - →地球の中心に向かって引きつけられる力。

ワンポイント

空を飛ぶ鳥や飛行機も，重力を受けている。

まるごと暗記

力の表し方
- 力を表す単位
  - →ニュートン(記号N)
- 力の3要素
  - ・力のはたらく点(作用点)
  - ・力の向き
  - ・力の大きさ

プラスα

フックの法則は，ゴムなどの弾性力(だんせいりょく)という力をもつ物体にも広くあてはまる。

語群

1 軽い／重い／重力／運動／形／ニュートン／支え／3／1／ばね

2 フックの法則／力の大きさ／5／力の向き／矢印／力のはたらく点／作用点

★の用語は，説明できるようになろう！

同じ語句を何度使ってもかまいません。

教科書の 図 □にあてはまる語句を，下の語群から選んで答えよう。

1 フックの法則

教 p.172, 173

力の大きさとばねの伸び

おもり1個が10gのとき，ばねが受ける力は0.1N。

ばねが受ける力は① □ N。

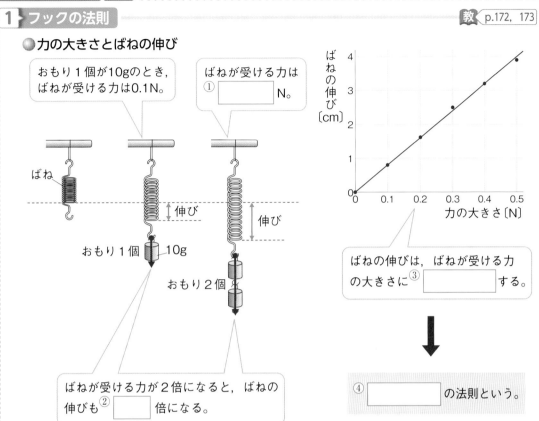

ばねの伸びは，ばねが受ける力の大きさに③ □ する。

ばねが受ける力が2倍になると，ばねの伸びも② □ 倍になる。

④ □ の法則という。

2 力を表す矢印

教 p.174

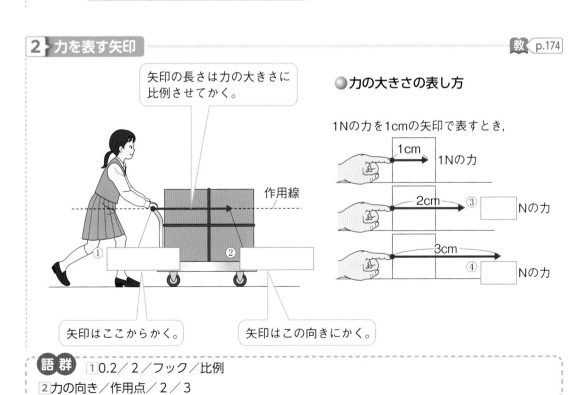

矢印の長さは力の大きさに比例させてかく。

作用線

① □
② □

矢印はここからかく。
矢印はこの向きにかく。

力の大きさの表し方

1Nの力を1cmの矢印で表すとき，

1cm 1Nの力
2cm ③ □ Nの力
3cm ④ □ Nの力

語群 1 0.2／2／フック／比例
2 力の向き／作用点／2／3

😊 わからない用語は，教科書の要点の★で確認しよう！

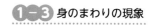

解答 p.19

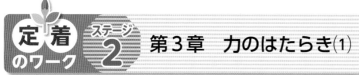

定着のワーク ステージ2 第3章 力のはたらき(1)

1 [教] p.167 [観察] **力による現象を分類する** 物体が力を受けているときに見られる現象は，下の□のようにまとめることができる。図の①〜⑤の人や物体には，それぞれ□のア〜ウのどの現象が見られるか。それぞれ記号で答えなさい。[ヒント]

①(　　) ②(　　) ③(　　) ④(　　) ⑤(　　)

サッカーボール

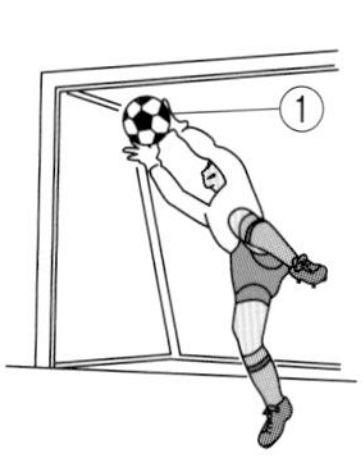

棒高跳び

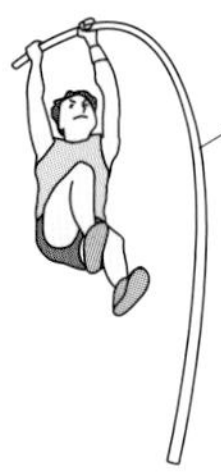

フィギュアスケート

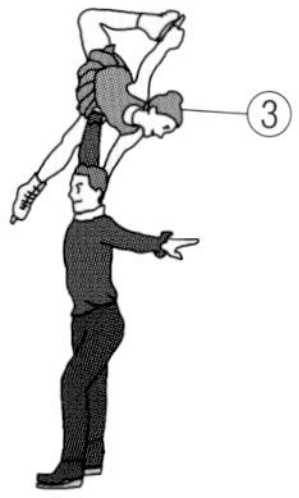

バーベル

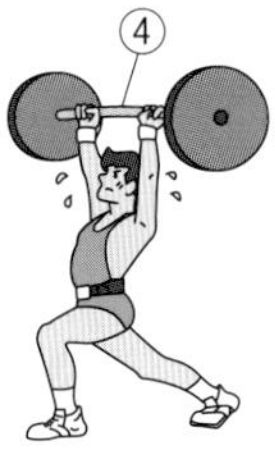

ボール

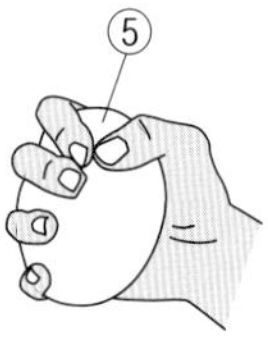

ア　物体の形が変わる。
イ　物体の運動のようす(速さや向き)が変わる。
ウ　物体が支えられている。

2 **力の表し方** 力の表し方について，次の問いに答えなさい。

(1) 右の図の㋐〜㋒は，力の３つの要素を表したものである。それぞれ何という要素を表しているか。

㋐(　　　　)
㋑(　　　　)
㋒(　　　　)

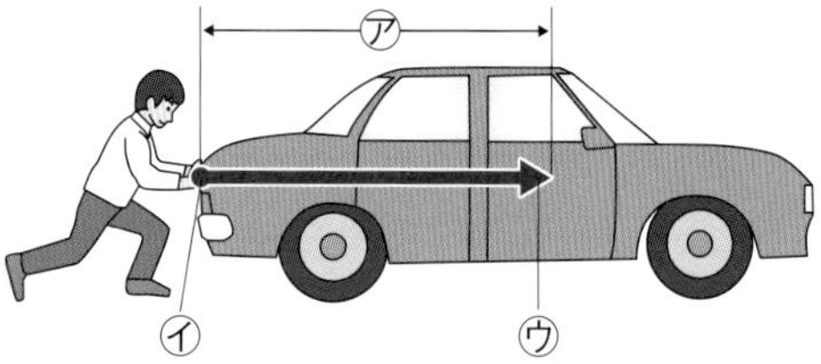

[作図] (2) 次のそれぞれの力を，点Ｏからの矢印で表しなさい。ただし，100gの物体が受ける重力の大きさを１Ｎとし，10Nの力を長さ１cmの矢印で表すものとする。[ヒント]

①物体が受ける重力

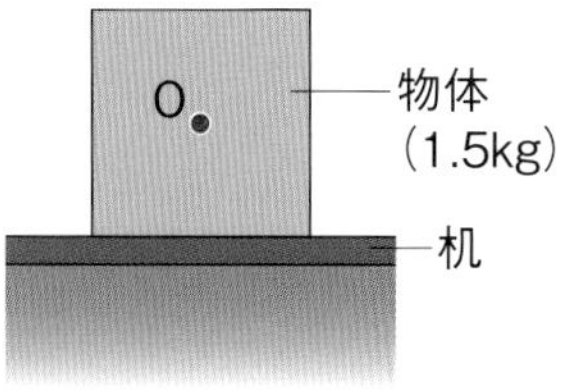

②ばねが受ける力

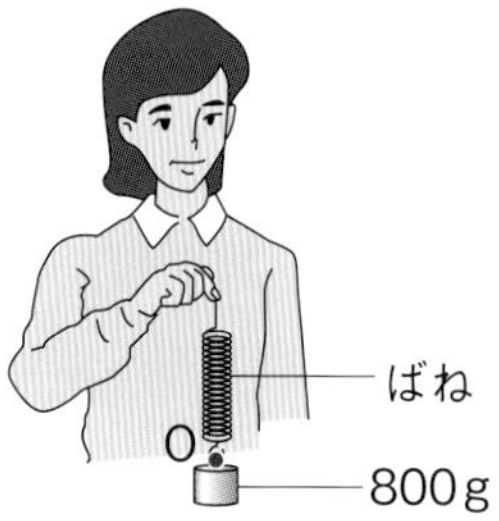

③タイヤが受ける力

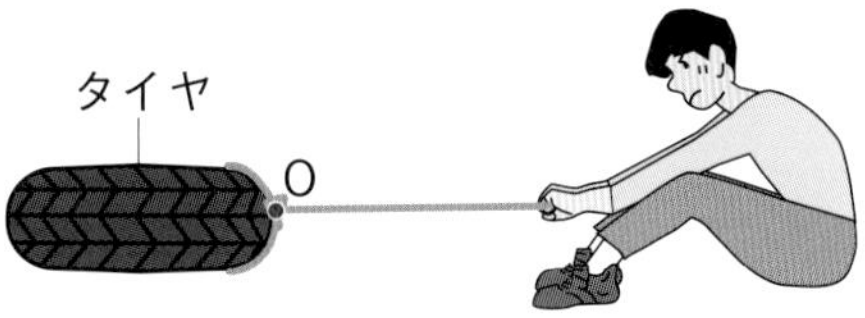

人が18Nの力で引く。

ヒントの森
❶①は飛んできたボールを止めている。③，④は，持ち上げた状態になっている。
❷(2)①は1.5kg＝1500gなので，物体が受ける重力は15N。②のおもりが受ける重力は８N。

❸ 教 p.169 探究 5 **ばねの伸びと力の関係** 図1のように，ばねに10gのおもりを1個つるしたところ，ばねは0.5cm伸びた。表は，ばねにつるす10gのおもりを2個，3個，4個，5個と増やしていき，ばねの伸びを測定した結果を表したものである。これについて，あとの問いに答えなさい。ただし，100gの物体が受ける重力の大きさを1Nとする。

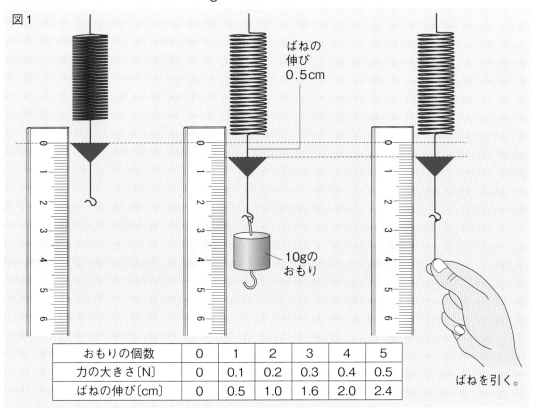

図1

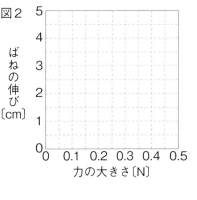

ばねを引く。

おもりの個数	0	1	2	3	4	5
力の大きさ〔N〕	0	0.1	0.2	0.3	0.4	0.5
ばねの伸び〔cm〕	0	0.5	1.0	1.6	2.0	2.4

作図

(1) 結果の表をもとにして，ばねが受ける力の大きさとばねの伸びとの関係を，図2にグラフで表しなさい。

(2) (1)のグラフから，ばねが受ける力の大きさとばねの伸びとの間には，どのような関係があることがわかるか。ヒント （　　　　　　　　）

(3) (2)の関係のことを何の法則というか。
（　　　　　　　　）

(4) ばねに2Nの力を加えたとき，ばねの伸びは何cmになるか。（　　　　　　　　）

(5) おもりを6個つるすと，ばねの伸びは何cmになるか。ヒント （　　　　　　　　）

(6) ばねの伸びが5.0cmになるのは，ばねにおもりを何個つるしたときか。
（　　　　　　　　）

(7) おもりをつるすかわりに，手でばねを引いた。ばねの伸びが0.5cmのとき，手が引く力の大きさは何Nか。（　　　　　　　　）

図2
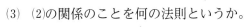

❸(2)ばねが受ける力の大きさが2倍，3倍…となると，ばねの伸びも2倍，3倍…になる。
(5)ばねを1cm伸ばすのに必要な力は0.2Nであることから考える。

 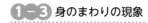 

ステージ **3** 第3章　力のはたらき⑴

解答▶p.19

30分　　/100

1 下の図は，物体が力を受けているときに見られる現象である。これについて，あとの問いに答えなさい。

4点×4（16点）

 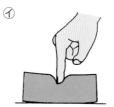  

㋐ ボールを受ける。　㋑ スポンジを押す。　㋒ 荷物を持つ。　㋓ ボールを転がす。

⑴　㋑で，スポンジは何によって力を受けているか。

⑵　物体の形が変わっているものを，㋐〜㋓から選びなさい。

⑶　物体の運動のようすが変わっているものを，㋐〜㋓からすべて選びなさい。

⑷　物体が支えられているものを，㋐〜㋓から選びなさい。

(1)		(2)	(3)		(4)	

2 物体にはたらいている力を図に表すときは，矢印を用いる。これについて，次の問いに答えなさい。

4点×8（32点）

⑴　力の3つの要素とは何か。すべて答えなさい。

⑵　図1で，ばねを引く2Nの力を1cmの矢印で表した。このとき，㋐，㋑の矢印で表されるばねを引く力の大きさは，それぞれ何Nか。

⑶　図1で，5.2Nの力でばねを引いたとき，力を表す矢印の長さは何cmになるか。

⑷　図2の物体が受ける重力を，点Pからの矢印で表しなさい。ただし，100gの物体が受ける重力の大きさを1Nとし，10Nの力を1cmの矢印で表すものとする。

⑸　重力とはどのような力か。

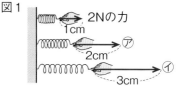

図1　2Nの力　1cm　㋐ 2cm　㋑ 3cm

図2　天井　ひも　1.2kgの物体　・P

(1)			
(2) ㋐	㋑	(3)	(4) 図2に記入
(5)			

3 2種類のばね㋐，㋑を用意して，それぞれのばねに図1のように1個20gのおもりを何個かつるし，ばねが受ける力とばねの伸びとの関係を調べた。図2は，その結果をグラフにまとめたものである。これについて，次の問いに答えなさい。ただし，100gの物体が受ける重力を1Nとする。

4点×13（52点）

(1) フックの法則とはどのような法則か。

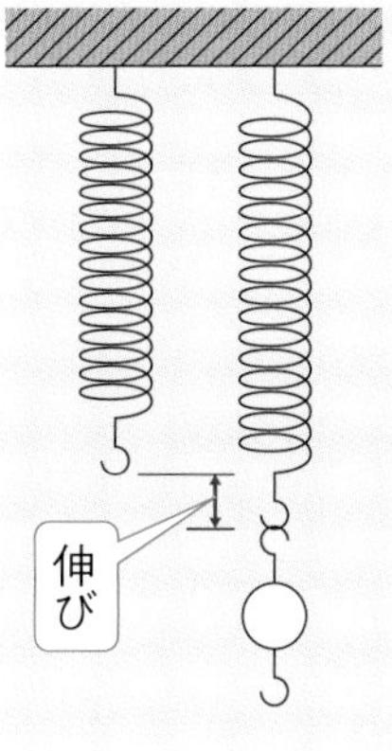

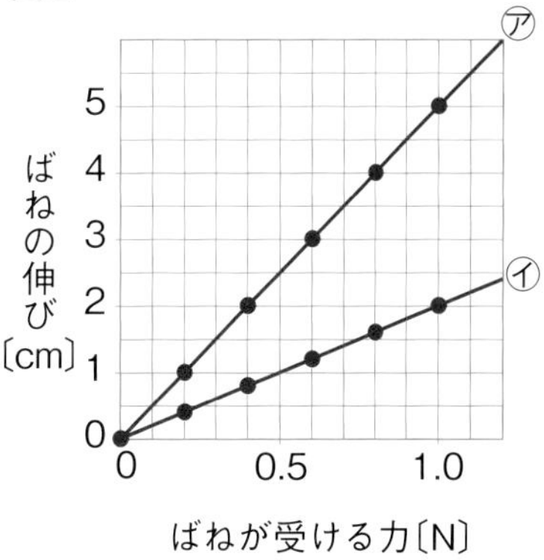

(2) ばね㋐におもりを5個つるした。このとき，ばね㋐が受ける力は何Nか。

(3) (2)のとき，ばね㋐の伸びは何cmか。

(4) ばね㋐におもりを7個つるしたとき，ばねの伸びは何cmか。

(5) ばね㋐を10cm伸ばすのに必要な力は何Nか。

(6) ばね㋑におもりを5個つるした。このとき，ばね㋑が受ける力は何Nか。

(7) ばね㋑におもりを7個つるしたとき，ばねの伸びは何cmか。

(8) ばね㋑を3.2cm伸ばすには，何個のおもりをばねにつるせばよいか。次のア～エから選びなさい。

　ア　6個
　イ　8個
　ウ　10個
　エ　12個

(9) ばね㋐，㋑の伸びを同じにした。このとき，ばねが受けている力は，㋐，㋑のどちらが大きいか。

(10) ばね㋐のおもりをつるす部分を手で持って，3Nの力でばねを下に引いた。このとき，ばねの伸びは何cmか。

(11) ばね㋑を手で下に引き，ばねの伸びを(10)のときのばね㋐の伸びと同じにしたい。ばね㋑を何Nの力で引けばよいか。

 (12) 5Nの力で引くと40cm伸びるばね㋒（何もつるさないときの長さは20cm）がある。ばね㋒が受ける力とばねの伸びの関係を示すグラフを，図2にかきなさい。

 (13) (12)のばね㋒におもりを4個つるすと，ばね全体の長さは何cmになるか。

(1)					(2)		(3)	
(4)		(5)		(6)		(7)	(8)	
(9)		(10)		(11)		(12) 図2に記入	(13)	

図1　図2

ばねの伸び〔cm〕

ばねが受ける力〔N〕

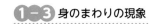
解答　p.20

 確認のワーク　ステージ1　**第3章　力のはたらき⑵**

教科書の**要点**（　）にあてはまる語句を，下の語群から選んで答えよう。

同じ語句を何度使ってもかまいません。

1 力のつり合い　教 p.175〜179

⑴　1つの物体が2つ以上の力を受けても動かずに静止しているとき，物体が受ける力は（①★　　　　　　　　）という。

⑵　1つの物体が受ける2力がつり合うのは，次の3つの条件がすべてそろったときである。
- ・2力は（②　　　　　　　　）にある。
- ・2力の大きさは（③　　　　　　　　）。
- ・2力の向きは（④　　　　　　　　）である。

> **まるごと暗記**
> **2力のつり合い**
> ● 2力がつり合う条件
> ・一直線上
> ・大きさが等しい
> ・向きが反対

2 さまざまな力　教 p.180〜181

⑴　変形した物体がもとの形にもどろうとすることで，受けた力とは反対向きにはたらく力を（①★　　　　　　　　）という。

⑵　2つの物体がふれ合っている面で，加えられた力と反対向きに，物体の運動をさまたげるようにはたらく力を（②　　　　　　　）という。机の上の直方体の荷物を横向きに押しても動かないとき，荷物を押す力と，荷物が机から受ける摩擦力はつり合っている。

⑶　磁石は鉄を引きつける。また，磁石のN極とS極はたがいに（③　　　　　　　）合い，同じ極どうしはたがいに（④　　　　　　　）合う。このような力を（⑤★　　　　　　　）という。

⑷　2種類の物体をこすり合わせたときに生じた電気が，たがいに引き合ったり，しりぞけ合ったりする力を，（⑥★　　　　　　　）という。
└─プラスチックと髪の毛など。

> **まるごと暗記**
> **さまざまな力**
> ・重力
> ・弾性力
> ・摩擦力
> ・磁力
> ・電気の力

> **ワンポイント**
> 磁力や電気の力，重力は，離れていてもはたらく力である。

3 重さと質量　教 p.182〜187

⑴　物体そのものの量のことを（①★　　　　　　　）という。

⑵　質量の単位は（②★　　　　　　）(記号 g)や（③★　　　　　　）(記号 kg)で表す。

⑶　月面上の重力は，地球上の約（④　　　　　　　）である。

⑷　地球上と月面上では，物体の（⑤　　　　　　　）は変わるが，物体の（⑥　　　　　　　）は変わらない。

> **まるごと暗記**
> **重さと質量**
> ●重さ
> →ばねばかりではかる値（N）
> ●質量
> →てんびんではかる値（g, kg）

語群 ❶反対／等しい／一直線上／つり合っている　❷引き／摩擦力／電気の力／しりぞけ／弾性力／磁力　❸6分の1／重さ／質量／キログラム／グラム

★の用語は，説明できるようになろう！

 教科書の 図 □にあてはまる語句を，下の語群から選んで答えよう。

同じ語句を何度使ってもかまいません。

1 2力のつり合い

教 p.179

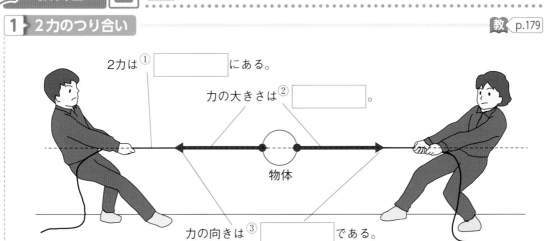

2力は① □ にある。

力の大きさは② □ 。

物体

力の向きは③ □ である。

2 さまざまな力

教 p.180

おもりがばねに引かれる力
（ばねの① □ ）

おもりが受ける② □

物体

机

物体が手で
押される力

物体が机から
受ける③ □

3 重さと質量

教 p.182

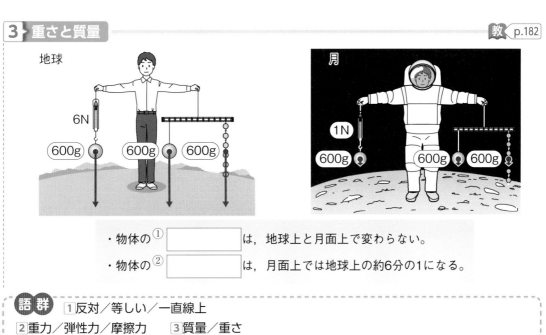

地球

6N

600g　600g　600g

月

1N

600g　600g　600g

・物体の① □ は，地球上と月面上で変わらない。

・物体の② □ は，月面上では地球上の約6分の1になる。

語群 1反対／等しい／一直線上
2重力／弾性力／摩擦力　3質量／重さ

わからない用語は，教科書の 要点 の★で確認しよう！

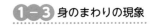

解答▶p.21

第3章　力のはたらき(2)

1 教 p.175 探究 6 **物体が力を受けても動かなくなる条件**　図1のように，厚紙の2つの穴に糸をつけた。そして，図2のように厚紙が動かなくなるまでばねばかりA，Bで左右に引いて，そのときの力の大きさや向きなどを記録した。これについて，あとの問いに答えなさい。

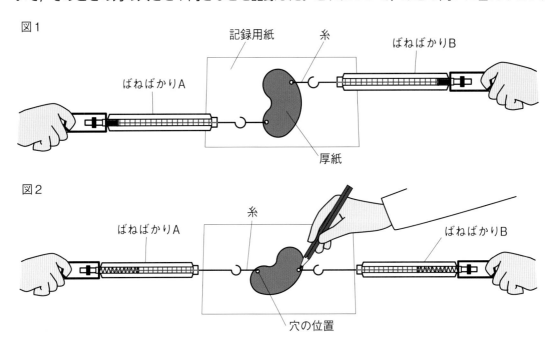

図1

記録用紙　　糸　　ばねばかりB

ばねばかりA

厚紙

図2

ばねばかりA　　糸

ばねばかりB

穴の位置

(1)　図2で，ばねばかりAとばねばかりBの目盛りはどのようになっているか。次の**ア～ウ**から選びなさい。ヒント　　　　　　　　　　　　　　　　　　　　　（　　　　　）

ア　ばねばかりAの値の方が，ばねばかりBの値より大きくなっている。

イ　ばねばかりAの値の方が，ばねばかりBの値より小さくなっている。

ウ　ばねばかりAの値とばねばかりBの値は等しくなっている。

(2)　図2で，ばねばかりA，Bにつけたそれぞれの糸が厚紙を引く向きはどのようになっているか。　　　　　　　　　　　　　　　　　　（　　　　　　　　　　　　　）

(3)　図2で，ばねばかりAにつけた糸とばねばかりBにつけた糸は，一直線上にあるか。

（　　　　　　　　　　　　　）

(4)　実験の結果，ばねばかりAが厚紙を引く力とばねばかりBが厚紙を引く力はどうなっているというか。　　　　　　　　　　　　　（　　　　　　　　　　　　　）

(5)　押し棒をつけたばねばかりで，水平面上に置いた直方体を水平面と平行に左右から押すと，直方体は静止したままであった。このとき，2つのばねばかりが示す値はどうなっているか。ただし，押し棒をつけた2つのばねばかりは一直線上にあるものとする。ヒント

（　　　　　　　　　　　　　）

1(1)2力を受けた厚紙が静止していることから考える。(5)直方体をはさんで押し棒は一直線上にあり，2つの押し棒が加える力の向きは反対である。

2 さまざまな力　下の①～③は，物体にはたらくさまざまな力を矢印で表したものである。これについて，あとの問いに答えなさい。

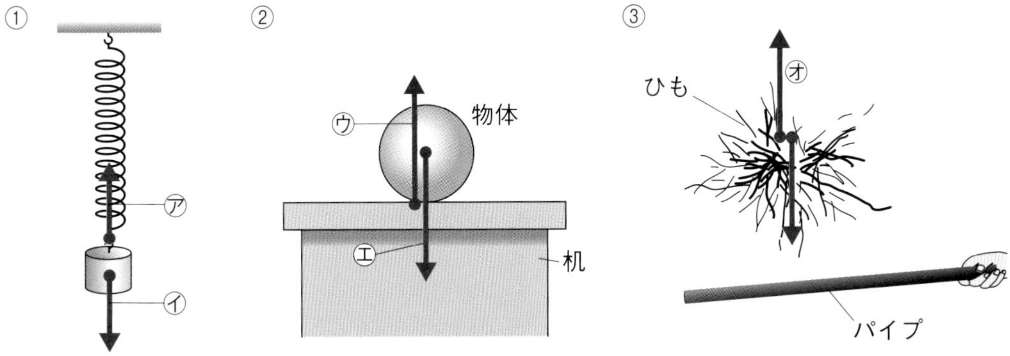

(1)　①は，ばねにおもりをつるしたものである。ばねがもとの形にもどろうとしている力㋐を何というか。（　　　　）

(2)　①で，おもりが受ける力㋑を何というか。（　　　　）

(3)　②で，机の上に置いた物体や机の面についてどのようなことがいえるか。次のア～ウから選びなさい。（　　）

ア　机の面がわずかに変化し，もとにもどろうとする力が生じている。

イ　机の面と物体の間に，しりぞけ合う力が生じている。

ウ　机の面と物体の間に，引き合う力が生じている。

(4)　②の力㋒のように，面に接した物体が面から垂直に受ける力を，特に何というか。（　　　　）

(5)　③は，ティッシュペーパーでこすったひも(ポリプロピレン製)に，ティッシュペーパーでこすったパイプ(ポリ塩化ビニル製)を下から近づけたものである。ひもにはたらいている力㋔を何というか。（　　　　）

(6)　③で，ひもとパイプの間にはどのような力がはたらいているか。（　　　　）

(7)　㋐と㋑，㋒と㋓の力はそれぞれつり合っているといえるか。[ヒント]

㋐と㋑（　　　　）

㋒と㋓（　　　　）

3 重さと質量　重さと質量の説明として，正しいものには○，まちがっているものには×をつけなさい。[ヒント]

①（　　）地球上で600gの物体の質量を月面上ではかると，約100gになる。

②（　　）地球上で54Nの物体の重さを月面上ではかると，約９Nになる。

③（　　）てんびんではかることができるのは，物体の質量である。

④（　　）はかる場所が変わっても，物体の重さは変わらない。

ヒントの森

2(7)２力は１つの物体にはたらき，それぞれの物体は静止している。

3月面上の重力は地球上の重力の約６分の１である。

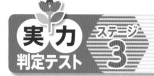

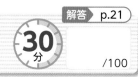

解答 p.21

実力判定テスト ステージ3 第3章 力のはたらき(2)

30分 /100

1 右の図は，１つの物体が２力を受けているようすを，力の矢印で表したものである。これについて，次の問いに答えなさい。 5点×5（25点）

(1) ２力がつり合っているのは，㋐～㋒のどれか。

(2) ２力が一直線上にないためにつり合っていないのは，㋐～㋒のどれか。

(3) ２力の大きさがちがうためにつり合っていないのは，㋐～㋒のどれか。

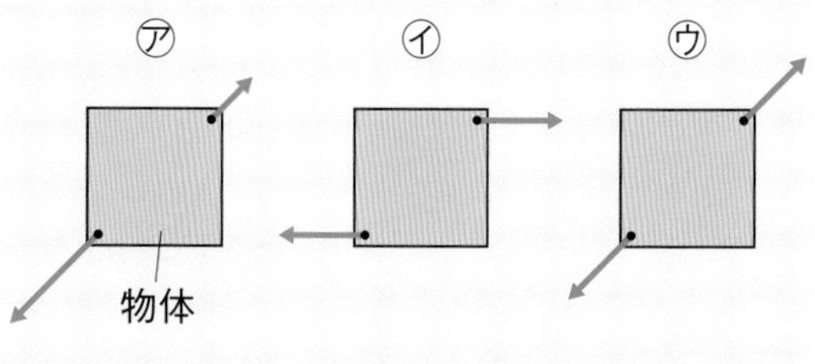

記述 (4) ２力がつり合うための条件は，２力が一直線上にあること，２力の大きさが等しいことと，もう１つは何か。

(5) 図で，１つの物体が受ける２力がつり合っているとき，その物体の運動のようすはどのようになっているか。

(1)		(2)		(3)		(4)	
(5)							

2 図１～３は，いろいろな物体にはたらく２力がつり合っているようすを表したものである。これについて，次の問いに答えなさい。 4点×6（24点）

記述 (1) 図１の㋐，㋑はどのような力か。それぞれ「照明器具」という言葉を使って答えなさい。

(2) 図２で，本を押したときにはたらく㋒の力を何というか。

(3) 図２で，本を押しても本が動かないとき，本を押す力と㋒の力ではどちらが大きいか。次のア～ウから選びなさい。

ア　本を押す力　　イ　㋒の力　　ウ　２つの力の大きさは同じ。

図１

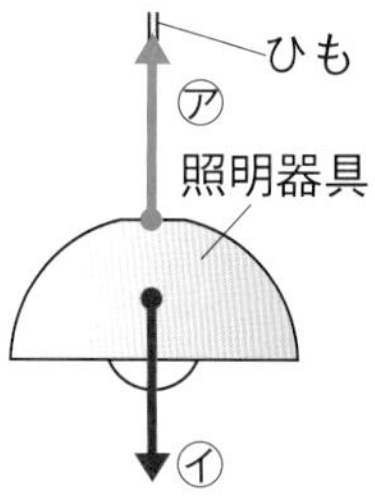

図２

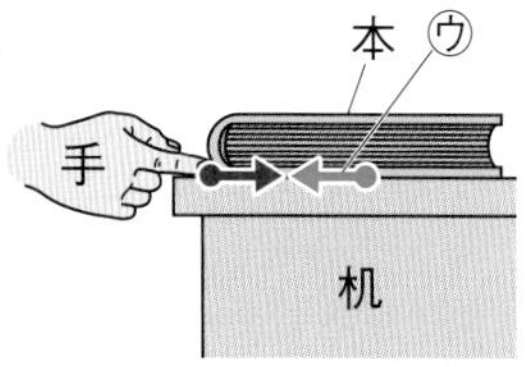

図３

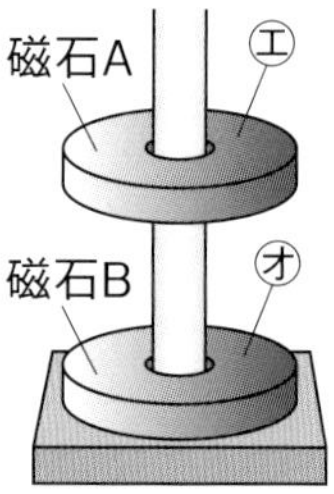

(4) 図３で，磁石Aは重力を受けている。この重力とつり合っているのは，何という力か。

(5) 図３で，磁石Aの㋓の面がＳ極のとき，磁石Bの㋔の面はＮ極，Ｓ極のどちらか。

(1)	㋐		㋑				
(2)		(3)		(4)		(5)	

3 右の図の本やおもりが受ける力について，次の問いに答えなさい。 4点×6（24点）

(1) 図1で，本が受ける重力とつり合う力を矢印で表しなさい。

(2) (1)の力は何とよばれる力か。

(3) 図2で，おもりが受ける重力とつり合う力を矢印で表しなさい。

(4) (3)の力は，何が何を引く力か。

(5) プラスチックの下じきを両手で持って髪の毛をこすり，下じきをゆっくり持ち上げると，髪の毛はどのようになるか。「下じき」という言葉を使って答えなさい。

(6) (5)のようになるのは，何という力がはたらくからか。

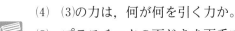
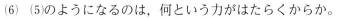

(1) 図1に記入	(2)		(3) 図2に記入	(4)	
(5)				(6)	

1
｜
3

4 右の図のように，地球上で1200gの物体を，地球上と月面上で，ばねばかりとてんびんにつるしたとする。これについて，次の問いに答えなさい。ただし，月面上の重力の大きさは，地球上の6分の1とし，100gの物体が受ける地球上での重力の大きさを1Nとする。

3点×9（27点）

(1) 地球上で物体をばねばかりにつるしたとき，ばねばかりは何Nを示すか。

(2) 月面上で物体をばねばかりにつるしたとき，ばねばかりは何Nを示すか。

(3) 地球上で物体をてんびんにつるすと，おもり6個とつり合った。おもり6個は何gか。

(4) 月面上で物体をてんびんにつるすと，おもり何個とつり合うか。

(5) ばねばかりではかれるような，物体にはたらく重力の大きさを何というか。

(6) (5)の単位を記号で答えなさい。

(7) てんびんではかれるような，物体そのものの量を何というか。

(8) (7)の単位を記号で2つ答えなさい。

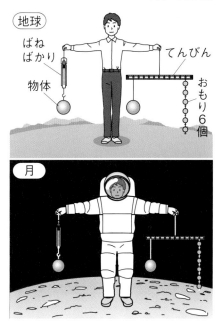

(1)		(2)		(3)		(4)	
(5)		(6)		(7)		(8)	

解答 p.22

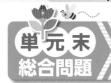

単元末総合問題 1−3 身のまわりの現象

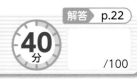

40分　/100

1 右の図のような装置で，焦点距離が15cmの凸レンズを固定した。そして，物体とスクリーンの位置をいろいろ変えて，スクリーン上にはっきりとした像ができるときの位置を調べ，凸レンズと物体の間の距離Xと凸レンズとスクリーンの間の距離Yを測定した。これについて，次の問いに答えなさい。　4点×7（28点）

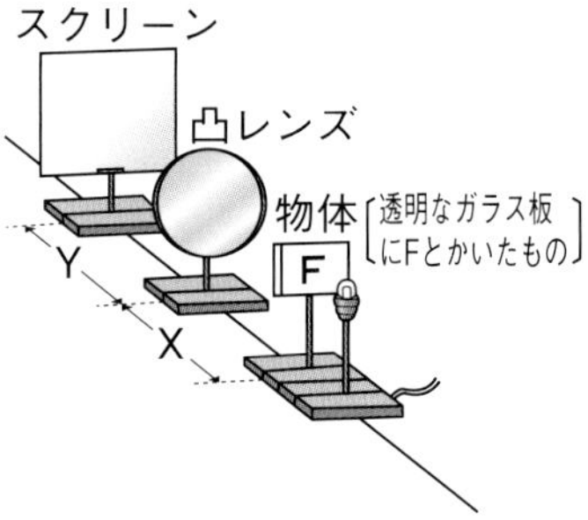

(1) 光がレンズに入るとき，凸レンズに斜め（なな）に入射した光は進む向きが変わる。この現象を何というか。

(2) スクリーン上にできる像を何というか。

(3) スクリーン上にできた像を，凸レンズの位置から見ると，どのように見えるか。次の㋐〜㋓から選びなさい。

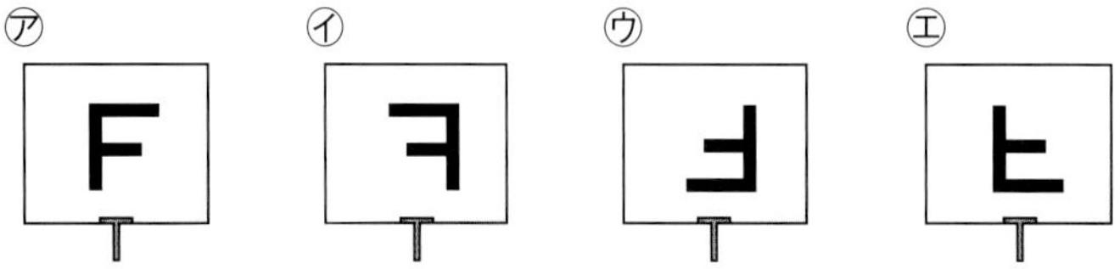

(4) 距離Xを大きくすると，距離Yはどのようになるか。

(5) (4)のとき，像の大きさはどのようになるか。

レベルUP (6) 距離Xを30cmにすると，距離Yは何cmになるか。

記述 (7) 距離Xを10cmにして，スクリーン側から凸レンズを通して物体を見ると，どのような像が見えるか。像の向きと，大きさについて，実際の物体と比較して答えなさい。

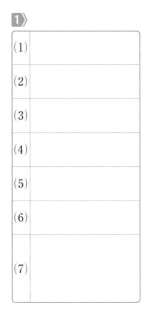

1

(1)	
(2)	
(3)	
(4)	
(5)	
(6)	
(7)	

2 下の図は，モノコードの弦をはじいて出した音の波形で，横軸は時間，縦軸は振幅を表している。これについて，あとの問いに答えなさい。　7点×3（21点）

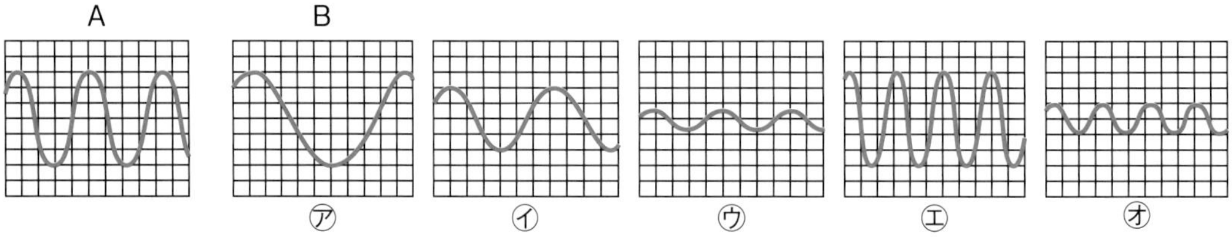

(1) モノコードの弦は変えずに，はじき方をAより弱くしたときの波形を，Bの㋐〜㋔から選びなさい。

(2) モノコードの弦の長さを短くして，Aと同じ強さではじいたときの波形を，Bの㋐〜㋔から選びなさい。

(3) 最も低い音を表している波形はどれか。Bの㋐〜㋔から選びなさい。

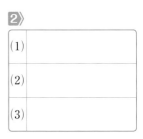

2

(1)	
(2)	
(3)	

目標 凸レンズによってできる像，音の大小・高低，ばねが受ける力とばねの伸び，力のつり合いを確認しておこう。

自分の得点まで色をぬろう!

かんばろう! もう一歩 合格!

0 60 80 100点

3 右のグラフは，ばね㋐が受ける力と，ばねの伸びとの関係を表したものである。これについて，次の問いに答えなさい。ただし，100gの物体が受ける重力の大きさを1Nとする。 4点×4（16点）

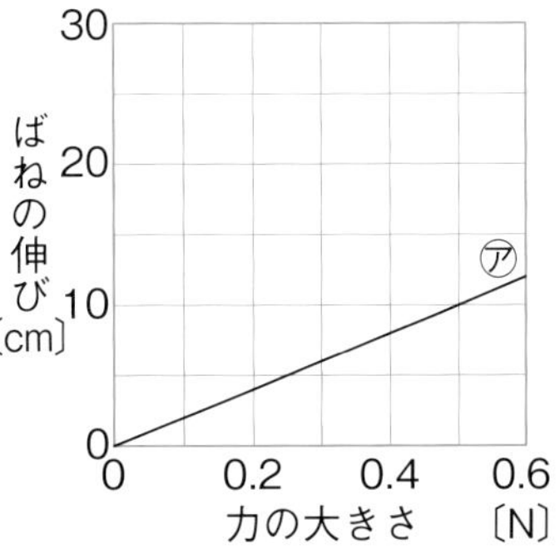

(1) ばね㋐を1cm伸ばすのに必要な力は何Nか。

(2) ばね㋐に100gのおもりをつるすと，ばねは何cm伸びるか。

(3) グラフから，ばね㋐が受ける力の大きさとばねの伸びとの間にはどのような関係があるといえるか。

[作図] (4) 50gのおもりをつるすと，ばねの伸びが30cmになるばね㋑がある。このばねが受ける力の大きさとばねの伸びとの関係を，図にかき加えなさい。

3

(1)	
(2)	
(3)	
(4)	図に記入

4 図1，2は，物体にはたらく2力を力の矢印で表したものである。これについて，次の問いに答えなさい。 5点×7（35点）

(1) 図1で，手で本を押しても本が動かなかった。このとき，本と机がふれ合っている面と面の間ではたらく㋐の力を何というか。

図1

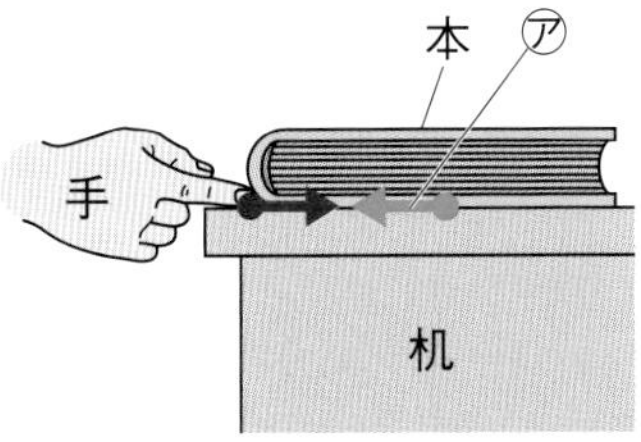

図2

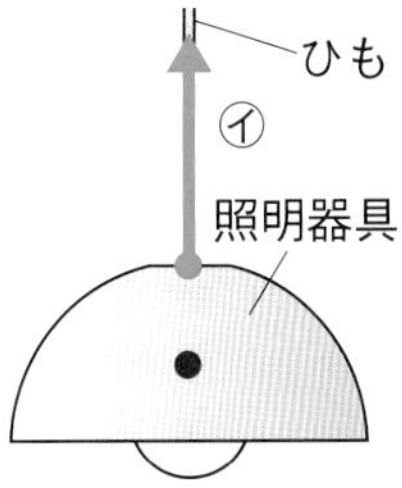

[記述] (2) ㋐はどのようにはたらく力か。「運動」という言葉を使って答えなさい。

(3) 図1で，手が本を押す力は3Nであった。このとき，㋐は何Nか。

(4) 図2の㋑は，何が何を引く力を表しているか。

[作図] (5) 図2で，㋑の力とつり合っている力を，●を作用点とする矢印で図に表しなさい。

(6) (5)で表した力を何というか。

(7) (6)の力は図1の本も受けている。本が受ける(6)の力とつり合っている力を何というか。

4

(1)	
(2)	
(3)	
(4)	
(5)	図2に記入
(6)	
(7)	

終わったら後ろの，3，4，6，7，8，14をやろう。

1－3

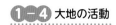

解答 p.23

確認のワーク ステージ1

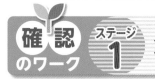

第1章　火山〜火を噴く大地〜

教科書の要点

同じ語句を何度使ってもかまいません。

(　　)にあてはまる語句を，下の語群から選んで答えよう。

1 火山

教 p.188〜196

(1) 地下で，液体になっている状態の岩石を(①★　　　　)という。地下数kmのところにあるマグマがたまっている場所を(②★　　　　)という。
└ マグマがプレートの中を上昇してたまる。

(2) マグマが地表に噴き出す現象を(③★　　　　)という。

(3) 噴火が起こると，溶岩や火山弾，火山れき，火山灰，火山ガスなどの(④★　　　　)が，火口から噴き出す。

(4) マグマのねばりけによって，火山の噴火のようすや火山の形が異なる。
円すい状の火山やなだらかな形の火山がある。

・ねばりけが(⑤　　　　)…比較的おだやかな噴火が起こり，火山の傾きはゆるやかになりやすい。

・ねばりけが(⑥　　　　)…爆発的な噴火が起こりやすく，火山は円すい状になりやすい。
└ さらにねばりけが大きいと，火口がドーム状になる。

2 鉱物と岩石

教 p.197〜209

(1) マグマが冷えて固まるときにできた結晶を(①★　　　　)という。

(2) 鉱物は，セキエイ，チョウ石などの白っぽい(②　　　　)鉱物と，クロウンモ，カクセン石，キ石，カンラン石，磁鉄鉱などの黒っぽい(③　　　　)鉱物に分類できる。ねばりけの小さいマグマからは有色鉱物が多くできる。
磁石につく。

(3) マグマが冷えてできた岩石を(④★　　　　)という。

(4) マグマが地表や地表付近で，短い時間で冷えて固まった岩石を(⑤★　　　　)という。肉眼でも見える大きな鉱物である(⑥★　　　　)と，それを取り巻く(⑦★　　　　)からできている(⑧★　　　　)というつくりをもつ。色の黒っぽいものから順に，玄武岩，安山岩，流紋岩に分けられる。

(5) マグマが地下深くで，長い時間をかけて冷えて固まった岩石を(⑨★　　　　)という。肉眼で見える大きさの鉱物でできている(⑩★　　　　)というつくりをもつ。色の黒っぽいものから順に，斑れい岩，せん緑岩，花こう岩に分けられる。

まるごと暗記

火山

- **マグマ**
→地下の液体になっている岩石。
- **マグマだまり**
→地下数kmでマグマがたまっている場所。
- **噴火**
→マグマが地表に噴き出す現象。
- **火山噴出物**
→噴火で噴き出たもの。

ワンポイント

火山は，火山噴出物が高く積み重なったもの。

まるごと暗記

鉱物と岩石

- 火成岩
→マグマが冷えてできた岩石。**火山岩と深成岩。**
- 火山岩
→マグマが**急に冷えて**できた岩石。斑晶と石基でできた**斑状組織。**
- 深成岩
→マグマが**ゆっくり冷え**てできた岩石。**等粒状組織。**

語群

1 大きい／小さい／火山噴出物／マグマ／噴火／マグマだまり

2 火成岩／鉱物／有色／無色／深成岩／火山岩／石基／斑晶／等粒状組織／斑状組織

★の用語は，説明できるようになろう！

教科書の 図 　□ にあてはまる語句を，下の語群から選んで答えよう。

同じ語句を何度使ってもかまいません。

1 火山と火山噴出物

教 p.193

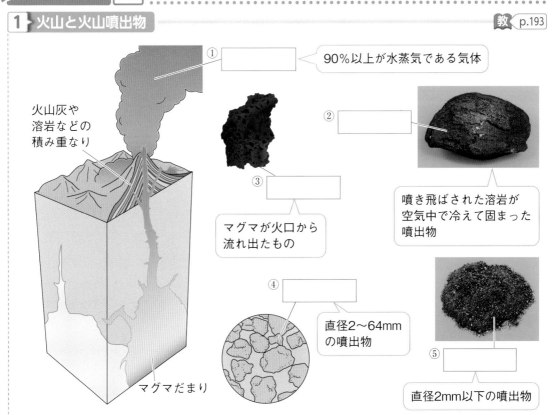

火山灰や溶岩などの積み重なり

マグマだまり

① □ ── 90%以上が水蒸気である気体

② □

③ □ ── マグマが火口から流れ出たもの

噴き飛ばされた溶岩が空気中で冷えて固まった噴出物

④ □ ── 直径2〜64mmの噴出物

⑤ □ ── 直径2mm以下の噴出物

1 - 4

2 火成岩のつくり

教 p.202

① □

③ □ ── 大きな鉱物

④ □ ── 小さな粒の部分

マグマが，地表や地表付近で，短時間で冷えて固まった岩石を⑤ □ という。

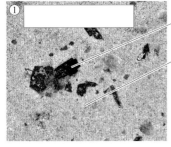
② □

マグマが，地下深くで，長い時間をかけて冷えて固まった岩石を⑥ □ という。

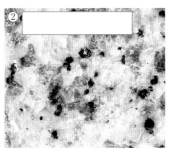

語群　1 火山れき／溶岩／火山灰／火山ガス／火山弾
　　　2 深成岩／火山岩／等粒状組織／斑状組織／石基／斑晶

😊≷ わからない用語は，📖教科書の 要点 の★で確認しよう！

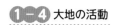

解答 p.23

定着のワーク ステージ2　第1章　火山〜火を噴く大地〜

1 火山の形　右の図は，3種類の火山の形を表したものである。これについて，次の問いに答えなさい。

⑴　マグマが火口から地表に流れ出たものを何というか。　（　　　　）

⑵　図の㋐〜㋒のように，火山の形がそれぞれちがうのは，マグマの何が異なるためか。　（　　　　）

⑶　㋐〜㋒のうち，マグマの⑵が最も大きい火山はどれか。　（　　）

⑷　㋐〜㋒のうち，マグマの⑵が最も小さい火山はどれか。　（　　）

⑸　㋐〜㋒のうち，最も爆発的な噴火が起こりやすい火山はどれか。[ヒント]　（　　）

⑹　㋐〜㋒のうち，⑴と火山灰や火山れきが交互（こうご）に積み重なりやすい火山はどれか。　（　　）

⑺　次の①，②の火山はどのような形をしているか。それぞれ㋐〜㋒から選びなさい。

①　雲仙普賢岳（うんぜんふげんだけ）（長崎県）　（　　）

②　マウナロア（アメリカ，ハワイ島）　（　　）

㋐
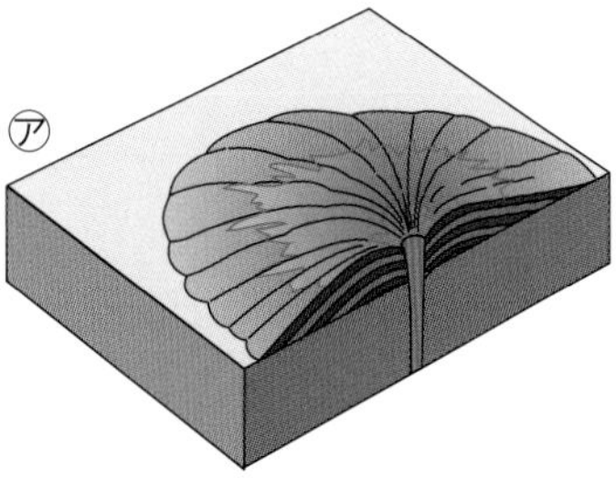

㋑
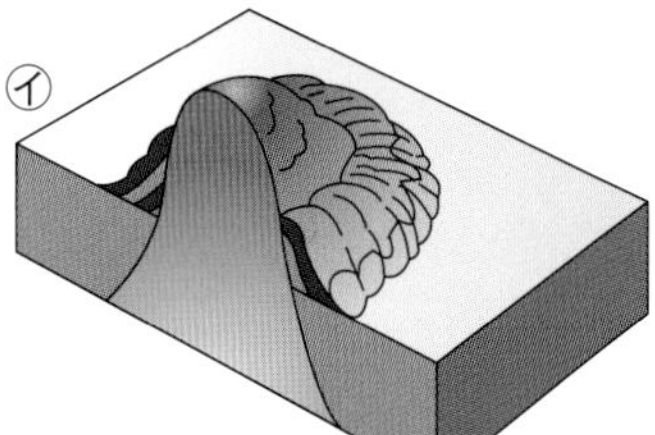

㋒
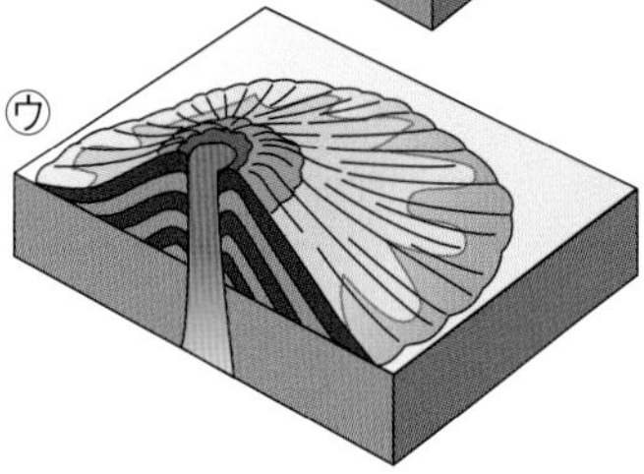

2 教 p.197 探究1 火山灰にふくまれる物質　火山灰の観察について，次の問いに答えなさい。

㋐　㋑　㋒　㋓
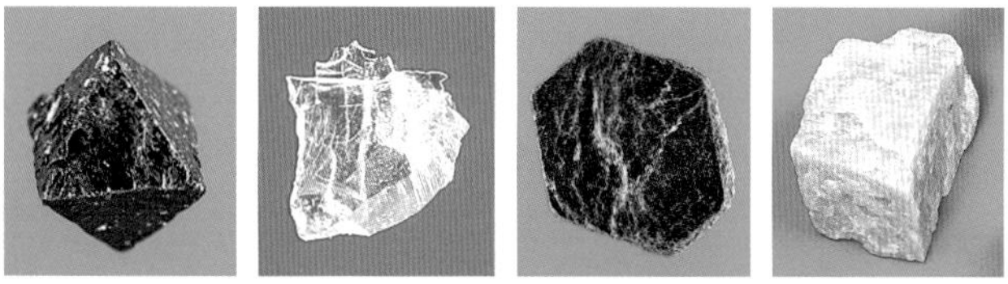

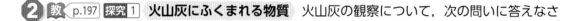

⑴　火山灰は，どのようにしてから観察するか。次のア〜ウから選びなさい。　（　　）

ア　加熱してよく乾燥させる。

イ　息をふきかけて，汚れを取り除く。

ウ　水を加え，何回か指で押しつぶすようにして洗ったあと，乾燥させる。

⑵　火山灰には，図のような物質が見られた。このように，マグマが冷えて固まるときにできた結晶を何というか。[ヒント]　（　　　　）

⑶　⑵のうち，無色または白色で不規則に割れるものを，図の㋐〜㋓から選びなさい。また，その名称も答えなさい。　記号（　　）　名称（　　　　）

⑷　⑵のうち，黒色で決まった方向にうすくはがれるものを，図の㋐〜㋓から選びなさい。また，その名称も答えなさい。　記号（　　）　名称（　　　　）

ヒントの森

1⑸溶岩が流れにくい火山の特徴である。

2⑵火山灰の中に見られる，規則正しい形をしたもの。

3 [教] p.203 [探究] 2 **火成岩のつくり**　右の図のA，Bは，安山岩か花こう岩のいずれかである。これについて，次の問いに答えなさい。

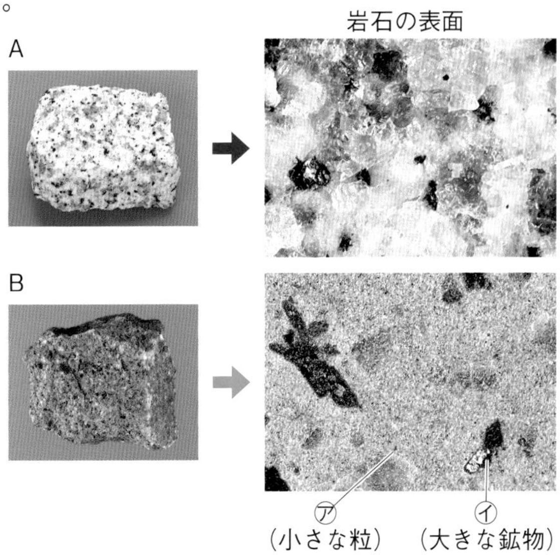

(1)　安山岩は，図のA，Bのどちらか。

(2)　Aのように，大きな鉱物でできている火成岩のつくりを何というか。[ヒント]

(3)　(2)のようなつくりをもつ火成岩を何というか。

(4)　Bの小さな粒㋐を何というか。

(5)　Bの大きな鉱物㋑を何というか。

(6)　Bのように，小さな粒㋐と大きな鉱物㋑でできている火成岩のつくりを何というか。

(7)　(6)のようなつくりをもつ火成岩を何というか。

(8)　マグマが，地下の深いところで，長い時間をかけて冷えて固まってできたのは，A，Bどちらの岩石か。

4 **火成岩にふくまれる鉱物**　火成岩の種類と鉱物について，次の問いに答えなさい。

(1)　花こう岩に多くふくまれる無色鉱物を，下の〔　〕から２つ選びなさい。

〔　セキエイ　　カンラン石　　キ石　　チョウ石　〕

(2)　安山岩に多くふくまれる有色鉱物を，下の〔　〕から２つ選びなさい。

〔　セキエイ　　カクセン石　　キ石　　チョウ石　〕

(3)　安山岩が花こう岩より黒っぽく見えるのはなぜか。その理由を説明した次の文の(　)にあてはまる言葉を答えなさい。[ヒント]

岩石にふくまれる(　)鉱物の割合が少ないため，黒っぽく見える。

(4)　岩石をつくる鉱物の割合が，安山岩とほぼ同じである火成岩を，下の〔　〕から選びなさい。

〔　斑れい岩　　流紋岩　　せん緑岩　〕

(5)　岩石をつくる鉱物の割合が，花こう岩とほぼ同じである火成岩を，下の〔　〕から選びなさい。

〔　玄武岩　　流紋岩　　斑れい岩　〕

(6)　花こう岩と同じつくりをもつ岩石を，(5)の〔　〕から選びなさい。

ヒントの森

3(2)岩石をつくる鉱物が，ほぼ等しい大きさになっている。

4(3)セキエイやチョウ石を多くふくむ岩石は，全体が白っぽく見える。

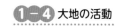

解答 p.24

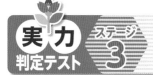

実力判定テスト ステージ3　第1章　火山～火を噴く大地～

30分　/100

1 右の図は，火山のしくみを模式的に表したものである。これについて，次の問いに答えなさい。　4点×5(20点)

(1) 火山が噴火するときに噴き出す火山ガスの成分のうち，90%以上をしめる気体は何か。

(2) 直径が2mm以下の火山噴出物を何というか。

[記述] (3) マグマとは何か。「岩石」という言葉を使って答えなさい。

(4) 火山岩は，図の㋐，㋑のどちらでマグマが冷えてできたものか。

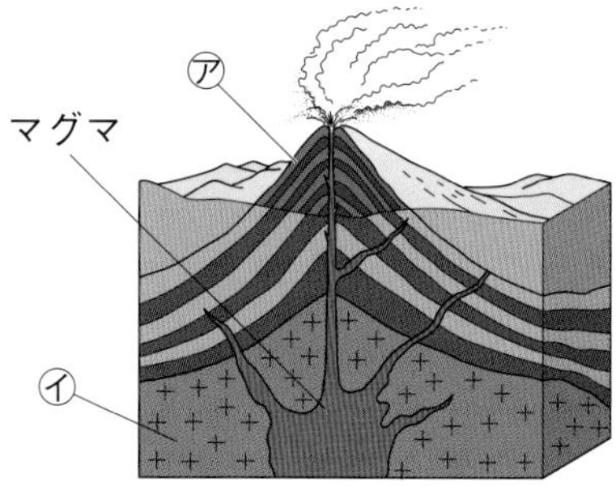

[記述] (5) 深成岩は，マグマがどのような場所で，どのようにして冷えてできた岩石か。

(1)		(2)		(3)	
(4)		(5)			

2 下の図は，火山のいろいろな形を模式的に表したものである。これについて，あとの問いに答えなさい。　4点×6(24点)

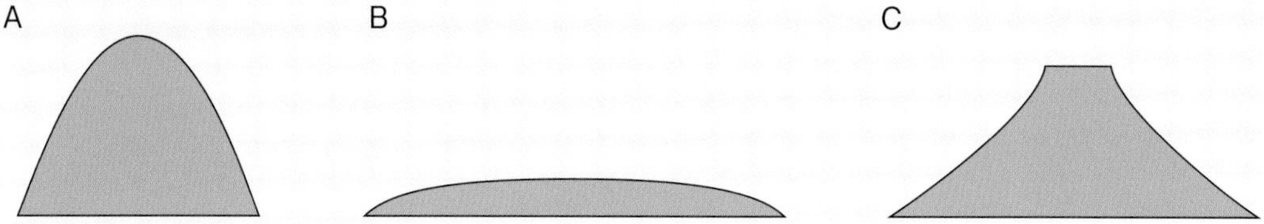

(1) 図のAの火山をつくったマグマのねばりけは，大きいか，小さいか。

(2) 図のA～Cの火山の噴火のようすを，それぞれ次のア～ウから選びなさい。

ア　爆発的な噴火を起こすことが多く，おわんをふせたようなドーム状の地形が火口にできることがある。

イ　噴火がくり返されると，溶岩と火山れきや火山灰が交互に積み重なって円すい状の火山を形づくることが多い。

ウ　比較的おだやかな噴火が起こることが多く，溶岩が流れるように噴出し，火山の傾斜(けいしゃ)はゆるやかになりやすい。

(3) 桜島(さくらじま)(鹿児島県)は，どのような形の火山か。図のA～Cから選びなさい。

(4) 現在，活動のみられる火山を何というか。

(1)		(2) A		B		C		(3)		(4)	

❸ 火山灰にふくまれる鉱物について，次の問いに答えなさい。　　　　4点×6（24点）

(1) 鉱物はどのような形をしているか。次の**ア**，**イ**から選びなさい。

　　ア　どれも丸い形をしている。　　　**イ**　どれも角ばっている。

(2) 白っぽい鉱物を何というか。

(3) 黒っぽい鉱物を何というか。

(4) ねばりけの大きいマグマからできた火山灰について，次の**ア**～**エ**から正しいものを選び
なさい。

　　ア　(2)の鉱物が多くふくまれ，白っぽい。　　　**イ**　(2)の鉱物が多くふくまれ，黒っぽい。

　　ウ　(3)の鉱物が多くふくまれ，白っぽい。　　　**エ**　(3)の鉱物が多くふくまれ，黒っぽい。

(5) うす緑色，黄褐色，茶褐色で，不規則に割れる鉱物を，下の〔　〕から選びなさい。

　　〔　チョウ石　　磁鉄鉱　　セキエイ　　カンラン石　　キ石　　カクセン石　〕

(6) 白色，灰色，うす桃色で，決まった方向に割れる鉱物を，(5)の〔　〕から選びなさい。

(1)		(2)		(3)	
(4)		(5)		(6)	

❹ 右の図は，2種類の火成岩の断面をスケッチしたものである。これについて，次の問い
に答えなさい。

4点×8（32点）

(1) ㋐の岩石のつくりを何というか。

(2) ㋐のつくりをもつ火成岩を何というか。

(3) ㋑の岩石のつくりを何というか。

(4) ㋑のつくりをもつ火成岩を何というか。

(5) ㋑で，斑晶は，大きな鉱物，小さな粒のど
ちらか。

㋐

(6) ㋑は，どのような場所で，どのようにして
できたか。「マグマ」という言葉を使って答え
なさい。

(7) ㋐は花こう岩，㋑は玄武岩であった。この
とき，全体が白っぽく見えるのは，㋐，㋑の
どちらか。

(8) (7)が白っぽく見えるのは，無色鉱物と有色
鉱物のどちらが多くふくまれているからか。

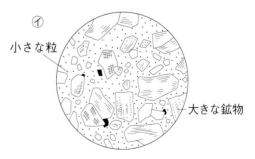

㋑

小さな粒

大きな鉱物

(1)		(2)		(3)		(4)	
(5)		(6)					
(7)		(8)					

1
ー
4

解答 p.24

確認のワーク ステージ1 第2章 地層〜大地から過去を読みとる〜

教科書の要点

同じ語句を何度使ってもかまいません。

（　）にあてはまる語句を，下の語群から選んで答えよう。

1 堆積岩のできかた

教 p.210〜219

(1) 気温の変化や雨水などのはたらきによって，岩石がくずれて粒になっていくことを（①★　　　　）という。

(2) 流水によるはたらきには，次の３つがある。

・（②★　　　　）…岩石を溶かしたり，けずったりする。

・（③★　　　　）…土砂を運ぶ。

・（④★　　　　）…土砂が積もる。

(3) 海底などでは，土砂が堆積して，（⑤★　　　　）ができる。

(4) 地層は，上の層よりも下の層の方が（⑥　　　　）。

(5) 堆積した土砂が圧縮されると，（⑦★　　　　）になる。

(6) 堆積岩は，岩石にふくまれる粒が大きいものから順に，★れき岩，（⑧★　　　　），★泥岩に分けられる。堆積岩には，ほかに，生物の死がいなどが固まってできた★石灰岩や★チャート，火山灰などが固まってできた（⑨★　　　　）がある。

まるごと暗記

堆積岩のできかた

●水によるはたらき
・侵食
・運搬
・堆積
●堆積岩
→堆積した土砂などが固まったもの。
●堆積岩の種類
・れき岩　・砂岩
・泥岩　・石灰岩
・チャート　・凝灰岩

2 地層から過去を読みとる

教 p.220〜229

(1) 堆積岩の種類から，土砂が堆積した場所などがわかる。

・（①　　　　）岩…水の流れの速い場所であった。

・（②　　　　）岩…水の動きの少ない場所であった。

・（③　　　　）岩…火山活動があった。

(2) 堆積岩の中に見られる，生物の死がいや生活したあとなどが残ったものを（④★　　　　）という。

(3) （⑤★　　　　）は，地層が堆積した当時の環境を知る手がかりとなる化石である。
└サンゴなど。

(4) ある期間にだけ世界中に広く分布していた生物の化石など，地層が堆積した年代を推定できる化石を（⑥★　　　　）という。

(5) 地球の歴史は，古生代，中生代，新生代などのように，いくつかの（⑦★　　　　）に区分される。

(6) 地層の重なりを柱のように表したものを（⑧★　　　　）という。特徴的な岩石や化石をふくむなど，同じ時期に堆積した層であることを知る目印になる層を（⑨★　　　　）という。

まるごと暗記

化石からわかること

●示相化石
→堆積当時の環境
●示準化石
→堆積した年代

プラスα

シジミの化石からは，湖や河口でできた地層であることがわかる。

ワンポイント

かぎ層を目印にすると，離れた場所の地層のつながりがわかる。

語群
❶古い／運搬／地層／凝灰岩／風化／砂岩／堆積／侵食／堆積岩
❷凝灰／柱状図／化石／かぎ層／地質年代／泥／示相化石／れき／示準化石

★の用語は，説明できるようになろう！

同じ語句を何度使ってもかまいません。

教科書の 図 ◯◯にあてはまる語句を，下の語群から選んで答えよう。

1 堆積岩の分類

教 p.219

堆積岩		岩石を構成する主なものとその特徴
土砂から できている	①	れき（粒の直径が2mm以上）
	②	砂（粒の直径が2mm～約0.06mm）
	③	泥（粒の直径が約0.06mm以下）
化石から できている	④	生物の死がいなどでできている。塩酸を かけると二酸化炭素が発生。
	⑤	生物の死がいなどでできている。かたい。
火山灰から できている	⑥	火山灰などでできている。

2 地質年代と示準化石

教 p.222～223

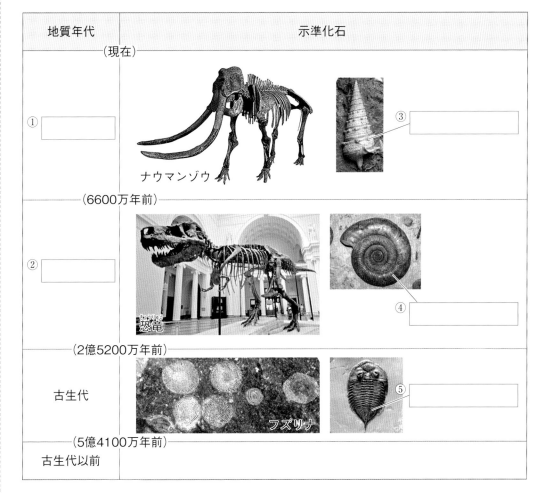

地質年代	示準化石
（現在） ①	ナウマンゾウ　③
（6600万年前） ②	恐竜　④
（2億5200万年前） 古生代	フズリナ　⑤
（5億4100万年前） 古生代以前	

1–4

語群 1 砂岩／石灰岩／泥岩／凝灰岩／れき岩／チャート
2 アンモナイト／中生代／新生代／ビカリア／サンヨウチュウ

わからない用語は，教科書の 要点 の★で確認しよう！

 定着のワーク ステージ2 **第2章 地層～大地から過去を読みとる～－①**

1 **流水のはたらき** 流水のはたらきについて，次の問いに答えなさい。

(1) 長い年月の間に，気温の変化や雨水などのはたらきによって，岩石がくずれていくことを何というか。　　　　　　　　　　　　　　　　　　　　　　（　　　　　　　）

(2) 次の①～③のような流水のはたらきを，それぞれ何というか。

① 岩石をけずったり，岩石の一部を溶かしたりするはたらき。（　　　　　　　）

② 土砂を下流に運ぶはたらき。　　　　　　　　　　　　　　（　　　　　　　）

③ 上流から運ばれてきた土砂が積もるはたらき。　　　　　　（　　　　　　　）

2 **流水のはたらきによる地形** 下の図は，流水のはたらきによってできるさまざまな地形を表したものである。これについて，あとの問いに答えなさい。

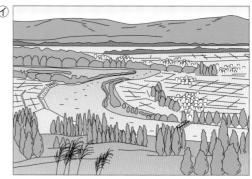

(1) 図の㋐～㋓の地形を何というか。それぞれ下の〔　〕から選びなさい。

㋐（　　　　　　　）　㋑（　　　　　　　）

㋒（　　　　　　　）　㋓（　　　　　　　）

〔 三角州 　扇状地 　Ｖ字谷 　平野 〕

(2) ㋐は，流水の何というはたらきでできた地形か。 **ヒント** 　（　　　　　　　）

(3) 河口で見られる地形を，図の㋐～㋓から選びなさい。 **ヒント** 　（　　　　　　　）

(4) 地震による液状化が起こりやすい地形を，図の㋐～㋓から選びなさい。（　　　　　　　）

 ヒントの森 　❷(2)山がけずられてできた地形である。(3)河口では，川の水の流れがゆるやかになるので，土砂が広がって堆積する。

③ 地層のできかた　右の図は，河口付近の土砂の分布を模式的に表したものである。これについて，次の問いに答えなさい。

(1) 図の①〜③は，何を表しているか。それぞれ次の**ア**〜**ウ**から選びなさい。

①（　　　）②（　　　）③（　　　）

ア 砂　　**イ** 泥　　**ウ** れきや砂

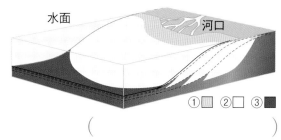

水面　　河口

①▨ ②☐ ③■

(2) 1つの層を見ると，粒の大きさは下ほどどのようになっているか。 ヒント

（　　　　　　　　　　　　　）

(3) いくつかの地層が水平に積み重なっているとき，より古い層は，上にある地層か，下にある地層か。 ヒント

（　　　　　　　　　　　　　）

④ 教 p.215 探究3 **堆積岩の分類**　堆積岩について，次の問いに答えなさい。

(1) 堆積岩の中にふくまれるれきは，どのような形をしているか。次の**ア**〜**ウ**から選びなさい。 （　　　）

ア 角ばっている。　　**イ** 丸みをおびている。

ウ 無数の小さな穴がある。

記述 (2) (1)のような形をしている理由を，「流水」という言葉を使って答えなさい。

（　　　　　　　　　　　　　）

(3) れき岩で見られる粒と，火成岩で見られる粒の形は，似ているか，ちがうか。

（　　　　　　　　　　　　　）

(4) 次の①〜③のような，土砂からできた堆積岩の名称を答えなさい。

① 主に直径が2mm以上の粒でできた岩石。 （　　　　　　　）

② 主に直径が2mm〜約0.06mmの粒でできた岩石。 （　　　　　　　）

③ 主に直径が約0.06mm以下の粒でできた岩石。 （　　　　　　　）

(5) 右の図のように，石灰岩とチャートをくぎで引っかいたとき，傷がつきやすいのはどちらか。 ヒント （　　　　　　　）

(6) 右の図のように，石灰岩とチャートに塩酸をかけたとき，気体が発生するのはどちらか。

（　　　　　　　）

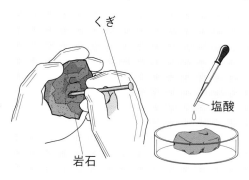

くぎ

塩酸

岩石

(7) (6)で発生した気体を，下の〔 〕から選びなさい。 （　　　　　　　）

〔 水素　　酸素　　二酸化炭素 〕

(8) 石灰岩とチャートは，ともに何が堆積してできたものか。

（　　　　　　　　　　　　　）

(9) 火山灰が堆積してできた岩石を何というか。 （　　　　　　　）

の森 ③(2)粒の大きいものほど重いため，速く沈む。(3)地層は上に積み重なっていく。
④(5)石灰岩の方がチャートよりやわらかい。

1-4

解答 p.25

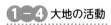

定着のワーク ステージ2　第2章　地層～大地から過去を読みとる～－②

1 堆積岩からわかること

右の図は，地層ができる場所を模式的に表したものである。これについて，次の問いに答えなさい。

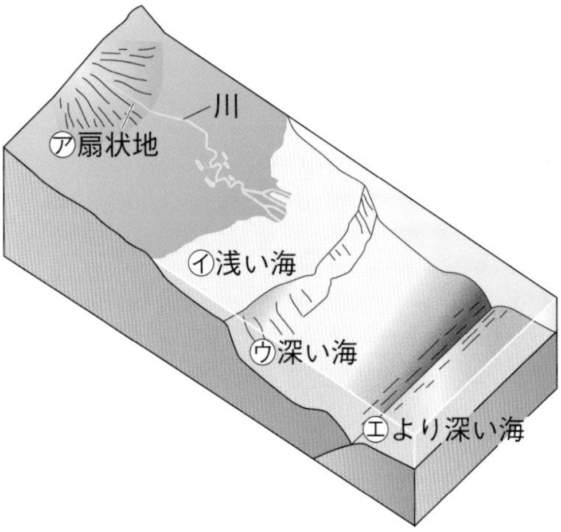

(1)　水の流れは，図の㋐～㋒のどこで最も速いか。　(　　　)

(2)　次の①～③は，それぞれ図の㋐～㋒の主にどこで堆積したと考えられるか。[ヒント]

①　主に砂でできた地層　(　　　)

②　主に泥でできた地層　(　　　)

③　主にれきでできた地層　(　　　)

(3)　図の㋓では，土砂が運ばれず，生物の死がいだけが堆積する。このようにしてできる堆積岩は何か。　(　　　　　　　　)

2 化石

右の図は，地層の中で見られる化石を表したものである。これについて，次の問いに答えなさい。

㋐

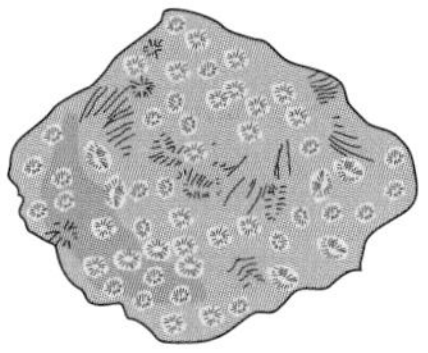

サンゴの化石

㋑

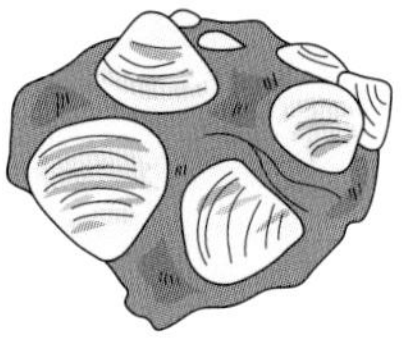

シジミの化石

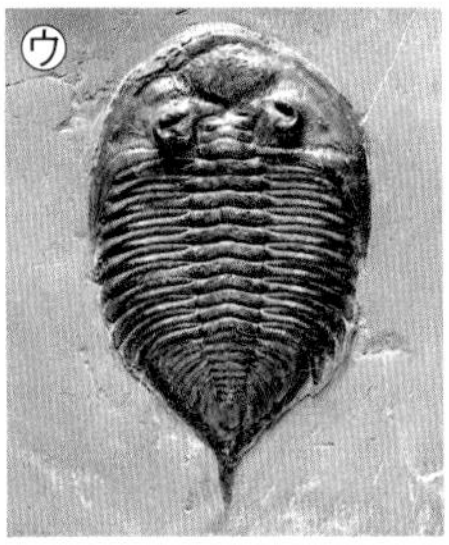

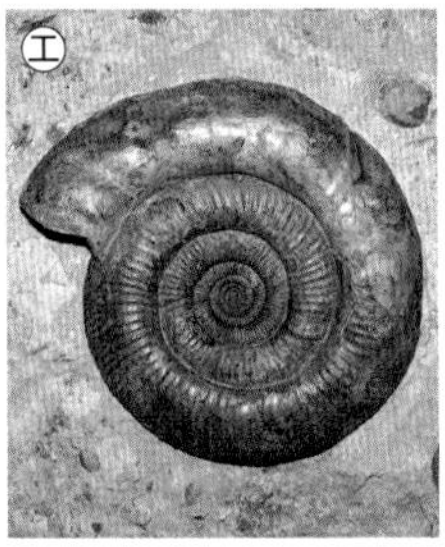

(1)　㋐，㋑の化石がふくまれる地層は，どのような環境で堆積したと考えられるか。それぞれ次のア～エから選びなさい。

㋐(　　　)　㋑(　　　)

ア　河口や湖　　イ　寒い海
ウ　扇状地　　エ　暖かく浅い海

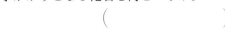

(2)　㋐，㋑のように，地層が堆積した当時の環境を知る手がかりとなる化石を何というか。

(　　　　　　　　)

(3)　㋒，㋓はそれぞれ何という生物の化石か。

㋒(　　　　　　　　)
㋓(　　　　　　　　)

(4)　㋒，㋓の化石がふくまれる地層は，いつ堆積したと考えられるか。それぞれ下の〔　〕から選びなさい。

㋒(　　　　　　　　)　㋓(　　　　　　　　)

〔　古生代　　中生代　　新生代　〕

(5)　㋒，㋓のように，地層が堆積した年代を推定できる化石を何というか。[ヒント]

(　　　　　　　　)

ヒントの森

1(2)土砂は，粒の大きい順に，れき，砂，泥である。

2(5)ある期間だけ世界中に広く分布していた生物の化石である。

❸ 地層の広がり 図1，2は，ある地域の地点A〜Eで，地層を調べた結果を表したものである。これについて，次の問いに答えなさい。

(1) がけや道路の切り通しなどに見られる，地層が地表に現れているところを何というか。

（　　　　　　　）

図1
地層のようす

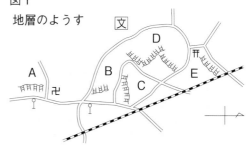

(2) 図2は，A〜Eの各地点で見られた地層の重なりを，それぞれ柱のように表したものである。このようにして地層の重なりを表した図を何というか。（　　　　　　　）

(3) 地層の中で，特徴的な化石の入っている層や火山灰の層のように，地層のつながりを知る目印となる層を何というか。

（　　　　　　　）

(4) 図2のa〜cの層は，地点Eの㋐〜㋛のどの層とつながっているか。それぞれ記号で答えなさい。 ヒント

a（　　　）b（　　　）c（　　　）

図2

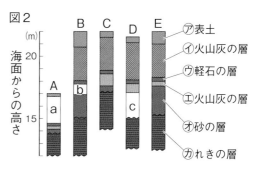

㋐表土
㋑火山灰の層
㋒軽石の層
㋓火山灰の層
㋔砂の層
㋕れきの層

❹ 教 p.226 探究4 地域の過去を読みとる 右の図は，ある道路に沿ったがけの地層のようすを表したものである。これについて，次の問いに答えなさい。

(1) 地層の広がりを調べるために，地盤に筒をさして，地層の試料を取り出したものを何というか。（　　　　　　　）

(2) Aの層に混じっていた㋐は何か。下の〔 〕から選びなさい。 ヒント （　　　　　　　）

〔 軽石　チャート　石灰岩 〕

(3) Aの層が堆積した当時，どのような大地の変化があったことがわかるか。

（　　　　　　　）

(4) Bの層で見られた化石は，イヌブナであった。このことから，Bの層は，どのような場所で堆積したことがわかるか。

（　　　　　　　）

(5) AとBの層を比べたとき，より古くに堆積したのはどちらの層であると考えられるか。

（　　　）

表面は黄かっ色。
火山灰の層で，下の方には㋐が混じっていた。

表面は茶色。れきの層。

表面は灰色。れきが混じった砂の層。化石が見られた。

表面は黒色。

表面は灰色。砂の層。

表面はクリーム色。泥の層。

表面は灰色。泥の層。

2m

❸(4)地層の重なり方は，どの地点も同じである。
❹(2)火山噴出物を選ぶ。

解答 ▶ p.26

実力判定テスト　ステージ3　第2章　地層〜大地から過去を読みとる〜　30分　　　/100

1 流水のはたらきには，侵食，運搬，堆積の3つがある。これについて，次の問いに答えなさい。

5点×6（30点）

(1) 侵食とは，どのようなはたらきか。

(2) 運搬とは，どのようなはたらきか。

(3) 堆積のはたらきが最も大きいのは，川の上流，中流，下流のどこか。

(4) 川が山地から平野に出た場所で，山から運ばれた土砂が堆積した扇形の地形を何というか。

(5) (4)の地形についてあてはまるものを，次の**ア〜エ**からすべて選びなさい。

　　ア 果樹園などに利用される。

　　イ 大都市が発達しやすい。

　　ウ 土石流などが起こりやすい。

　　エ 地震による液状化が起こりやすい。

(6) 運ばれた土砂が，河口から海に向かって広がって堆積した地形を何というか。

(1)	
(2)	

(3)		(4)		(5)		(6)	

2 右の図の㋐，㋑は，2種類の堆積岩のつくりを表したものである。これについて，次の問いに答えなさい。

3点×5（15点）

(1) ㋐は直径2mm以上の丸みをおびた粒でできた堆積岩である。この堆積岩の名称を答えなさい。

(2) ㋐をふくむ地層ができた場所は，河口近く，沖合のどちらであったと考えられるか。

(3) ㋑は火山灰でできた堆積岩である。この堆積岩の名称を答えなさい。

(4) ㋑をふくむ地層ができた当時，何が起こったと考えられるか。

(5) 海の生物の化石がふくまれている可能性があるのは，㋐，㋑のどちらの堆積岩か。

㋐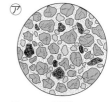

㋑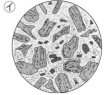

(1)		(2)	
(3)		(4)		(5)	

3 右の図の化石について，次の問いに答えなさい。 3点×5（15点）

(1) ある地層から，図のような化石が見つかった。この生物の名称を答えなさい。

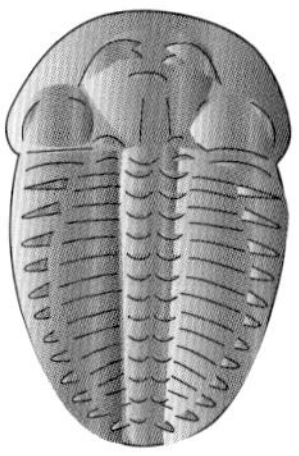

(2) 地球の歴史は，古生代，中生代，新生代のようにいくつかの時代に区分されている。これを何というか。

(3) 図の生物と同じ時代に栄えた生物を，下の〔　〕から選びなさい。

〔 ビカリア　恐竜　ナウマンゾウ　フズリナ 〕

(4) 図の生物の化石からは，地層が堆積した年代を推定することができる。このような化石を何というか。

[記述] (5) 地層が堆積した年代を推定できるのは，どのような特徴のある生物の化石か。「分布」という言葉を使って答えなさい。

(1)		(2)		(3)		(4)	
(5)							

[よく出る] 4 右の図は，あるがけで見られた地層のようすである。これについて，次の問いに答えなさい。ただし，地層の逆転などの大地の大きな変化はないものとする。 5点×8（40点）

(1) ㋐，㋑の層に見られる土砂の粒は，どちらの方が大きいか。

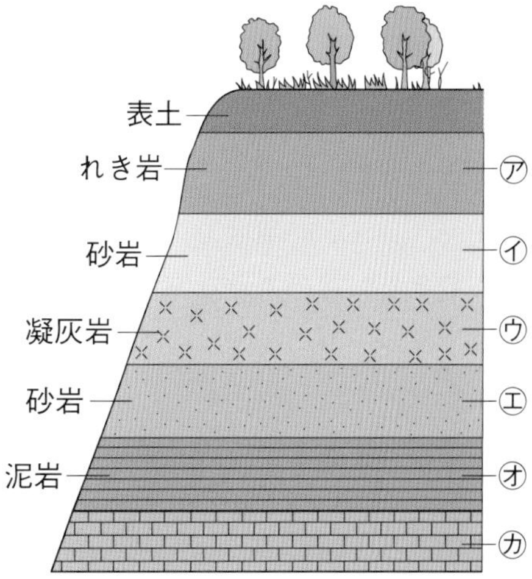

(2) ㋑の層から，サンゴの化石が見つかった。このことから，㋑の層が堆積した当時の環境はどのようであったと考えられるか。

(3) サンゴのように，地層が堆積した当時の環境を知る手がかりとなる化石を何というか。

(4) ㋒の層は，主に何が堆積した堆積岩か。

(5) ㋕の層には，生物の死がいでできた堆積岩がふくまれ，岩石の一部を採取して塩酸をかけると気体が発生した。この堆積岩は何か。

(6) (5)の堆積岩に塩酸をかけたときに発生した気体は何か。

(7) (5)の堆積岩と同じように生物の死がいなどでできているが，塩酸をかけても気体を発生しない堆積岩は何か。

(8) ㋒～㋕の層のうち，かぎ層となる地層はどれか。

(1)		(2)		(3)		(4)	
(5)		(6)		(7)		(8)	

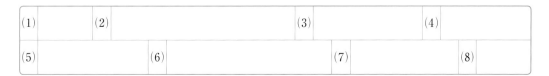

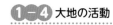

解答 p.27

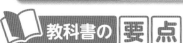

確認のワーク ステージ1　第3章　地震〜ゆれる大地〜

教科書の要点

同じ語句を何度使ってもかまいません。

(　　)にあてはまる語句を，下の語群から選んで答えよう。

1 地震のゆれ

教 p.230〜238

(1) 地震の発生した地下の場所を(①★　　　　　)といい，その真上にある地表の地点を★震央という。

(2) 地震が起きたとき，ゆれは同心円状に伝わる。震源からはじめに伝わる小さなゆれを(②★　　　　　)といい，そのあとに続く大きなゆれを(③★　　　　　)という。

(3) 初期微動は★P波によるゆれ，主要動は(④★　　　　　)によるゆれである。
　└緊急地震速報に利用されている。

(4) P波とS波の到達時刻の差を(⑤　　　　　)といい，震源から離れるほど長くなる。

(5) それぞれの観測地点でのゆれの大きさは(⑥★　　　　　)で表す。
　└10段階で表す。

(6) 地震の規模は(⑦★　　　　　)(記号M)という値で表す。
　└1大きくなると，エネルギーは約32倍。

2 地震の発生

教 p.239〜243

(1) 地球の表面は，(①★　　　　　)とよばれる板状の岩石におおわれている。
　└厚さは約100km。

(2) プレートの境目で，一方がもう一方のプレートの下に沈みこんでできる，谷のような海底地形を(②★　　　　　)という。

(3) プレートの動きにともなって変形した岩石が，変形にたえられず割れてずれた場所を(③★　　　　　)といい，ずれるときに地震が発生する。今後も動く可能性がある断層を★活断層という。

3 大地の変化と恵みや災害

教 p.244〜257

(1) 地震により，大地がもち上がる(①★　　　　　)や，土地が沈む★沈降が起こることがある。

(2) 地層に押す力がはたらいて，地層が波打つように曲がることを，(②★　　　　　)という。

(3) マグマの熱は(③　　　　　)や地熱発電に利用される。

(4) 地震により，地すべりや液状化，(④　　　　　)などの災害が起こることがある。
　└海水のかたまりが陸地に押し寄せる。

まるごと暗記

地震のゆれ

- 震源
  地震の発生場所。
- 震央
  震源の真上の地表の地点。
- 初期微動
  →P波によるゆれ。
- 主要動
  →S波によるゆれ。

まるごと暗記

地震の発生

- プレート
  →地球表面をおおう板状の岩石。
- 海溝
  →プレートが沈みこむ場所にできる谷。
- 断層
  →大地にはたらく力によって，岩石が割れてずれた場所。

ワンポイント

プレートのぶつかりにより，地震や火山，断層，隆起，沈降，しゅう曲などが起こる。

語群
1 震度／マグニチュード／S波／震源／主要動／初期微動／初期微動継続時間
2 断層／プレート／海溝　3 津波／しゅう曲／温泉／隆起

★の用語は，説明できるようになろう！

 教科書の 図 ▢ にあてはまる語句を，下の語群から選んで答えよう。

同じ語句を何度使ってもかまいません。

1 地震の発生とゆれ

教 p.235

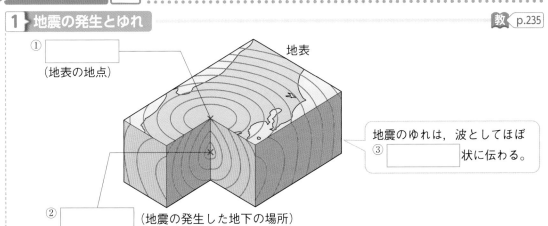

① ▢（地表の地点）

地表

② ▢（地震の発生した地下の場所）

③ 地震のゆれは，波としてほぼ ▢ 状に伝わる。

2 地震計の記録

教 p.236

⑤ ▢（2つの波の到達時刻の差）

震源からの距離〔km〕

氷見149
東松山125
本庄98
只見75
長野52
湯沢26

① ▢ 波 の到達時刻
② ▢ 波 の到達時刻

3:59:00　10秒　20　30　40　50　4:00:00　10　〔時刻〕

③ ▢
④ ▢

震源から離れるほど，初期微動継続時間が長くなるんだね。

3 地震が起こるしくみ

教 p.242

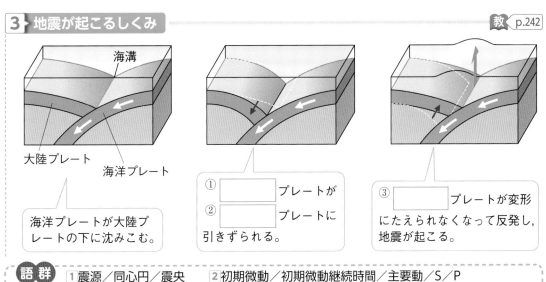

海溝

大陸プレート　海洋プレート

海洋プレートが大陸プレートの下に沈みこむ。

① ▢ プレートが
② ▢ プレートに引きずられる。

③ ▢ プレートが変形にたえられなくなって反発し，地震が起こる。

語群 1 震源／同心円／震央　2 初期微動／初期微動継続時間／主要動／S／P
3 大陸／海洋

😊 わからない用語は，📖 教科書の 要点 の★で確認しよう！

解答 p.27

定着のワーク ステージ2 第3章 地震〜ゆれる大地〜

1 [教] p.231 [探究] 5 **地震のゆれの伝わり方** 右の図は，ある地震での各観測地点で，初期微動がはじまった時刻をまとめたものである。これについて，次の問いに答えなさい。

[作図] (1) 図の◌は，8時44分15秒に初期微動がはじまった地点を表している。これを参考にして，8時44分00秒に初期微動がはじまったと考えられる地点を，なめらかな曲線で結びなさい。

[作図] (2) ゆれが最も早くはじまった場所に×をかきなさい。

(3) 震度は，(2)から遠ざかるほど，どのようになるか。

(　　　　　　)

[記述] (4) 図より，地震のゆれはどのように伝わっていったといえるか。[ヒント]

(　　　　　　)

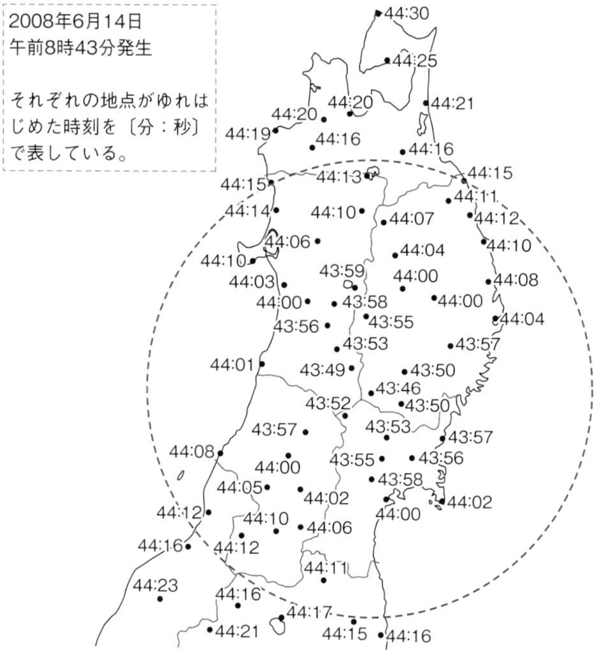
2008年6月14日
午前8時43分発生
それぞれの地点がゆれはじめた時刻を〔分：秒〕で表している。
44:30
44:25
44:20
44:20
44:21
44:19
44:16
44:16
44:15
44:13
44:15
44:11
44:14
44:10
44:07
44:12
44:06
44:04
44:10
44:10
43:59
44:00
44:08
44:03
44:00
43:58
44:00
43:55
44:04
43:56
43:53
43:57
44:01
43:49
43:50
43:46
43:52
43:50
43:57
43:53
43:57
44:08
43:55
43:56
44:00
43:58
44:05
44:02
44:02
44:12
44:00
44:10
44:06
44:16
44:12
44:11
44:23
44:16
44:17
44:21
44:15
44:16

2 **地震のゆれ** 右の図は，地震のゆれが広がっていくようすを表したものである。これについて，次の問いに答えなさい。

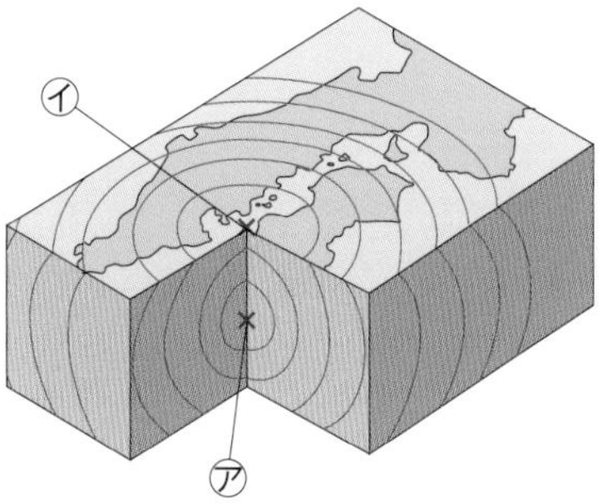
㋑
㋐

(1) 図の地震が起こった地下の場所㋐と，㋐の真上の地表の地点㋑をそれぞれ何というか。

㋐(　　　　　　) ㋑(　　　　　　)

(2) 観測地点のゆれの大きさは，何で表されるか。

(　　　　　　)

(3) (2)は何段階に分けられているか。

(　　　　　　)

(4) 地震のゆれが振動として伝わっていく現象を何というか。[ヒント] (　　　　　　)

(5) 地震の規模を表す値を何というか。 (　　　　　　)

(6) 地震のゆれのうち，はじめに伝わる小さなゆれを何というか。 (　　　　　　)

(7) 地震のゆれのうち，(6)のあとから伝わる大きなゆれを何というか。

(　　　　　　)

ヒントの森

1(4)地震の波は，地震が起こった場所を中心に，どの方向にも同じように伝わっていく。

2(4)ゆれの伝わり方は，音の振動の伝わり方と似ている。

3 地震のゆれの観測

右の図は，A，Bの２つの地点でのある地震のゆれを，地震計で観測した結果を表したものである。これについて，次の問いに答えなさい。

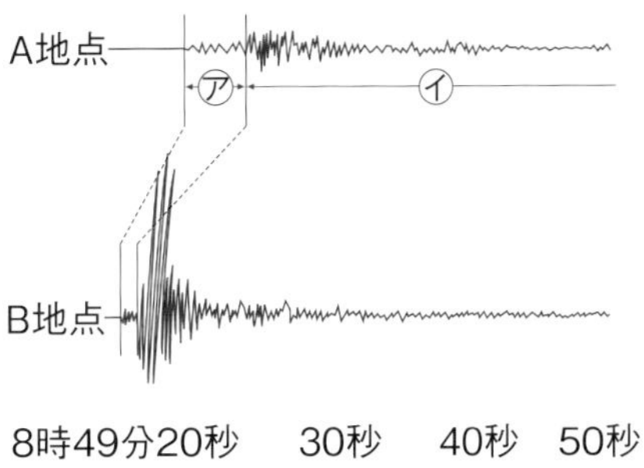
A地点
㋐
㋑
B地点
8時49分20秒
30秒
40秒
50秒

(1) 図の㋐のゆれと㋑のゆれを伝える波を，それぞれ何というか。　㋐(　　　　　　　)　㋑(　　　　　　　)

(2) (1)の２つの波の到達時刻の差を何というか。(　　　　　　　)

(3) 図の地震のゆれの記録から，震源に近いのは，A地点，B地点のどちらであると考えられるか。[ヒント]　(　　　　　　　)

4 地震が起こるしくみ

右の図は，日本付近での地下のようすを模式的に表したものである。これについて，次の問いに答えなさい。

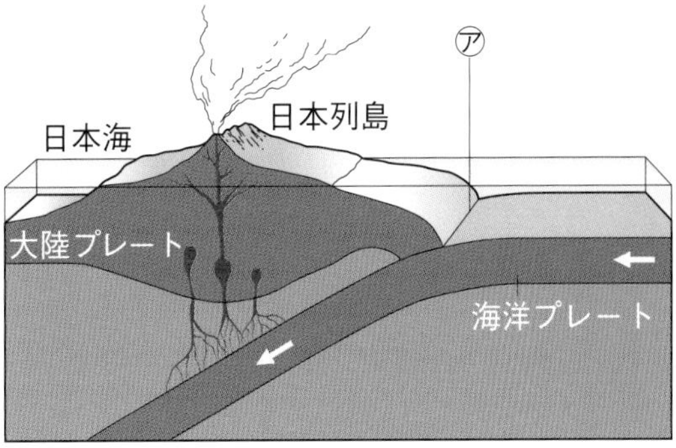
㋐
日本列島
日本海
大陸プレート
海洋プレート

(1) 図で，一方のプレートがもう一方のプレートの下に沈みこんでいく㋐の場所を何というか。[ヒント]　(　　　　　　　)

(2) 海洋プレートが図の矢印の方向に移動するのは，東太平洋の海底でマグマがわき出しているからである。マグマがわき出してできた山脈のような地形を何というか。(　　　　　　　)

(3) 次の文は，プレート境界型地震の説明である。(　)にあてはまる言葉を答えなさい。
①(　　　　　　　)　②(　　　　　　　)

(①)プレートのふちが(②)プレートによって下に引きずられることで，(①)プレートが変形する。その変形にたえきれなくなって(①)プレートが反発することで岩石が破壊され，地震が生じる。

5 地層の変形

右の図は，地層を押す大きな力がはたらき，地層が変形したようすを表したものである。㋐，㋑のような地層の地形をそれぞれ何というか。

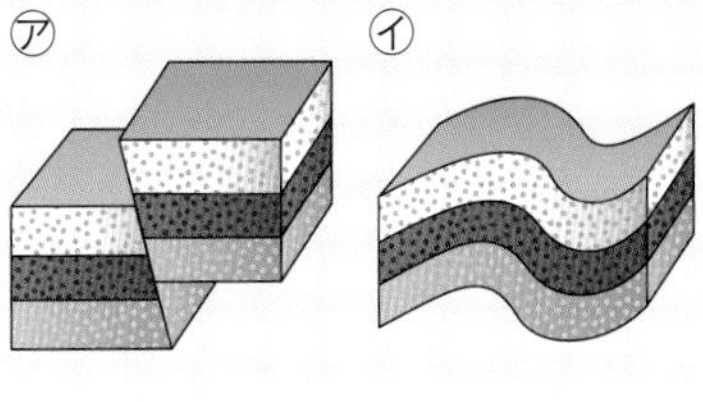
㋐
㋑

㋐(　　　　　　　)
㋑(　　　　　　　)

6 大地の活動による恵みや災害

大地の活動に関わる恵みと災害の例を１つずつ答えなさい。

恵み(　　　　　　　)
災害(　　　　　　　)

1-4

ヒントの森

3(3)地震で生じる２つの波の到達時刻の差は，震源から遠いほど長くなる。
4(1)プレートとプレートの間の谷のようになった場所である。

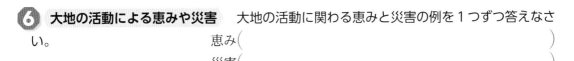

解答 p.28

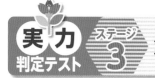

実力判定テスト ステージ3　第3章　地震〜ゆれる大地〜

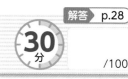

30分　/100

1 右の図は，震源から50km離れた場所での地震のゆれを地震計で記録したものである。これについて，次の問いに答えなさい。　5点×5(25点)

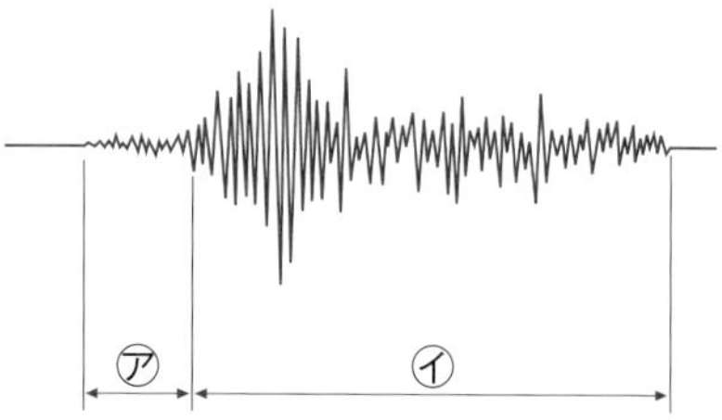
㋐
㋑

(1) 図の㋐，㋑のゆれを，それぞれ何というか。

(2) P波によって起こるゆれは，㋐，㋑のどちらか。

記述 (3) 初期微動継続時間とは何か。

(4) 震源から100km離れた場所でのこの地震のゆれを地震計で記録すると，50km離れた場所と比べて，初期微動継続時間はどのようになるか。次のア〜ウから選びなさい。

ア　長くなる。　　イ　短くなる。　　ウ　変わらない。

(1)	㋐		㋑		(2)
(3)				(4)	

2 下の図は，ある地震で発生したP波が各地に到達した時刻を表したものであり，表はA〜Dの4地点でのP波とS波が到達した時刻をまとめたものである。これについて，あとの問いに答えなさい。　5点×6(30点)

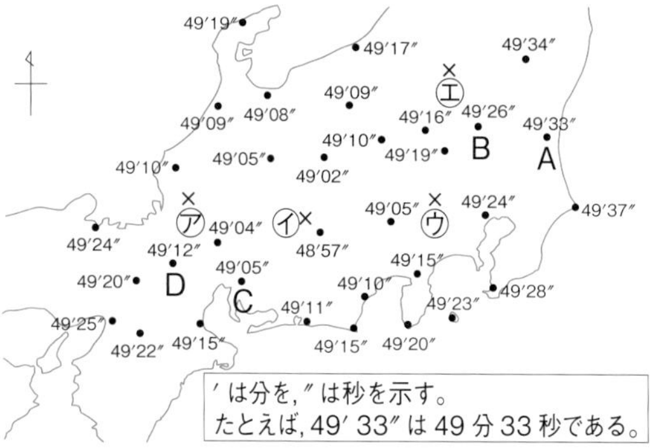
49′19″
49′17″
49′34″
㋓
49′09″
49′16″
49′26″
49′33″
49′09″
49′08″
49′10″
49′19″
B
A
49′05″
49′02″
49′10″
49′37″
㋐
49′04″
㋑
49′05″
㋒
49′24″
49′24″
49′12″
48′57″
49′15″
49′05″
49′20″
D
C
49′10″
49′28″
49′11″
49′23″
49′25″
49′22″
49′15″
49′15″
49′20″
′は分を，″は秒を示す。
たとえば，49′33″は49分33秒である。

観測地点	P波が到達した時刻	S波が到達した時刻
A	8時49分33秒	8時50分10秒
B	8時49分26秒	8時49分57秒
C	8時49分5秒	8時49分17秒
D	8時49分12秒	8時49分31秒

(1) P波とS波で，速く伝わるのはどちらの波か。

(2) A地点での初期微動継続時間は何秒か。

(3) A〜Dの4地点のうち，震央に最も近い場所はどこか。

(4) A〜Dの4地点のうち，震央から最も遠い場所はどこか。

(5) この地震の震央は，図の㋐〜㋓のどの地点か。

(6) A〜Dの4地点のうち，震度が最も大きかったのはどこであったと考えられるか。

(1)				(2)			
(3)		(4)		(5)		(6)	

よく出る **3** 右のグラフは，ある地震での震源からの距離とＰ波とＳ波が到達するのにかかった時間との関係を表したものである。これについて，次の問いに答えなさい。 3点×8（24点）

(1) Ｐ波の伝わる速さは何km/sか。

(2) Ｓ波の伝わる速さは何km/sか。

(3) Ｓ波によって起こるゆれを何というか。

(4) 震源から140km離れた地点での初期微動継続時間は何秒か。

(5) 震源から70km離れた地点での初期微動継続時間は何秒か。

レベルUP (6) ある地点の初期微動継続時間は30秒であった。この地点は震源から何km離れていたと考えられるか。

(7) 震源から140km離れた地点にＳ波が到達したのは２時15分10秒であった。この地震が発生したのは，何時何分何秒であったか。

(8) Ｐ波とＳ波の速さの差を利用して，大きなゆれがくる前に，地震の発生を早く知らせるしくみを何というか。

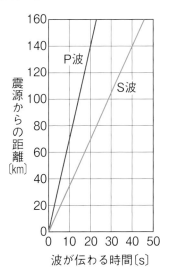

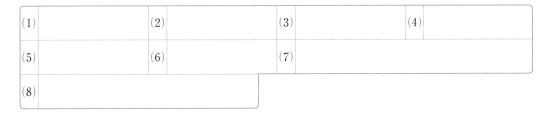

(1)		(2)		(3)		(4)	
(5)		(6)		(7)			
(8)							

1－4

4 右の図は，日本列島の地下にあるプレートの境界で起こる地震のしくみを模式的に表したものである。これについて，次の問いに答えなさい。 3点×7（21点）

(1) 図の㋐，㋑のプレートは，それぞれ大陸プレートと海洋プレートのどちらか。

(2) 地震が起こるときに，変形にたえきれず反発するのは，㋐，㋑のどちらのプレートか。

(3) 日本列島付近で発生した地震の震源の分布は，東側から西側に向かうほど，震源の深さがどのようになっているか。

(4) 地震によって，大地が沈むことを何というか。

(5) 地震によって，大地がもち上がることを何というか。

(6) 主に海底で起こる地震によって，水のかたまりが陸地に押し寄せる現象を何というか。

(1)	㋐		㋑		(2)	
(3)		(4)		(5)		(6)	

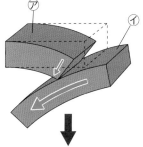

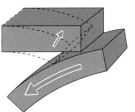

単元末総合問題 1−4 大地の活動

解答 p.29

40分　/100

1》 下の表は，代表的な３つの火山の形，マグマのねばりけ，火山噴出物の色についてまとめたものである。これについて，あとの問いに答えなさい。　5点×5（25点）

火山の例	雲仙普賢岳	桜島	マウナロア
火山の形	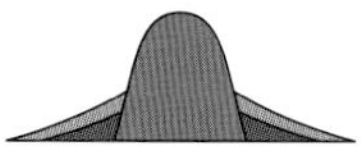 ㋐ドーム状	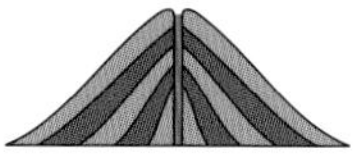 ㋑円すい状	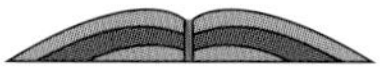 ㋒傾斜がゆるやかな形
マグマのねばりけ	a ⟷ b		
溶岩の色	c ⟷ d		

(1) マグマは，地下にある何の一部が液体になったものか。

(2) マグマのねばりけが大きいのは，表のa，bのどちらか。

(3) 火山の噴火のようすは，マグマのねばりけによってちがう。噴火が比較的おだやかで，溶岩が流れるように噴出する火山の形を，表の㋐〜㋒から選びなさい。

(4) 溶岩の色が白っぽいのは，表のc，dのどちらか。

(5) 火山噴出物の１つである火山灰に見られる次のア〜キの鉱物のうち，無色鉱物をすべて選びなさい。

ア　カクセン石　　イ　カンラン石　　ウ　クロウンモ
エ　キ石　　オ　セキエイ　　カ　磁鉄鉱　　キ　チョウ石

1》	
(1)	
(2)	
(3)	
(4)	
(5)	

2》 下の図の㋐，㋑は火成岩，㋒はシジミの化石をふくむ砂岩をルーペで観察したものである。これについて，あとの問いに答えなさい。　5点×5（25点）

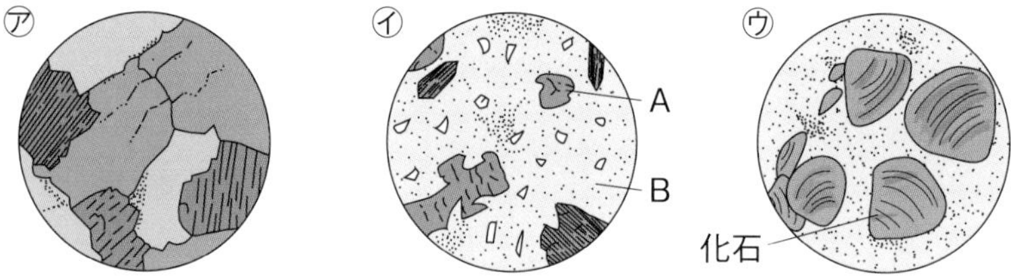

(1) ㋐のような火成岩のつくりを何というか。

(2) ㋑の火成岩で，石基とはA，Bのどちらの部分か。

(3) マグマが，地表や地表近くで短い時間に冷えてできた火成岩は，㋐，㋑のどちらか。

(4) ㋒の岩石をつくっている粒はどのような形をしているか。

(5) ㋒の岩石で見られるシジミは示相化石である。次のア〜エの生物の化石のうち，示相化石をすべて選びなさい。

ア　イヌブナ　　イ　フズリナ　　ウ　サンゴ　　エ　恐竜

2》	
(1)	
(2)	
(3)	
(4)	
(5)	

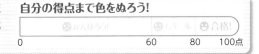

目標 火山の形とマグマとの関係，火成岩と堆積岩の特徴，地層の読みとり，地震や地震計の記録を整理しておこう。

自分の得点まで色をぬろう!

がんばろう! もう一歩 合格!

0 60 80 100点

3 右の図は，あるがけで見られた地層のようすを表したものである。これについて，次の問いに答えなさい。 5点×4（20点）

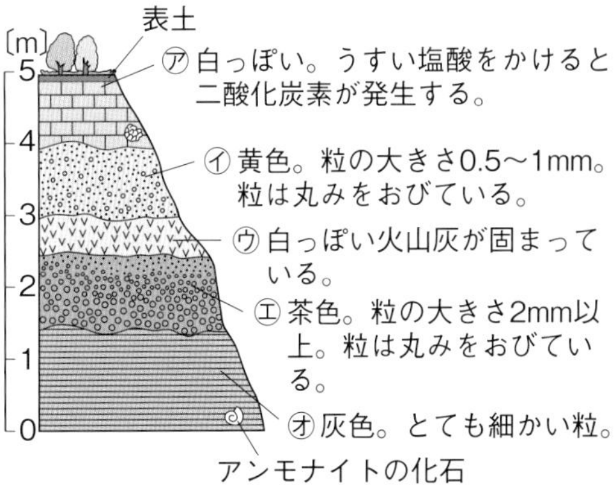

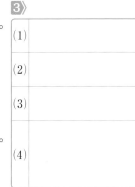

〔m〕
5
4
3
2
1
0
表土
㋐白っぽい。うすい塩酸をかけると二酸化炭素が発生する。
㋑黄色。粒の大きさ0.5～1mm。粒は丸みをおびている。
㋒白っぽい火山灰が固まっている。
㋓茶色。粒の大きさ2mm以上。粒は丸みをおびている。
㋔灰色。とても細かい粒。
アンモナイトの化石

(1) 図の㋐～㋒はいずれも堆積岩の層である。㋐～㋒の堆積岩の組み合わせとして正しいものを，次のア～ウから選びなさい。

ア ㋐－チャート ㋑－砂岩 ㋒－石灰岩
イ ㋐－石灰岩 ㋑－れき岩 ㋒－凝灰岩
ウ ㋐－石灰岩 ㋑－砂岩 ㋒－凝灰岩

(2) 図の㋓，㋔の層が堆積したと考えられる場所の組み合わせとして正しいものを，次のア～エから選びなさい。

ア ㋓－扇状地 ㋔－深い海 イ ㋓－深い海 ㋔－浅い海
ウ ㋓－深い海 ㋔－扇状地 エ ㋓－浅い海 ㋔－扇状地

(3) ㋒の層のように，離れた場所の地層のつながりを調べるときの目印になる層を何というか。

記述 (4) ㋔の層にふくまれているアンモナイトの化石は示準化石である。示準化石とは，どのような化石か。「地層が」という書き出しで，簡単に答えなさい。

3

(1)	
(2)	
(3)	
(4)	

1－4

4 図１は，ある地震の震央（×印）と，観測地点㋐～㋓を，図２のA～Dは，この地震を観測地点㋐～㋓で観測したときの地震計の記録を表したものである。これについて，次の問いに答えなさい。 5点×6（30点）

図１

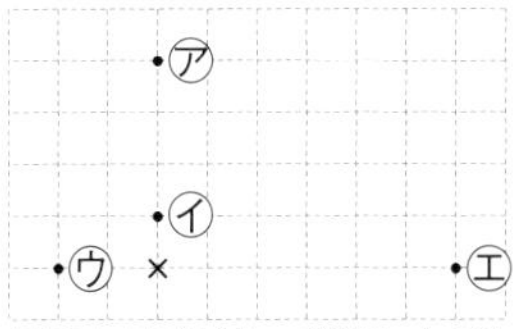

㋐
㋑
㋒
×
㋓

方眼の１目盛りは，縦横とも30km

(1) 図１の㋐，㋑の地点での地震計の記録を，図２のA～Dからそれぞれ選びなさい。

(2) 震度が最も大きかったのは，図１の㋐～㋓のどの地点か。

(3) 観測地点における，P波とS波の到達時刻の差を何というか。

(4) (3)は，震源に近いほど，どのようになるか。

レベルUP (5) ㋑で初期微動が始まった時刻は７時７分55秒，㋒で初期微動が始まった時刻は７時８分00秒であった。地震が発生した時刻は何時何分何秒か。

図２

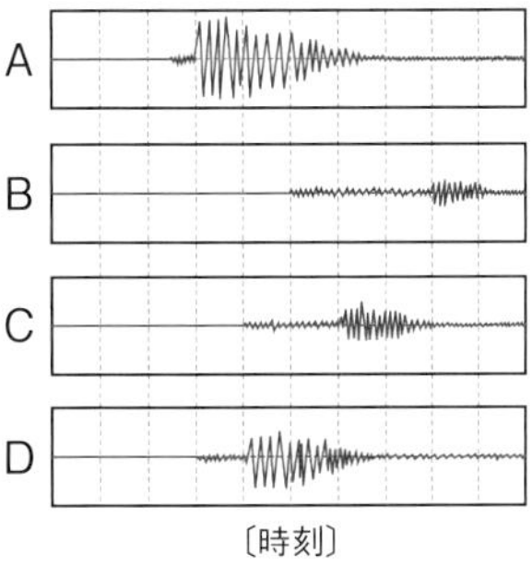

A
B
C
D
〔時刻〕

4

(1)	㋐	
	㋑	
(2)		
(3)		
(4)		
(5)		

終わったら後ろの，9，15，16をやろう。

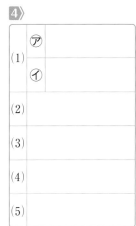

解答 p.30

理科の力をのばそう

計算力 UP　注意して計算してみよう！

1 **物質の密度**　いろいろな物質の体積と質量を測定した。これ
について，次の問いに答えなさい。

1-2 第1章

密度を求めるときは，物質$1cm^3$当たりの質量を計算。

(1)　物質Aは，体積が$8cm^3$，質量が72gであった。物質Aの密度は何g/cm^3か。

（　　　　　　　　）

(2)　(1)のとき，体積が$90cm^3$の物質Aの質量は何gか。

（　　　　　　　　）

(3)　(1)のとき，質量が225gの物質Aの体積は何cm^3か。

（　　　　　　　　）

(4)　物質Bは，体積が$12cm^3$，質量が232gであった。物質Bの密度は何g/cm^3か。四捨五入して，小数第2位まで求めなさい。

（　　　　　　　　）

2　**質量パーセント濃度**　水溶液の質量パーセント濃度について，
次の問いに答えなさい。

1-2 第2章

溶液の質量は，溶媒の質量と溶質の質量の和であることに注意して計算。

(1)　150gの水に25gの硝酸カリウムを完全に溶かした。このとき，できた水溶液の質量パーセント濃度は何％か。四捨五入して，小数第1位まで求めなさい。

（　　　　　　　　）

(2)　水に30gの砂糖を溶かして，質量パーセント濃度が15％の砂糖水をつくった。このとき，何gの水に砂糖を溶かしたか。

（　　　　　　　　）

(3)　水に塩化ナトリウムを溶かして，質量パーセント濃度が5％の塩化ナトリウム水溶液を200gつくった。このとき何gの水に何gの塩化ナトリウムを溶かしたか。

水（　　　　　　　　）
塩化ナトリウム（　　　　　　　　）

(4)　質量パーセント濃度12％の塩化ナトリウム水溶液250gに水50gを加えてできる塩化ナトリウム水溶液の質量パーセント濃度は何％か。

（　　　　　　　　）

(5)　質量パーセント濃度8％の塩化ナトリウム水溶液300gと質量パーセント濃度15％の塩化ナトリウム水溶液500gを混ぜ合わせてできる塩化ナトリウム水溶液の質量パーセント濃度は何％か。四捨五入して，小数第2位まで求めなさい。

（　　　　　　　　）

3 **音の速さ** 音の伝わる速さを340m/sとして，次の問いに答えなさい。

1−3 第2章

速さ，時間，距離の関係式を利用して計算。

⑴ 右の図のように，校庭で太鼓をたたいたところ，校舎ではね返った音が0.5秒後に聞こえた。このとき，太鼓をたたいた場所から校舎までの距離は何mか。

( )

⑵ 花火の打ち上げ会場までの距離が1020mの場所で花火を見た。このとき，花火の光が見えてから何秒後に，花火の音が聞こえるか。

( )

4 **ばねの伸び** 右のグラフは，ばねAとばねBに加えた力とばねの伸びの関係を表したものである。これについて，次の問いに答えなさい。ただし，100gの物体が受ける重力の大きさを1Nとする。

1−3 第3章

ばねを引く力とばねの伸びの間には比例の関係があることから計算。

⑴ ばねAを0.9Nの力で引くと，ばねの伸びは何cmになるか。

( )

⑵ ばねAに130gのおもりをつるすと，ばねの伸びは何cmになるか。

( )

⑶ ばねBの伸びが5cmのとき，ばねにつるしたおもりは何gか。

( )

作図力 UP よく考えてかいてみよう！

5 **植物のからだのつくり** 植物のからだのつくりについて，次の問いに答えなさい。

1−1 第2章

⑵単子葉類と双子葉類の葉脈のちがいを意識してかく。

⑴ 図1は，アブラナの花とマツの雌花のりん片を模式的に表したものである。それぞれ胚珠にあたる部分をぬりなさい。

⑵ ツユクサは単子葉類である。ツユクサの葉脈のようすを，その特徴がわかるように，図2にかきなさい。

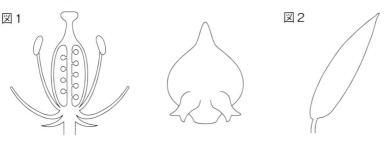

図1　　　　　　　　　　　　　　　　　図2

プラスワーク

6 **光の進み方** 光の進み方について，次の問いに答えなさい。

1－3 第1章
入射角と反射角が等しくなるようにかく。

(1) 図1で，鏡に当たったあとの光の道すじをかきなさい。

(2) 図2で，点Aから出た光が鏡で反射して点Bまでとどく道すじをかきなさい。

図1
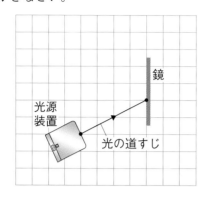

図2
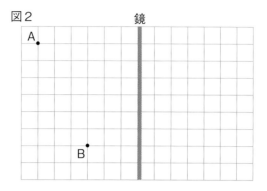

7 **凸レンズによってできる像** 凸レンズを使ったときの像のでき方を調べた。これについて，次の問いに答えなさい。

1－3 第1章
光が凸レンズで1回屈折するようにかく。

(1) 図1のように，光源を焦点の外側に置いた。このときできる像を矢印でかきなさい。

(2) 図2のように光源を焦点と凸レンズの間に置いた。このとき凸レンズを通して見える像を矢印でかきなさい。

図1
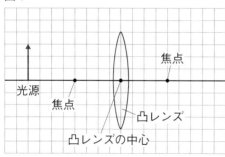

図2
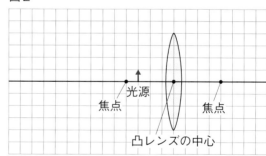

8 **ばねの伸び** 下の表は，ばねにつるしたおもりの質量とばねの伸びを記録したものである。これについて，あとの問いに答えなさい。ただし，100gの物体が受ける重力の大きさを1Nとする。

1－3 第3章
(2)測定値を記入し，グラフの形を見きわめて線を引く。

おもりの質量〔g〕	0	20	40	60	80	100
ばねの伸び〔cm〕	0	1.0	1.9	3.0	4.1	5.0

(1) ばねがおもりを引く力の大きさを矢印で表しなさい。ただし，•を作用点とし，1Nを1cmの矢印で表すものとする。

(2) ばねが受ける力の大きさとばねの伸びとの関係をグラフに表しなさい。

9 **地震の波** 下の図のA〜Cは，10時7分52秒に発生したある地震のゆれを，3つの観測地点にある地震計がそれぞれ記録したものである。この記録から，観測地点にP波が到達するまでの時間と震源からの距離との関係を表すグラフは，右のグラフの……のようになる。このとき，観測地点にS波が到達するまでの時間と震源からの距離との関係を表すグラフはどのようになるか。右のグラフに表しなさい。

> **1-4** 第3章
> 各地点で主要動がはじまった時刻を読み取って，グラフに表す。

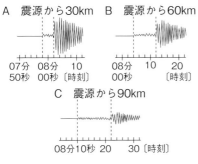

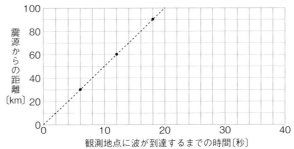

記述力 UP 自分の言葉で表現してみよう！

10 **ルーペの使い方** ルーペで観察するとき，失明の危険があるため，絶対にしてはいけないことは何か。

> **1-1** 第1章
> ルーペは観察するものだけを見る。

(　　　　　　　　　　　　　　　　　　　　　　)

11 **単子葉類と双子葉類の見分け方** 単子葉類と双子葉類の特徴について，次の問いに答えなさい。

> **1-1** 第2章
> (2)双子葉類の根は2種類あることに着目。

(1) 単子葉類と双子葉類の葉脈のちがいを答えなさい。

(　　　　　　　　　　　　　　　　　　　　　　)

(2) 単子葉類と双子葉類の根のつくりのちがいを，根の名称を使って答えなさい。

(　　　　　　　　　　　　　　　　　　　　　　)

12 **気体の集め方** 右の図のようにして発生させた気体は，水上置換法で集めることができる。その理由を，発生した気体の性質に着目して答えなさい。

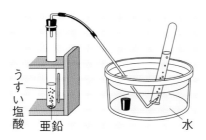

> **1-2** 第2章
> 発生する気体が水の中を通って集められることに着目。

(　　　　　　　　　　　　　　　　　　　　　　)

プラスワーク

13　気体のにおいの調べ方　試験管に入った気体のにおいを調べるとき，どのようにするとよいか。「試験管の口」という言葉を使って答えなさい。

1−2 第2章
直接気体を吸いこまないことがポイント。

(　　　　　　　　　　　　　　　　　　　　　　)

14　光の性質　図1のように，茶わんにコインを入れて，コインが見えなくなるまで目の位置を下げた。次に，目の位置はそのままにして茶わんに水を入れると，図2のように，コインが浮き上がったように見えた。この理由を，解答欄の書き出しに続けて答えなさい。

図1 　図2

1−3 第1章
光が空気と水の境界面でどうなるかに着目。

(コインから出た光が，　　　　　　　　　　　　　　　　　　)

15　岩石のつくり　岩石のつくりについて，次の問いに答えなさい。

(1)　右の図は，深成岩の表面のようすを観察したものである。このようなつくりになる理由を，「時間」，「結晶」という言葉を使って，簡単に答えなさい。

1−4 第1・2章
(1)深成岩と火山岩のつくりのちがいに着目。

(　　　　　　　　　　　　　　　　　　　　　　)

(2)　石灰岩とチャートを，液体を使って見分けるとき，どのようにすればよいか。液体の名称を使って，操作と結果について答えなさい。

(　　　　　　　　　　　　　　　　　　　　　　)

(3)　(2)のほかに，石灰岩とチャートを見分ける方法にはどのようなものがあるか。その操作と結果について答えなさい。

(　　　　　　　　　　　　　　　　　　　　　　)

16　地震のゆれ　ある日，地点㋐で，地震Aによるゆれを観測した。3日後に，地震Aと同じ震源で，地震Aよりもマグニチュードが大きい地震Bが発生した。このとき，地点㋐での初期微動継続時間とゆれの大きさは，地震Aと地震Bでどのようにちがうか。

1−4 第3章
震源が同じとき，地震の波がとどくまでの時間は同じであることに着目。

(　　　　　　　　　　　　　　　　　　　　　　)

得点アップ！ 予想問題

1 この「予想問題」で実力を確かめよう！

時間もはかろう

2 「解答と解説」で答え合わせをしよう！

3 わからなかった問題は戻って復習しよう！

この本での学習ページ

スキマ時間でポイントを確認！
別冊「スピードチェック」も使おう

●予想問題の構成

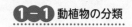

解答 p.34

第1回 予想問題
第1章　身近な生物の観察
第2章　植物の分類

40分　/100

[1] 生物の観察について，次の問いに答えなさい。　4点×4（16点）

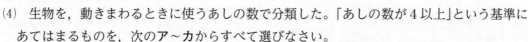

(1)　右の図は，タンポポの葉をスケッチしたものである。スケッチのしかたとしてよいのは，㋐，㋑のどちらか。

(2)　(1)で選ばなかったものについて，スケッチとしてよくない点を答えなさい。

(3)　持ち運びに便利で，見るものを5〜10倍に拡大して観察できる器具を何というか。

(4)　生物を，動きまわるときに使うあしの数で分類した。「あしの数が4以上」という基準にあてはまるものを，次のア〜カからすべて選びなさい。

ア　ザリガニ　　イ　マイマイ　　ウ　ハチ
エ　イヌ　　オ　コイ　　カ　カモ

(1)		(2)	
(3)		(4)	

[2] 右の図は，アブラナの花のつくりを模式的に表したものである。これについて，次の問いに答えなさい。　3点×11（33点）

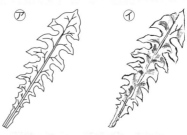

(1)　図の㋐〜㋔の部分を，それぞれ何というか。

(2)　㋒の中には何が入っているか。

(3)　受粉とは，(2)がどこにつくことか。図の㋐〜㋔から選びなさい。

(4)　受粉が行われたあと，果実になるのは，㋐〜㋔のどの部分か。

(5)　アブラナのように，図の㋔が1枚1枚はなれている花を何というか。

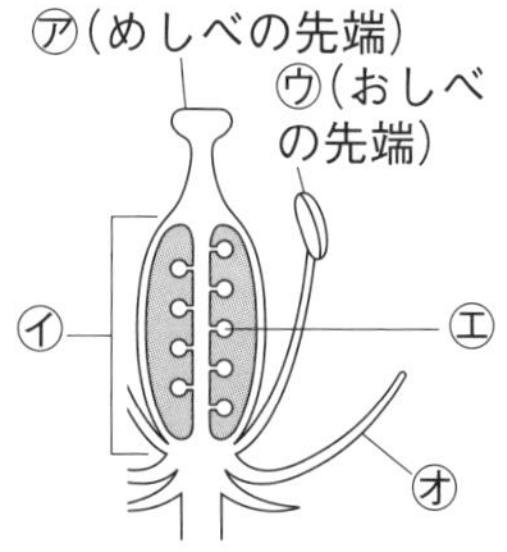

(6)　(5)のような花をもつ植物を，次のア〜エから選びなさい。

ア　アサガオ　　イ　タンポポ
ウ　サクラ　　エ　ツツジ

(7)　アブラナは被子植物に分類される。被子植物の花のつくりはどのような特徴があるか。㋐〜㋔のつくりの名称を2つ使って答えなさい。

(1)	㋐		㋑		㋒		㋓		㋔	
(2)		(3)		(4)		(5)		(6)		
(7)										

3 右の図はマツの花のつくりをスケッチしたものである。これについて，次の問いに答えなさい。

3点×5（15点）

(1) マツの雌花は，図の㋐，㋑のどちらか。

(2) 図の㋒，㋓の部分を，それぞれ何というか。

(3) マツのような花をもつ種子植物のなかまを何というか。

(4) (3)の植物のなかまを，次のア〜オからすべて選びなさい。

　ア　ススキ　　イ　イチョウ　　ウ　バラ

　エ　ソテツ　　オ　エンドウ

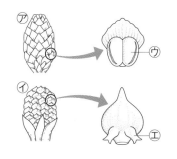

(1)		(2) ㋒		㋓		(3)		(4)	

4 右の図は，シダ植物のつくりを表したものである。これについて，次の問いに答えなさい。

3点×5（15点）

(1) 茎は，図の㋐〜㋒のどの部分か。

(2) 葉の裏にある㋓を何というか。

(3) ㋓の中にある㋔は何か。

(4) (3)をつくる植物には，コケ植物もある。コケ植物の(3)は，雄株と雌株のどちらでつくられるか。

(5) コケ植物に根，茎，葉の区別はあるか。

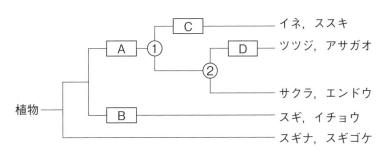

葉の裏

(1)		(2)		(3)		(4)		(5)	

5 右の図は，植物の分類を表したものである。これについて，次の問いに答えなさい。

3点×7（21点）

(1) A〜Dのなかまをそれぞれ何というか。

(2) ①，②に入る分類上の特徴を，1つずつ答えなさい。

(3) AやBの植物は何によってなかまをふやすか。

植物 ─ C ── イネ，ススキ
A ─① ─ D ── ツツジ，アサガオ
②
── サクラ，エンドウ
B ── スギ，イチョウ
── スギナ，スギゴケ

(1)	A		B		C		D	
(2)	①				②			
(3)								

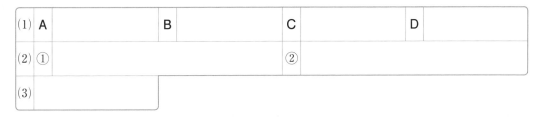

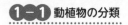

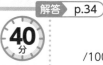

解答 p.34

第2回 予想問題　第3章　動物の分類

40分　/100

[1] 右の図は，５つの脊椎動物をいくつかの特徴で分類したものである。これについて，次の問いに答えなさい。　2点×16(32点)

<table>
<tr><th></th><th>魚類</th><th>両生類</th><th>は虫類</th><th>鳥類</th><th>哺乳類</th></tr>
<tr><td>㋐</td><td>A</td><td>B</td><td></td><td>C</td><td></td></tr>
<tr><td>㋑</td><td>D</td><td>E</td><td>F</td><td>G</td><td>H</td></tr>
<tr><td>㋒</td><td colspan="4">I</td><td>J</td></tr>
</table>

(1) 図の㋐〜㋒にあてはまる分類の基準を，それぞれ次のア〜ウから選びなさい。

ア　からだの表面のようす

イ　呼吸のしかた

ウ　子のうまれ方

(2) 図のA，Cにあてはまる言葉を答えなさい。

(3) 図のBは，幼生と成体で異なる。①幼生と②成体にあてはまる言葉を答えなさい。

(4) 図のE，G，Hにあてはまる言葉を答えなさい。

(5) 図のD，Fにあてはまる共通の言葉を答えなさい。

(6) 図のＩ，Ｊにあてはまる言葉を答えなさい。

(7) 子の育ち方について，次の①〜③にあてはまる動物のなかまの名称を答えなさい。

① 母親には乳の出るしくみがあり，子はこれを飲んで育つ。

② 卵からかえった子は自分では生活できず，親から食物をあたえられて育つ。

③ 陸上にうまれた卵からかえると，自分で食物をとって育つ。

(1)	㋐		㋑		㋒		(2)	A		C	
(3)	①		②		(4)	E		G	
(4)	H		(5)		(6)	I		J	
(7)	①		②		③				

[2] ライオンとシマウマについて，次の問いに答えなさい。　3点×4(12点)

(1) 主に植物を食べる動物を何というか。

(2) 主にほかの動物を食べる動物を何というか。

(3) 口を大きく開けることができ，獲物(えもの)をとらえるのに適した歯をもっているのは，ライオンとシマウマのどちらか。

(4) 奥の歯が大きく，かたい草を効率よくつぶせるのは，ライオンとシマウマのどちらか。

(1)		(2)		(3)		(4)	

[3] 右の図の動物について，次の問いに答えなさい。 4点×2（8点）

(1) クラゲやミミズは，脊椎動物と無脊椎動物のどちらに分類されるか。

(2) クラゲやミミズのなかまのふやし方と呼吸方法について正しいものを，次の**ア**〜**エ**から選びなさい。

ア 胎生で，肺で呼吸する。

イ 胎生で，皮ふなどで呼吸する。

ウ 卵生で，肺で呼吸する。

エ 卵生で，皮ふなどで呼吸する。

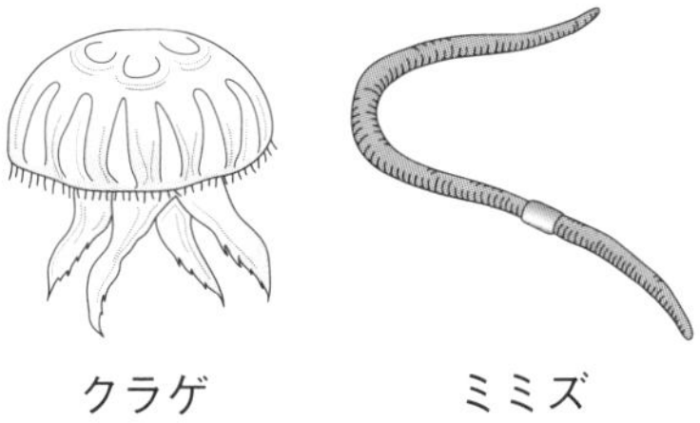

(1)		(2)	

[4] 下の図は，動物をいろいろな特徴で分類したものである。これについて，あとの問いに答えなさい。 4点×12（48点）

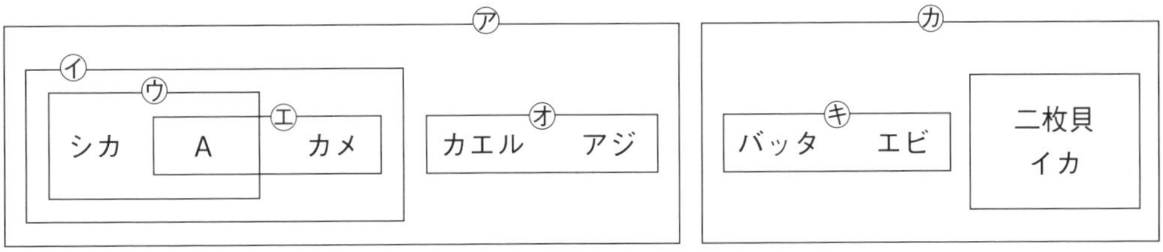

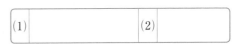

(1) 図の㋐〜㋖は，それぞれ次の**ア**〜**コ**のどの観点で分けたものか。

ア 水中に卵をうむ。 **イ** からだがうろこでおおわれている。

ウ 卵をうむ。 **エ** 子をうむ。

オ 陸上に卵をうむ。 **カ** 背骨がない。

キ からだに節がある。 **ク** からだが羽毛や体毛でおおわれている。

ケ 背骨がある。 **コ** 一生，肺で呼吸する。

(2) 図の**A**にあてはまる動物を，次の**ア**〜**エ**から選びなさい。

ア ヘビ **イ** ヒグマ

ウ トカゲ **エ** カルガモ

(3) (2)の動物のなかまを何類というか。

(4) ㋖の動物のなかまのうち，からだが頭部，胸部，腹部に分かれ，胸部に3対のあしのある動物のなかまを何類というか。

(5) 二枚貝やイカのなかまを何動物というか。

(6) (5)のなかまの内臓は，何という膜におおわれているか。

(1)	㋐		㋑		㋒		㋓		㋔		㋕		㋖		(2)	
(3)		(4)		(5)		(6)										

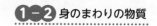

第**3**回
予想問題

第1章 物質の分類
第2章 粒子のモデルと物質の性質(1)

解答▶ p.35

40分

/100

---

1 下のア〜カの物質の性質を調べるために，いろいろな実験を行った。これについて，あとの問いに答えなさい。

4点×7（28点）

ア ノート(紙)	イ スチールウール(鉄)	ウ ろうそく(ロウ)
エ 空きかん(アルミニウム)	オ 氷(水)	カ 消しゴム(プラスチック)

(1) 磁石に引きつけられるかどうかを調べた。磁石に引きつけられるものを，ア〜カから選びなさい。

(2) 電気を通すかどうかを調べた。電気を通すものを，ア〜カからすべて選びなさい。

(3) 物質を加熱した。火がついたものを，ア〜カからすべて選びなさい。

(4) (3)で，火がついた物質を石灰水の入った集気びんに入れた。火が消えたら物質を取り出してふたをし，集気びんをよくふった。石灰水の色が変化したものを，ア〜カからすべて選びなさい。

(5) (4)の物質が燃えたときに発生した気体は何か。

(6) 燃えて(5)の気体が発生する物質を何というか。

(7) 非金属を，ア〜カからすべて選びなさい。

(1)		(2)		(3)		(4)	
(5)			(6)			(7)	

---

2 物質1cm³当たりの物質そのものの量について，次の問いに答えなさい。 2点×6（12点）

(1) gやkgの単位で表される量を何というか。

(2) 物質1cm³当たりの(1)の量を何というか。

(3) 表の固体の中で，同じ体積での(1)の量が最も大きい物質はどれか。

物質の(2)の値〔g/cm³〕(20℃)

固体	(2)の値	液体	(2)の値
鉄	7.87	水(4℃)	1.00
アルミニウム	2.70	エタノール	0.79
銅	8.96	水銀	13.5

(4) 表の固体の中で，同じ(1)の量での体積が最も大きい物質はどれか。

(5) 40cm³のエタノールの(1)の量はいくらか。

(6) 体積が15cm³で(1)の量が118gの物体がある。この物体は何でできているか。表から選びなさい。

(1)		(2)		(3)	
(4)		(5)		(6)	

3 水に塩化ナトリウムを溶かして塩化ナトリウム水溶液をつくった。これについて，次の問いに答えなさい。

6点×5（30点）

(1) 水200gに塩化ナトリウムを50g溶かしたところすべて溶けた。この塩化ナトリウム水溶液の質量パーセント濃度を求めなさい。

(2) 質量パーセント濃度が15％の塩化ナトリウム水溶液300gには，塩化ナトリウムが何g溶けているか。

(3) 質量パーセント濃度が18％の塩化ナトリウム水溶液を200gつくるには，①何gの塩化ナトリウムと②何gの水が必要か。

(4) 塩化ナトリウムの飽和水溶液の温度を下げたが，塩化ナトリウムを結晶として取り出せなかった。その理由を答えなさい。

(1)		(2)		(3)①		②	
(4)							

4 3つのビーカーに40℃の水を100gずつ入れ，それぞれに硝酸カリウムを20g，50g，80g加え，水溶液を40℃に保ったままよくかき混ぜた。次に，3つのビーカーの水溶液を20℃になるまでゆっくり冷やした。図1は，実験の結果をまとめたものである。また，図2は，100gの水に溶ける硝酸カリウムの質量と水の温度との関係をグラフに表したものである。これについて，あとの問いに答えなさい。

6点×5（30点）

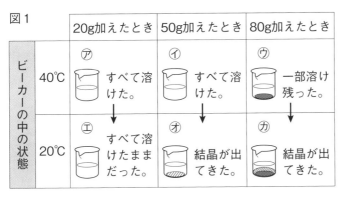

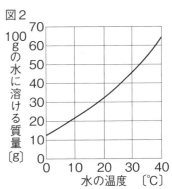

(1) 硝酸カリウムのように，水溶液に溶けている物質のことを何というか。

(2) 図1で，水溶液が飽和しているのはどれか。㋐〜㋕からすべて選びなさい。

(3) 水100gに物質を溶かして飽和水溶液にしたとき，溶けた物質の質量を何というか。

(4) 図1の㋑の水溶液を20℃まで冷やしたとき，溶けていた硝酸カリウムは約何gが結晶として出てくるか。次のア〜エから選びなさい。

　ア　約8g　　イ　約18g　　ウ　約28g　　エ　約38g

(5) 物質を水に溶かし，その水溶液から物質を再び結晶として取り出すことを何というか。

(1)		(2)		(3)		(4)		(5)	

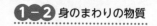

第4回 予想問題　第2章　粒子のモデルと物質の性質(2)　解答 ▶ p.36

第3章　粒子のモデルと状態変化　40分　/100

1　右の図のようにして，亜鉛にうすい塩酸を加えて気体を発生させた。これについて，次の
問いに答えなさい。

5点×6（30点）

(1)　発生した気体は何か。

(2)　図のような気体の集め方を何というか。

(3)　発生した気体を集めた試験管に石灰水を入れてふる
と，石灰水はどのようになるか。

(4)　発生した気体を集めた試験管の口に火のついたマッ
チを近づけると，どのようになるか。

(5)　発生した気体の性質について，次の文の（　）にあて
はまる言葉を答えなさい。

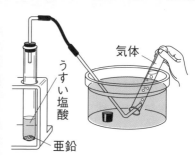

気体

うすい塩酸

亜鉛

発生した気体は，気体の中で密度が最も（ ① ），水に溶け（ ② ）。

(1)		(2)		(3)	
(4)			(5)①		②

2　図1のように，三角フラスコに二酸化マンガンを入れ，オキシドール（うすい過酸化水素
水）を加えると，気体Aが発生したので，それを集気びんに集めた。次に，集めた気体Aの
中へ，図2のように，火のついた砂糖を入れると，激しく燃えて，黒い物質が少し残った。
そのあと，この集気びんの中に石灰水を入れてふると，白くにごったことから，気体Bができ
きたことがわかった。これについて，次の問いに答えなさい。

4点×5（20点）

(1)　気体Aは何か。

(2)　砂糖が激しく燃えたことから，気体
Aにはどのようなはたらきがあるとい
えるか。

(3)　気体Bは何か。

(4)　気体Bには水に少し溶けるだけで，
空気より密度が大きいという性質があ
る。このことから，図1の方法以外に
何という方法で集めることができるか。

(5)　気体Bが水に溶けた水溶液は，何性になるか。

図1

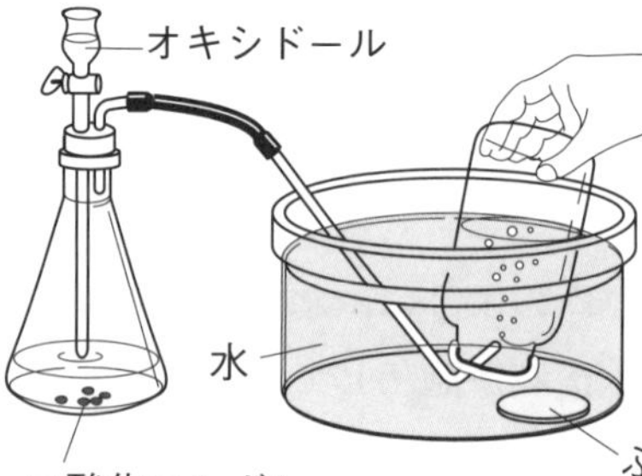

オキシドール

水

二酸化マンガン

図2

砂糖

ふた

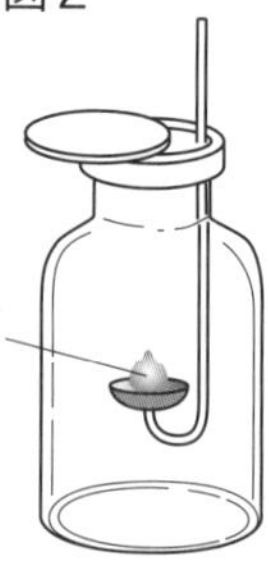

(1)		(2)		(3)	
(4)		(5)			

[3] 右のグラフは，−20℃の氷を加熱したときの温度変化を表したものである。これについて，次の問いに答えなさい。

5点×5（25点）

(1) Aの温度を何というか。

(2) Aの温度で，氷はどのような状態からどのような状態に変化しているか。

(3) Bの温度を何というか。

(4) Bの温度で，水は沸とうして気体になる。気体の水をつくっている粒子のようすはどのようになっているか。次のア～ウから選びなさい。

ア 粒子は規則正しくならんでいる。

イ 粒子の間隔（かんかく）が広がり，規則正しくならばず，粒子は動き回っている。

ウ 粒子と粒子の間隔は非常に広く，粒子は自由に飛び回っている。

(5) 水が状態変化するとき，その質量は変化するか。

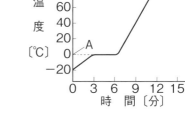

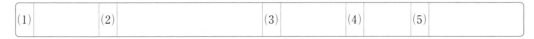

(1)		(2)		(3)		(4)		(5)	

[4] 右の図のように，水15cm³とエタノール5cm³の混合物を入れた試験管を加熱した。これについて，次の問いに答えなさい。

5点×5（25点）

(1) ガラス管Aについて，どのような注意が必要か。

(2) 図のようにして，液体を沸とうさせ，出てくる気体を再び液体として取り出す操作を何というか。

(3) この実験では，物質を分けて取り出すために，物質の何のちがいを利用しているか。

(4) この実験で，はじめに多く取り出せるのは，水とエタノールのどちらか。

(5) 加熱を始めてから火を止めるまでの試験管内の温度変化をグラフに表すと，どのようになるか。次の㋐～㋓から選びなさい。

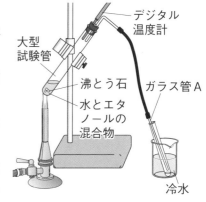

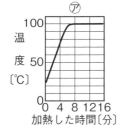

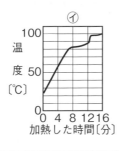

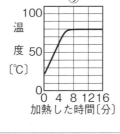

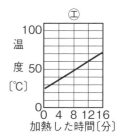

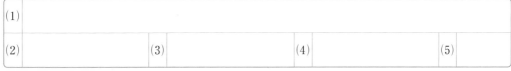

(1)							
(2)		(3)		(4)		(5)	

解答 p.37

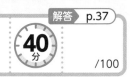

第5回 予想問題　第1章　光の性質　第2章　音の性質

40分　/100

1 光の進み方について，次の問いに答えなさい。　5点×4（20点）

(1) 図1のように，直角に立てて置いた2枚の鏡A，Bと光源装置を使って，光の反射のしかたを調べる実験を行った。図2は，図1の記録用紙を真上から見たもので，鏡Aに当たるまでの光の道すじがかかれている。鏡Aに当たったあとの光の道すじを，図2に表しなさい。

図1

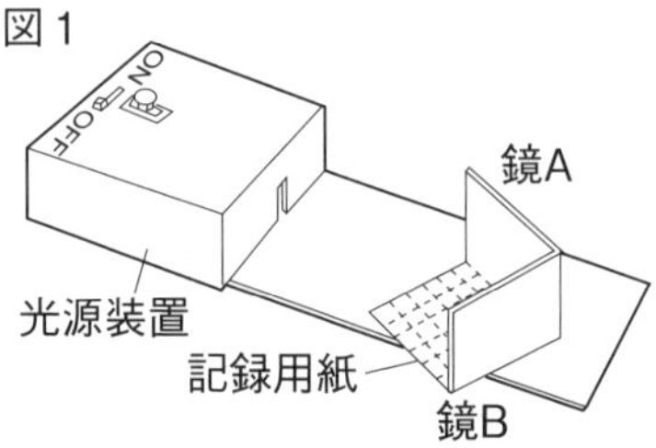

図2

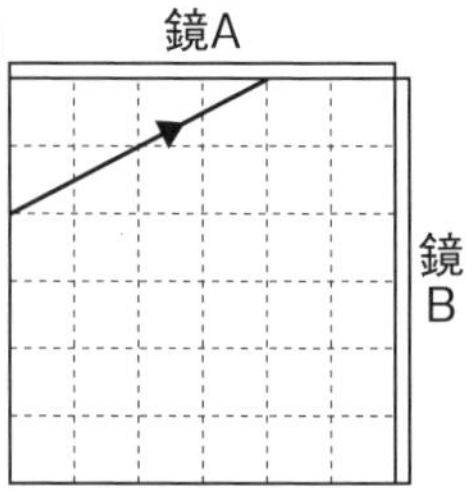

(2) 半円形レンズの平らな面の中心Oに，図3のように光を当てると，光の道すじは2つに分かれた。

① 2つの道すじを，㋐～㋕から選びなさい。

② 入射角を大きくしていくと，光は1つの道すじだけになり，中心Oから空気中に出なくなった。この現象を何というか。

図3

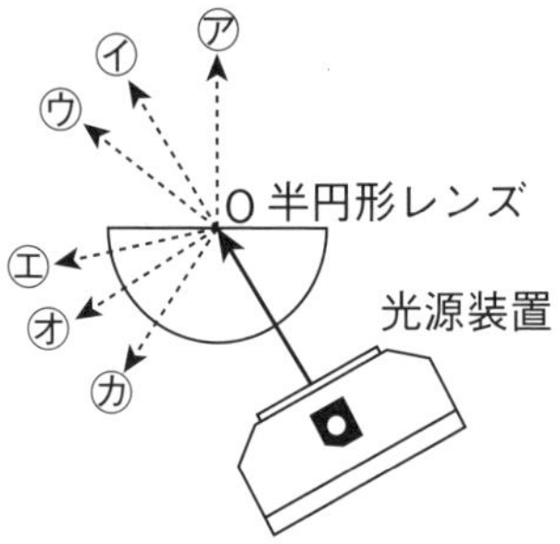

(1)	図2に記入	(2)	①			②	

2 右の図は，光源と同じ大きさの像がスクリーン上にできたときの，光源，凸レンズ，スクリーンの位置を表したものである。ここから凸レンズは動かさないで，光源とスクリーンの位置を変えて像のでき方を調べた。これについて，次の問いに答えなさい。　4点×7（28点）

(1) 凸レンズの焦点を，㋐～㋓から選びなさい。

(2) 次の文の（　）にあてはまる言葉を，下の〔　〕から選び，記号で答えなさい。ただし，同じ記号を選んでもよい。

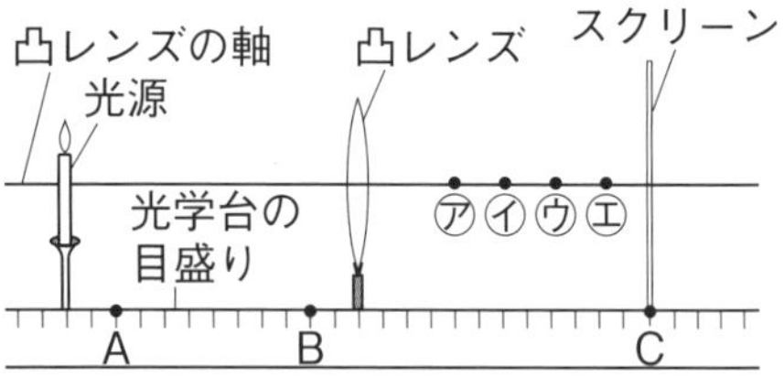

光源をAに置いたとき，スクリーン上に像をつくるには，スクリーンを凸レンズ（ ① ）とよい。このときできた像の大きさは，光源より（ ② ）。この像を（ ③ ）という。次に，光源をBに置いたとき，スクリーンをどの位置に移動させても像はできなかった。このとき，凸レンズを通して光源を見ると，光源と上下の向きが（ ④ ）で，光源より（ ⑤ ）像が見える。この像を（ ⑥ ）という。

〔ア　に近づける　　イ　から遠ざける　　ウ　大きい　　エ　小さい
オ　反対　　カ　同じ　　キ　虚像　　ク　実像〕

(1)		(2)	①		②		③		④		⑤		⑥	

3　図1のように，凸レンズの焦点の外側に「L」の字を書いた透明なガラス板を置き，光を当てると，うすい布でできたスクリーン上にはっきりとした像ができた。これについて，次の問いに答えなさい。　4点×3（12点）

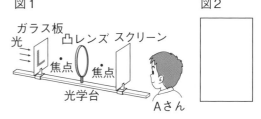

図1

図2

(1)　Aさんから見える，スクリーンにできた像を図2にかきなさい。

(2)　焦点の位置にガラス板を置くと，スクリーンに像はできるか。

(3)　(2)のように考えた理由を答えなさい。

(1) 図2に記入	(2)		(3)	

4　右の図は，モノコードの弦をはじいたときのようすを表したものである。これについて，次の問いに答えなさい。　5点×3（15点）

(1)　図の矢印は，弦の何を表しているか。

(2)　㋐は㋑に比べてどのような音がするか。

(3)　弦のはじき方が弱かったのは，㋐，㋑のどちらか。

(1)		(2)		(3)	

5　ある音さをたたいて，音の波形をコンピュータの画面に表示させたら，図1のようになった。この音さを基準にしたとき，次の(1)〜(3)の音の波形は，図2の㋐〜㋓のどれか。

5点×3（15点）

(1)　基準の音より小さくて低い音

(2)　基準の音と同じ大きさで高い音

(3)　基準の音より大きくて同じ高さの音

図1

図2

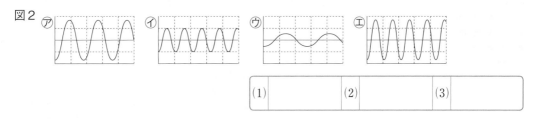

(1)		(2)		(3)	

6　2つの地点P，Qを決め，2人が同時にストップウォッチをスタートさせ，P，Qに1人ずつ立った。別の人がPで競技用号砲をうち，PとQにいる人が，その音を聞いた瞬間に，ストップウォッチを止めた。2人の時間の差をはかったところ，1.2秒であった。また，PQ間の直線距離は414mであった。このときの音が空気中を伝わる速さを求めなさい。　（10点）

解答 p.38

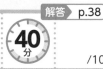

第6回 予想問題 第3章　力のはたらき

40分　/100

1 物体が力を受けているときには，下の①〜③の現象が見られる。次の図の㋐〜㋖では，それぞれ①〜③のどの現象が見られるか。記号で答えなさい。 4点×7（28点）

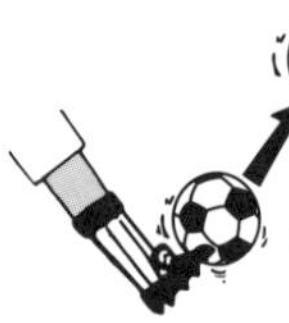

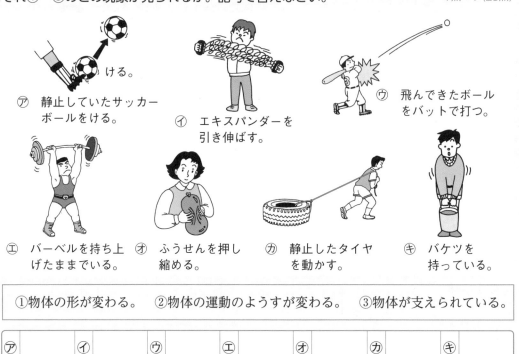

㋐ 静止していたサッカーボールをける。

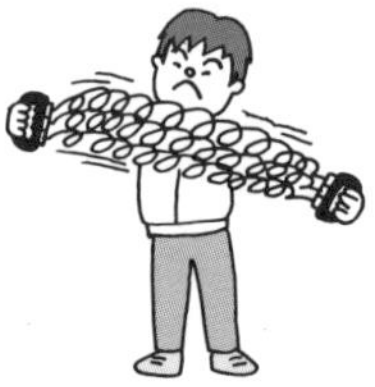

㋑ エキスパンダーを引き伸ばす。

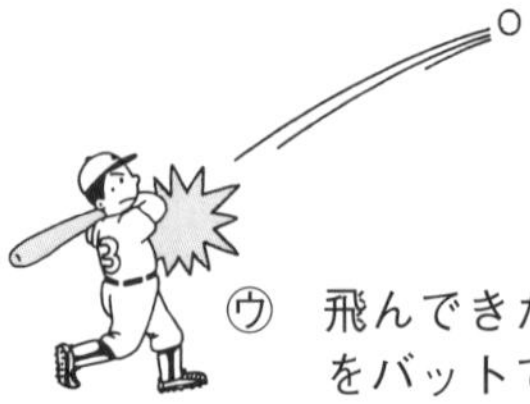

㋒ 飛んできたボールをバットで打つ。

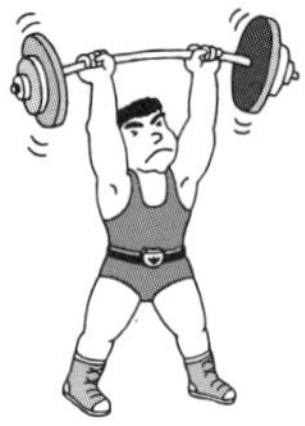

㋓ バーベルを持ち上げたままでいる。

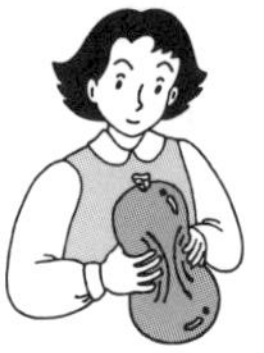

㋔ ふうせんを押し縮める。

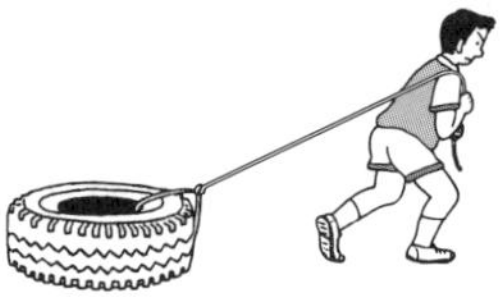

㋕ 静止したタイヤを動かす。

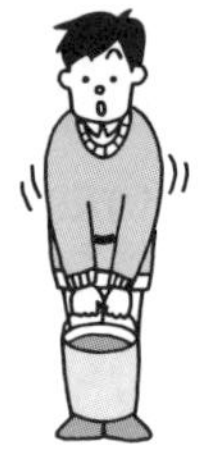

㋖ バケツを持っている。

①物体の形が変わる。 ②物体の運動のようすが変わる。 ③物体が支えられている。

㋐		㋑		㋒		㋓		㋔		㋕		㋖	

2 力の表し方やいろいろな力について，次の問いに答えなさい。ただし，100gの物体が受ける重力の大きさを1Nとする。 4点×5（20点）

(1) 図1は，机の上に200gの球形の物体が置かれているようすを表したものである。この物体が受ける重力を，図2に矢印で表しなさい。ただし，方眼の1目盛りは0.5Nを表すものとする。

(2) 図3は，磁石Aが宙に浮かんでいるようすである。磁石Aの㋐の面は何極か。

(3) 図3で，磁石AとBの間ではたらいているのは，引き合う力か，しりぞけ合う力か。

(4) 平らな机の上に置いた本を水平方向に押した。このとき，机と本との間ではたらく力を何というか。

(5) 机の上の本を押しても動かないとき，押す力と(4)の力はどうなっているといえるか。

図1

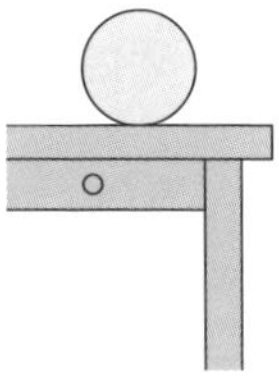

図2

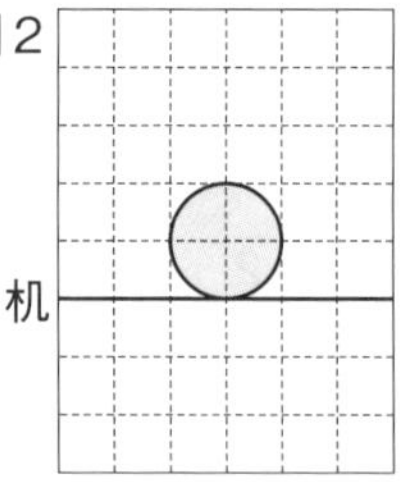

図3

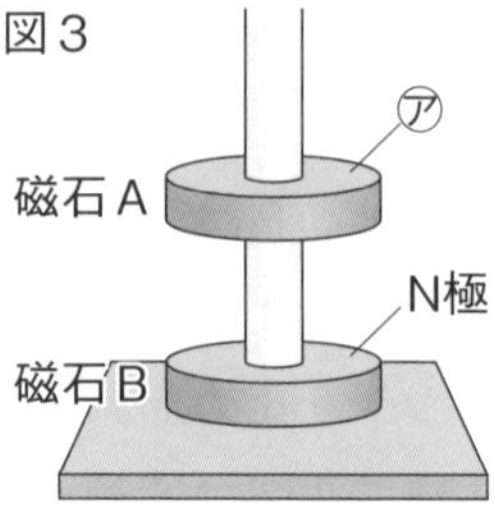

(1)	図2に記入	(2)		(3)		(4)		(5)	

3 　図1は，長さ10cmのばね㋐と，長さ12cmのばね㋑について，ばねが受ける力の大きさとばねの伸びとの関係をグラフに表したものである。これについて，次の問いに答えなさい。ただし，100gの物体が受ける重力の大きさを1Nとする。

4点×7（28点）

(1)　図1より，ばねが受けた力の大きさとばねの伸びには，どのような関係があるといえるか。

(2)　ばね㋐を1cm伸ばすのに必要な力は何Nか。

(3)　ばね㋐を0.6Nの力で引いた。ばね㋐は何cm伸びるか。

(4)　ばね㋑におもりをつるしたところ，ばねの伸びは3cmであった。ばね㋑が受けた力は何Nか。

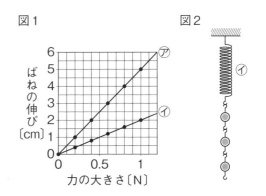

(5)　ばね㋐とばね㋑がそれぞれ14cmになるようにおもりをつるした。このとき，ばね㋑につるしたおもりの質量は，ばね㋐につるしたおもりの質量の何倍か。

(6)　図2のように，ばね㋑に1個80gのおもりを3個つり下げた。このとき，ばね㋑の伸びは何cmか。

(7)　図2で，ばね㋑をばね㋐にかえて，1個80gのおもりを3個つり下げた。このとき，ばね㋐の長さは何cmになるか。

(1)		(2)		(3)	
(4)		(5)		(6)		(7)	

4 　右の図は，質量900gのおもりを，地球上でばねばかりとてんびんで測定したようすを表したものである。ただし，地球上で100gの物体が受ける重力の大きさを1Nとする。

6点×4（24点）

(1)　月面上で，質量900gのおもりをばねばかりで測定すると1.5Nであった。地球上ではたらく重力の大きさは，月面上ではたらく重力の大きさの何倍か。

(2)　月面上で，5Nの重力を受けるおもりを地球上でばねばかりにつるすと，ばねばかりの値は何Nを示すか。

(3)　月面上で，質量900gのおもりをてんびんにつるすと，何gのおもりとつり合うか。

(4)　質量とは，何の量のことか。

(1)		(2)		(3)		(4)	

解答 p.38

第7回 予想問題
第1章　火山〜火を噴く大地〜
第2章　地層〜大地から過去を読みとる〜
第3章　地震〜ゆれる大地〜

60分　/100

[1] 図1は火山とその地下のようすを，図2は深成岩と火山岩のつくりを表したものである。また，図3はいろいろな火山の形を模式的に表したものである。これについて，次の問いに答えなさい。
2点×11(22点)

(1) 図1で，とけた状態の岩石がたまっているPの場所を何というか。

(2) 図2のAは，深成岩と火山岩のどちらのつくりか。

(3) 図2のAの岩石は，図1のa，bどちらの場所でできたものか。

(4) 図2のAで，小さな粒でできている㋐，大きな鉱物でできている㋑の部分をそれぞれ何というか。

(5) 図2のAのような岩石のつくりを何というか。

(6) 図2のBの㋒〜㋔の鉱物は，それぞれ次のような特徴をもっている。㋒〜㋔の鉱物の名称を答えなさい。

㋒　無色で，不規則に割れる。

㋓　白色で，決まった方向に割れる。

㋔　黒色で，決まった方向にうすくはがれる。

(7) 図3の[あ]〜[う]で，最もねばりけが小さいマグマでできた火山はどれか。

(8) 図3の[あ]〜[う]で，噴火のようすが最も激しい火山はどれか。

図1
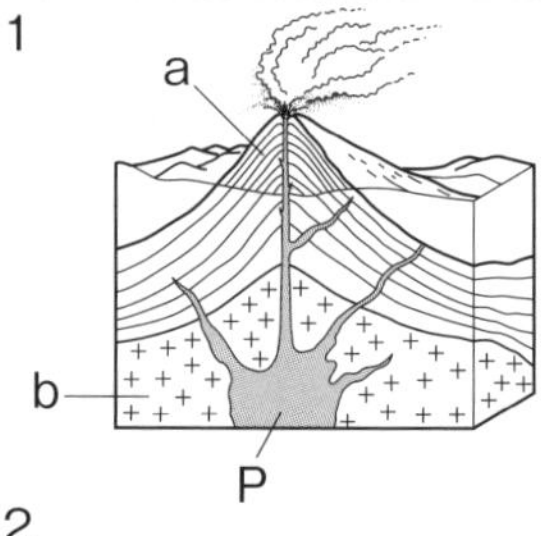

図2
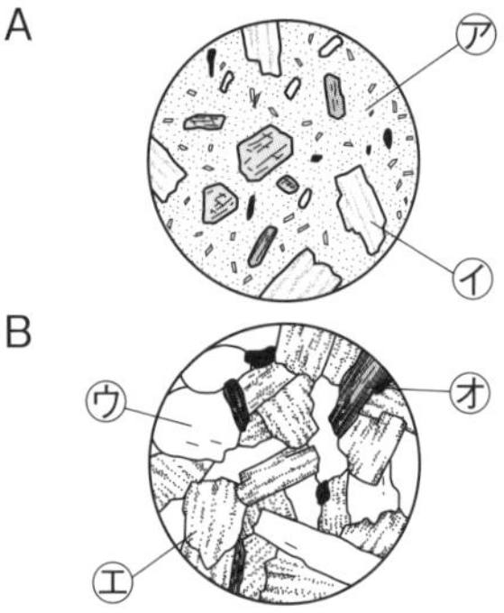

図3
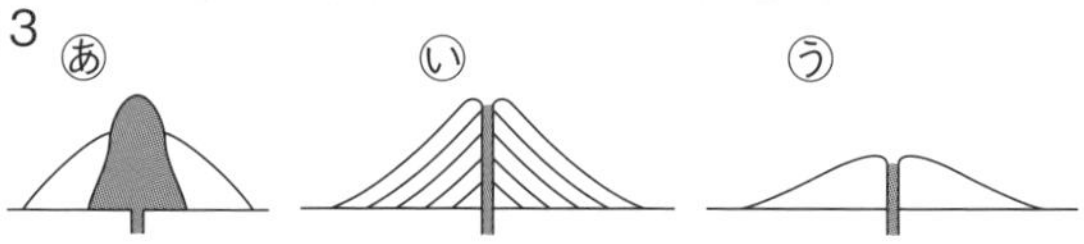

(1)		(2)		(3)		(4) ㋐		㋑	
(5)		(6) ㋒		㋓		㋔		(7)		(8)	

[2] 右の図は，火成岩をつくっている鉱物の組み合わせと火成岩の色との関係を表したものである。これについて，次の問いに答えなさい。
3点×4(12点)

(1) 図の㋐，㋑の火成岩の名称を，それぞれ答えなさい。

(2) 図のA，Bのうち，有色鉱物を表しているのはどちらか。

(3) 深成岩は，a，bのどちらか。

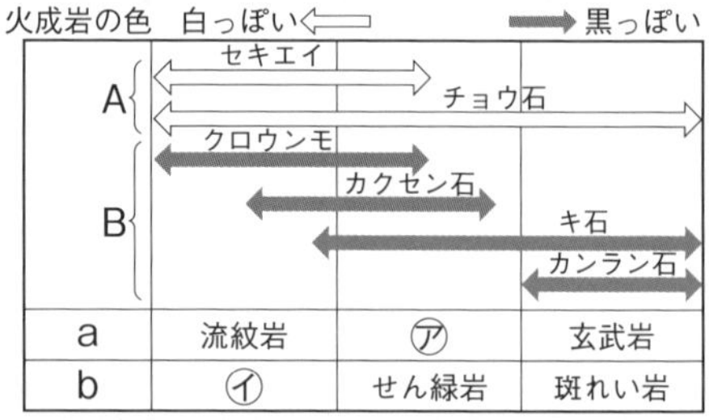

a	流紋岩	㋐	玄武岩
b	㋑	せん緑岩	斑れい岩

(1) ㋐		㋑		(2)		(3)	

3 図1はある山の地形図であり，図2は図1の地点㋐(標高160m)，㋑(標高140m)，㋒(標高120m)，㋓(標高100m)の各地点における地層の重なり方を表したものである。この山の地層は水平に重なり，断層やしゅう曲はないものとして，次の問いに答えなさい。

2点×6（12点）

図1
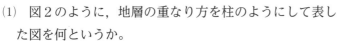

(1) 図2のように，地層の重なり方を柱のようにして表した図を何というか。

(2) 泥岩と砂岩の層の境界(図2のX)は，図1の地点㋒では，地表から何mの深さのところにあると考えられるか。

(3) 図2のれき岩，砂岩，泥岩の層のうち，水の流れが最もゆるやかな場所で堆積してできたと考えられる層はどれか。

(4) 図2の凝灰岩の層が堆積した当時，どのようなことが起こったと考えられるか。

(5) 図2で，地層の中からサンゴの化石が見つかったことから，石灰岩の層が堆積した当時，どのような環境であったと考えられるか。

(6) サンゴの化石のように，地層が堆積した当時の環境を知る手がかりとなる化石を何というか。

図2
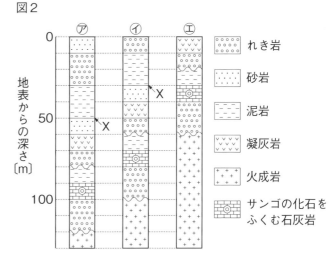

	れき岩
	砂岩
	泥岩
	凝灰岩
	火成岩
	サンゴの化石をふくむ石灰岩

(1)		(2)		(3)		(4)	
(5)						(6)	

4 右の図は，それらがふくまれる地層が堆積した年代を知る手がかりとなる化石である。これについて，次の問いに答えなさい。

3点×5（15点）

(1) 図のA〜Cは何という生物の化石か。

(2) 図のBの生物が生存していた地質年代を，次のア〜ウから選びなさい。

　　ア　古生代　　イ　中生代　　ウ　新生代

(3) 図のA〜Cのように，地層が堆積した年代を知る手がかりとなる化石を何というか。

A 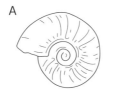　　B 　　C

(1)	A		B		C		(2)		(3)	

[5] 図1は，ある地震でのP波とS波の伝わる時間と震源からの距離との関係をグラフに表したものである。また，図2は，その地震での地震計のゆれの記録である。これについて，次の問いに答えなさい。 3点×8（24点）

(1) S波の伝わり方を表しているのは，図1の㋐，㋑のどちらか。
(2) 図2の㋒，㋓のゆれを，それぞれ何というか。
(3) 図2の㋒のゆれを伝えるのは，P波，S波のどちらか。
(4) ㋒のゆれがはじまってから㋓のゆれがはじまるまでの時間を何というか。
(5) 震源から140km離れた地点では，(4)の時間は何秒か。図1のグラフから求めなさい。
(6) 図2を記録した地点は，震源から何km離れた場所か。
(7) (6)の場所で，㋒のゆれがはじまったのは，午前10時ちょうどであった。地震発生の時刻は，何時何分何秒か。

図1
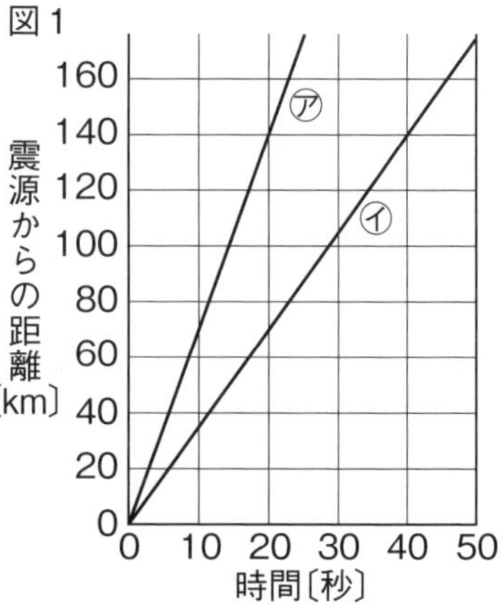

図2
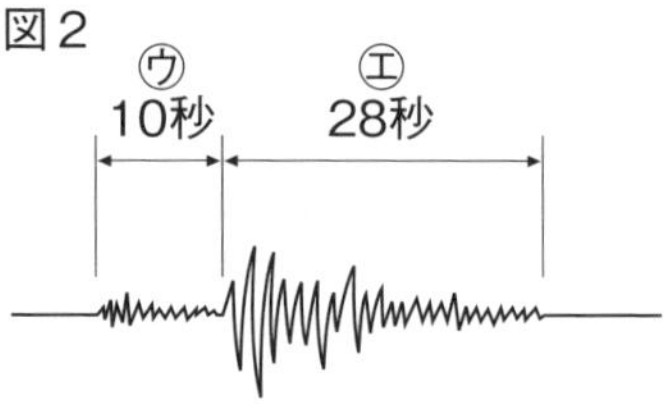

(1)		(2) ㋒		㋓		(3)	
(4)		(5)		(6)		(7)	

[6] 図1は日本列島の地下の断面を，図2は地震発生のしくみを模式的に表したものである。これについて，次の問いに答えなさい。 3点×5（15点）

(1) 図1のA，Bのうち，大陸プレートを表しているのはどちらか。
(2) 図1で，AとBのプレートの境目にできた地形を何というか。
(3) 図1で，プレート境界型地震が起きやすいのは，㋐，㋑のどちらか。
(4) 図2の①〜③のプレートのようすで，地震が発生するのはどのときか。
(5) 内陸型地震は，もともとプレートにある何がずれて起こることが多いか。

図1
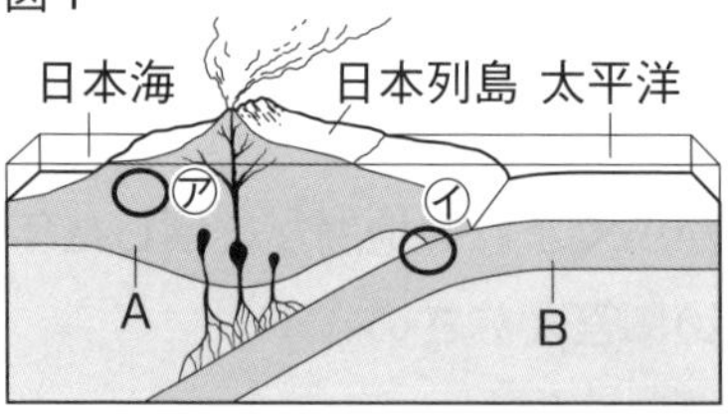

図2
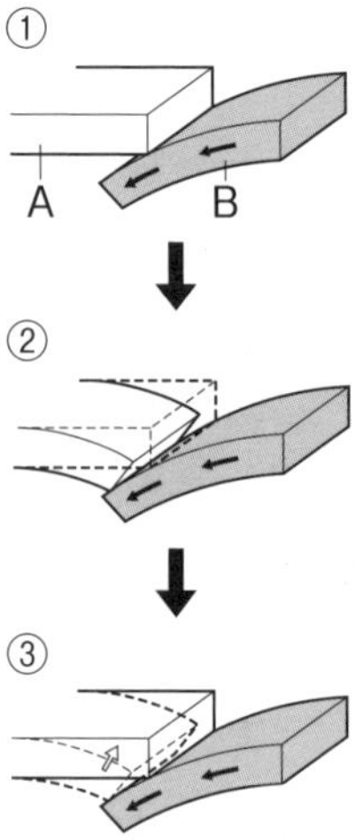

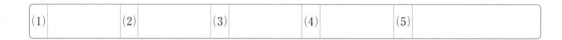

(1)		(2)		(3)		(4)		(5)	

教科書ワーク 理科

特別ふろく

無料アプリ
どこでもワーク

こちらにアクセスして，ご利用ください。
https://portal.bunri.jp/app.html

重要事項を
3択問題で確認！

ポイント
解説つき

間違えた問題だけを何度も確認できる！

無料ダウンロード
ホームページテスト

無料でダウンロードできます。
表紙カバーに掲載のアクセス
コードを入力してご利用くだ
さい。
https://www.bunri.co.jp/infosrv/top.html

問題▶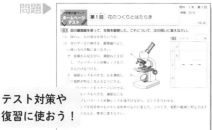

同じ紙面に解答があって，
採点しやすい！

▼解答

テスト対策や
復習に使おう！

注意 ●サービスやアプリの利用は無料ですが，別途各通信会社からの通信料がかかります。
●アプリの利用には iPhone の方は Apple ID，Android の方は Google アカウントが必要です。対応 OS や対応機種については，各ストアでご確認ください。
●お客様のネット環境および携帯端末により，ご利用いただけない場合，当社は責任を負いかねます。ご理解，ご了承いただきますよう，お願いいたします。

中学教科書ワーク

解答と解説

この「解答と解説」は，取りはずして使えます。

学校図書版

理科 1 年

1-1 動植物の分類

第1章　身近な生物の観察

p.2～3　ステージ1

●教科書の要点

❶ ①テーマ　②方法　③結果　④考察
⑤スケッチ

❷ ①点　②かげ　③背景　④対象とするもの
⑤言葉

❸ ①ルーペ　②接眼　③立体的　④黒く

❹ ①観点　②基準　③分類

●教科書の図

[1] ①線　②対象　③かげ

[2] ①目　②観察するもの　③顔

[3] ①立体的　②接眼レンズ　③対物レンズ
④視度調節リング　⑤粗動ねじ　⑥微動ねじ

p.4～5　ステージ2

❶ (1)㋒　(2)㋑　(3)㋒　(4)〇　(5)イ，ウ

❷ (1)ルーペ　(2)ア，エ，ク，コ

❸ (1)イ　(2)目に近づけて固定して使う。
(3)動かせないもの　(4)動かせるもの
(5)太陽

❹ (1)シロツメクサ，カモ
(2)ザリガニ，カモ
(3)カモ　(4)シロツメクサ，カモ，海藻
(5)ザリガニ

解 説

❶ (1)～(3)日当たりがよいか，悪いかは，地図の方位に注目して判断する。地図上の北は左上で，右下が南である。校舎や体育館などの建物の南側は日当たりがよいが，建物の北側や建物に囲まれた場所は日当たりが悪い。また，日当たりのよい場所の地面はかわきやすい。

❷ スケッチの目的は，実物や写真を見ただけではわかりにくいような特徴を，ほかの人にわかりやすく伝えることである。

❸ (2)～(4)ルーペを目に近づけて観察すると，観察するものが大きく見える。ルーペは目に近づけた状態で固定し，顔(ルーペ)と観察するものとの距離を調整して，はっきり見える位置で観察する。

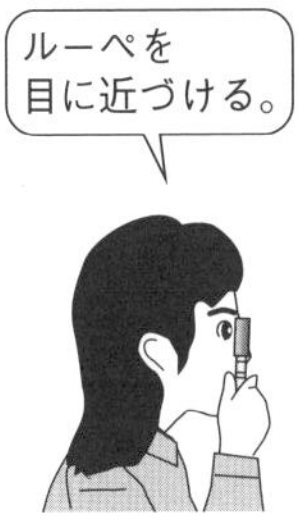

❹ 色や形，性質などのちがいによって生物を分類するとき，注目する特徴を観点という。同じ生物を分類する場合でも，分類する観点やその基準が変わると，分類の結果も異なってくる。

p.6～7　ステージ3

❶ (1)㋐目的　㋑準備　㋒方法　㋓結果
(2)㋐オ　㋑エ　㋒ア　㋓カ
(3)①細い　②かかない
(4)㋔ウ　㋕エ　㋖オ　㋗イ　㋘ア

❷ (1)双眼実体顕微鏡　(2)ウ
(3)㋐粗動ねじ　㋑微動ねじ
(4)試料が立体的に見える。
(5)ア→イ→ウ　(6)白色

❸ (1)観点　(2)動きまわらない　(3)ア

解 説

❶ 調べたことを記録して，スケッチしたり数値や言葉で表したりすることによって，理解を深めたり，ほかの人に伝えたり，次の観察に役立てたりすることができる。

❷ (2)双眼実体顕微鏡の倍率は20～40倍なので，ルーペで見るには小さい試料の観察に適している。
(4)(5)双眼実体顕微鏡では，試料を両目で観察するため，①右と左の視野が1つに重なるように接眼レンズの間隔を調整し，②粗動ねじをゆるめて鏡

筒を動かして，ピントをおおまかに合わせる。そして，③微動ねじを回して右目ではっきりと見える位置に合わせたあと，④視度調節リングを回して左目ではっきりと見えるようにする。

双眼実体顕微鏡の操作手順

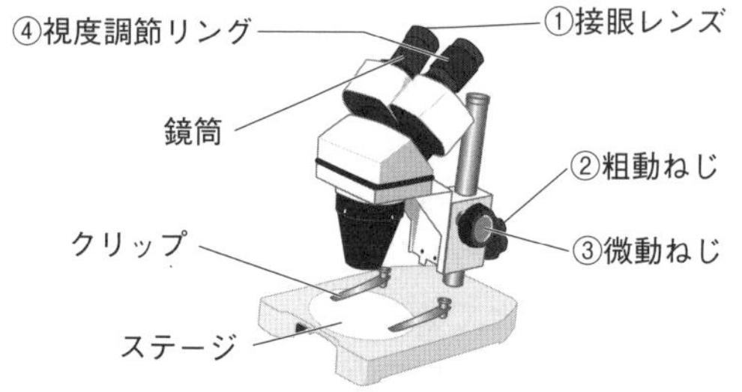
④視度調節リング
①接眼レンズ
鏡筒
②粗動ねじ
クリップ
③微動ねじ
ステージ

試料を両目で見るため，立体的に観察することができる。

❸ 生物を分類するとき，注目する特徴を観点という。それぞれの観点に基準をもうけることで，生物を分類することができる。

第2章　植物の分類

p.8~9　ステージ1

●教科書の要点

❶ ①めしべ　②柱頭　③胚珠　④花粉
⑤被子植物　⑥受粉　⑦種子　⑧離弁花
⑨合弁花　⑩網状脈　⑪平行脈　⑫側根
⑬ひげ根　⑭双子葉類　⑮単子葉類
⑯裸子植物

❷ ①種子植物　②シダ植物　③コケ植物

●教科書の図

[1] ①花弁　②がく　③やく　④おしべ
⑤子房　⑥果実

[2] ①網状　②平行　③2　④1　⑤主根
⑥側根　⑦ひげ根

[3] ①雌花　②胚珠　③花粉のう

p.10~11　ステージ2

❶ ⑴㋐がく　㋑花弁　㋒おしべ
㋓めしべ
⑵やく　⑶花粉　⑷同じ。
⑸子房　⑹胚珠

❷ ⑴㋐柱頭　㋑花柱
⑵受粉
⑶㋔果実　㋕種子
⑷離弁花
⑸サクラ，バラ

❸ ⑴子葉…㋐　葉脈…㋓　根…㋔
⑵平行脈
⑶A…主根　B…側根
⑷アブラナ…双子葉類　イネ…単子葉類

❹ ⑴㋐雌花　㋑雄花　⑵雌花
⑶㋓　⑷a…胚珠　b…花粉のう
⑸b　⑹a　⑺ない。　⑻ない。
⑼裸子植物

解説

❶ ⑵⑶おしべの先端はやくという袋状のつくりになっていて，中には花粉が入っている。やくから出た花粉が，めしべの先端の柱頭につくことを受粉という。
⑷数や形はちがっているが，基本的なつくりや，外側から順にがく，花弁，おしべ，めしべがついていることは同じである。
⑸⑹めしべのもとのふくらんだ部分を子房といい，子房の中には胚珠が見られる。子房の中に胚珠がある花をもつ植物を被子植物という。

被子植物（アブラナ）の花

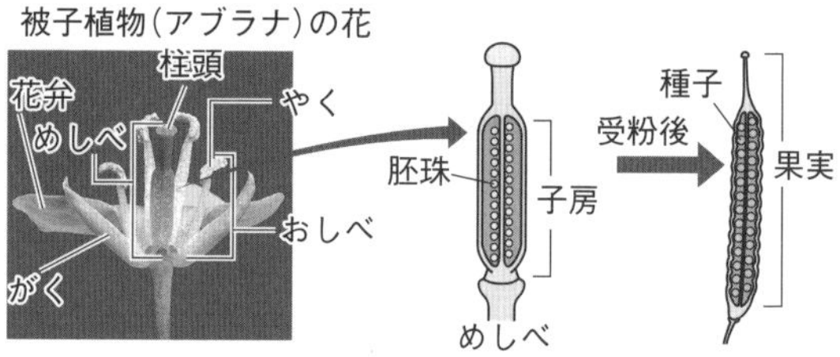
柱頭
花弁
やく
めしべ
おしべ
がく
胚珠
子房
めしべ
種子
受粉後
果実

❷ ⑵⑶花粉がめしべの先端の柱頭につくことを受粉という。受粉すると，やがて子房や胚珠は大きく成長し，果実や種子になる。
⑸アサガオ，タンポポ，ツツジの花弁はつながっている。このようなつくりの花を合弁花という。

❸ ⑴アブラナの葉脈は網目状に広がっている。このような葉脈を網状脈という。
⑶アブラナの根は，中心に太い根があり，そこから細い根が数多く出ている。このようなつくりの太い根を主根，主根から出ている細い根を側根という。
⑷アブラナの子葉は2枚，葉脈は網状脈で，主根と側根からなる根をもつ。このような特徴をもつ植物を双子葉類という。また，イネの子葉は1枚，葉脈は平行脈で，根のつくりはひげ根である。こ

のような特徴をもつ植物を単子葉類という。

	子葉	葉脈	根
双子葉類	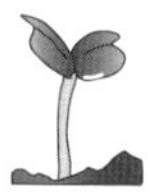 2枚	 網状脈	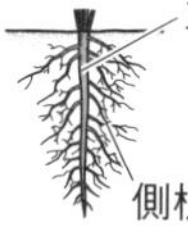 主根 側根
単子葉類	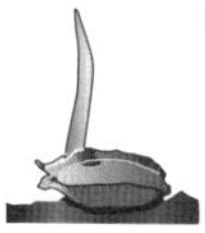 1枚	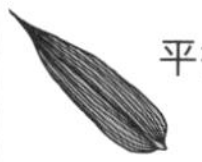 平行脈	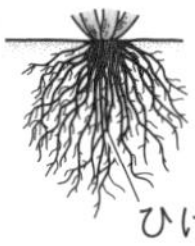 ひげ根

❹ (1)図１の㋐がマツの雌花を，㋑がマツの雄花を表している。

(3)(4)図２の㋒は雌花のりん片，㋓は雄花のりん片である。雌花のりん片には胚珠(a)が，雄花のりん片には花粉のう(b)がついている。

(5)〜(9)マツの花には花弁やがくがなく，りん片が集まったつくりになっている。雄花のりん片にある花粉のうには花粉が入っている。また，雌花のりん片には子房がなく，胚珠はむき出しのままである。このように，胚珠がむき出しの花をもつ植物を裸子植物という。裸子植物では，花粉のうから出た花粉が直接胚珠につくことで受粉する。裸子植物の花のつくりは被子植物の花のつくりとは異なっているが，受粉すると胚珠が成長して種子になることは共通している。このように，種子をつくってふえる植物を種子植物という。

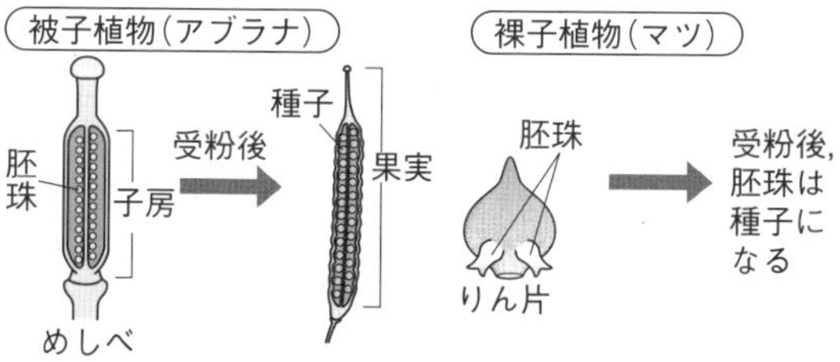

p.12〜13 ステージ2

❶ (1)①，③，④，⑤　(2)サクラ，ツツジ
(3)②，③，④　(4)スギ，ソテツ

❷ (1)イ
(2)茎…㋒　根…㋓
(3)胞子のう　(4)胞子　(5)さかせない。
(6)シダ植物　(7)ある。

❸ (1)コケ植物　(2)㋐　(3)イ　(4)仮根

❹ (1)①種子植物　②シダ植物　③コケ植物
④単子葉類　⑤双子葉類　⑥合弁花類
(2)平行脈
(3)主根を中心に，そこから側根が数多く出ている。

解説

❶ ①，⑤は被子植物だけがもつ特徴，②は裸子植物だけがもつ特徴，③，④は被子植物と裸子植物に共通する特徴である。

❷ (1)いっぱんに，シダ植物，コケ植物は乾燥に弱いので，日当たりのあまりよくない場所に生えていることが多い。

(2)イヌワラビの茎は地下茎とよばれ，地面の下で横に伸びている。㋑は茎ではなく，柄(え)とよばれる葉の一部である。

(3)(4)葉の裏には胞子のうの集まりができる。胞子のうには胞子が入っていて，成長した胞子のうが乾燥すると胞子が出てくる。

(5)イヌワラビやゼンマイなどのシダ植物は，花をさかせず，種子もつくらない。

❸ ゼニゴケなどのコケ植物の多くには，雄株と雌株がある。雌株には胞子のうができ，中には胞子ができる。コケ植物は，胞子が地面に落ちて発芽することでなかまをふやす。また，コケ植物には根，茎，葉の区別がない。根のようなものは仮根とよばれるつくりで，主にからだを地面に固定するはたらきをしている。

❹ (1)植物は，種子をつくるか胞子をつくるか，胚珠が子房の中にあるかむき出しか，根，茎，葉に分かれているかなどの基準によって，分類される。被子植物は，子葉の数や花弁のようすなどの基準によって，さらに細かく分類される。

(2)(3)被子植物のうち，子葉が１枚のなかまを単子葉類といい，葉脈は平行脈，根はひげ根である。また，子葉が２枚のなかまを双子葉類といい，葉脈は網状脈，根は主根と側根である。双子葉類はさらに合弁花類と離弁花類に分類できる。

p.14〜15 ステージ3

❶ (1)㋐柱頭　㋑めしべ　㋒子房
㋓胚珠　㋔やく　㋕花弁
㋖おしべ　㋗がく
(2)受粉　(3)㋒果実　㋓種子
(4)被子植物　(5)㋑

2 (1)A　(2)㋐胚珠　㋑花粉のう
(3)胚珠がむき出しになっている。

3 (1)㋐　(2)雌株
(3)ウ　(4)イヌワラビ

4 (1)㋐胚珠が子房の中にある。
㋑胚珠がむき出しになっている。
(2)㋒根，茎，葉に分かれている。
㋓根，茎，葉の区別がない。
(3)㋔子葉が２枚である。
㋕子葉が１枚である。
(4)種子植物
(5)①イ　②ア　③ウ

解説

1 (2)〜(4)アブラナのような被子植物では，めしべのもとの子房の中に胚珠がある。受粉すると，子房は成長して果実に，胚珠は成長して種子になる。
(5)アブラナとツツジの花で，がく，花弁，おしべの数や形はちがっているが，それぞれがついている順とめしべが１本であることは共通している。

2 (1)マツは枝の先端に雌花をつける。
(2)(3)マツの雌花のりん片には胚珠が，雄花のりん片には花粉が入っている花粉のうがついている。雌花のりん片には子房がなく，胚珠がむき出しのままでついている。このような花のつくりをもつ植物を裸子植物という。

3 (1)〜(3)ゼニゴケは，雌株の胞子のうで胞子をつくる。この胞子が地面に落ち，発芽してなかまをふやす。ゼニゴケは花をさかせないので，種子もつくらない。
(4)ゼニゴケなどのコケ植物や，イヌワラビなどのシダ植物は，種子ではなく胞子でなかまをふやす植物である。イヌワラビの胞子は，葉の裏にできる胞子のうの中にある。スギ(裸子植物)やススキ(被子植物)は，花をさかせて種子をつくる種子植物のなかまである。

シダ植物(イヌワラビ)

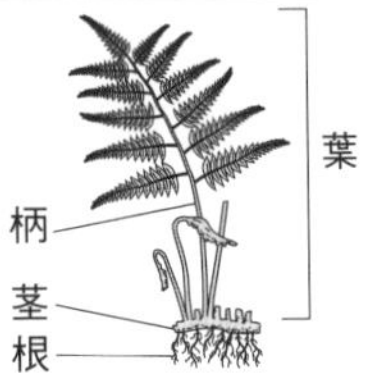

コケ植物(ゼニゴケの雄株)

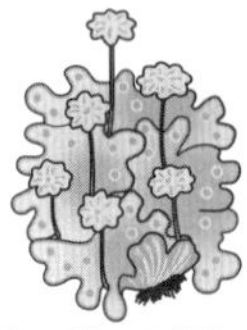

根，茎，葉の区別がない。

4 (1)サクラの分類から，㋐は被子植物であることがわかる。被子植物は，胚珠が子房の中にある。㋑は裸子植物で，胚珠がむき出しになっている。
(2)ゼニゴケの分類から，㋓はコケ植物であることがわかる。コケ植物には，根，茎，葉の区別がない。㋒はシダ植物で，根，茎，葉に分かれている。
(3)サクラの分類から，㋔は双子葉類であることがわかる。双子葉類の子葉は２枚である。㋕は単子葉類で，子葉は１枚である。
(5)①は合弁花類に分類される植物(アサガオ)があてはまる。②は裸子植物に分類される植物(イチョウ)があてはまる。③はシダ植物に分類される植物(ゼンマイ)があてはまる。

第３章　動物の分類

p.16〜17　ステージ1

●教科書の要点

1 ①脊椎動物　②無脊椎動物　③胎生　④卵生
⑤両生類　⑥は虫類　⑦えら　⑧肺
⑨うろこ　⑩羽毛

2 ①外骨格　②節足動物　③昆虫類
④甲殻類　⑤外とう膜　⑥軟体動物
⑦無脊椎動物　⑧卵生

●教科書の図

[1] ①哺乳類　②鳥類　③魚類　④胎生　⑤卵生
⑥肺　⑦えら　⑧体毛　⑨うろこ

[2] ①軟体動物　②甲殻類　③外骨格
④外とう膜

p.18〜19　ステージ2

1 (1)背骨
(2)㋐魚類　㋑両生類　㋒は虫類
㋓鳥類　㋔哺乳類
(3)①㋒，㋓，㋔　②㋑　(4)皮ふ
(5)①㋑　②㋐，㋒　③㋓
(6)①㋐，㋑　②㋒，㋓
(7)(かたい)殻　(8)①子宮　②胎生

2 (1)かたい草を効率よくすりつぶすこと。
(2)獲物をとらえること。
(3)ライオン

3 (1)背骨をもたない動物。　(2)イモリ
(3)㋒，㋔，㋕　(4)節足動物
(5)㋒　(6)ウ　(7)㋔
(8)㋐，㋓　(9)軟体動物

━━━━━ 解説 ━━━━━

❶ (1)背骨をもつ動物のなかまを脊椎動物という。

(3)(4)水中で生活する魚類はえらで呼吸し，主に陸上で生活するは虫類，鳥類，哺乳類は肺で呼吸する。両生類の幼生はえらや皮ふで呼吸し，成体になると肺や皮ふで呼吸するようになる。

(5)魚類のからだの表面はうろこでおおわれている。両生類のからだは，粘液でおおわれていて，常にしめっている。そのため，乾燥に弱く，成体になっても多くは水辺から離れずに生活している。は虫類はからだの表面がかたいうろこでおおわれ，乾燥に強いつくりになっている。また，鳥類のからだの表面は羽毛で，哺乳類のからだの表面は体毛でおおわれている。

(6)(7)魚類は，かたい殻のない卵を水中にうむ。両生類もかたい殻のない卵を水中にうむ。は虫類は，弾力のあるじょうぶな殻のある卵を陸上にうむ。殻があることで乾燥しないようになっている。鳥類もかたい殻のある卵を陸上にうむ。哺乳類は卵をうまない。

(8)哺乳類は母親の子宮で酸素や養分をもらって育ち，子としてのからだができてから，親と同じようなすがたでうまれる。このようなうまれ方を胎生という。

❷ シマウマなどの草食動物は植物を食べ，ライオンなどの肉食動物はほかの動物を食べる。動物のからだは，それぞれの食物や生活場所に適したつくりになっている。

（草食動物と肉食動物）

シマウマの歯　　　ライオンの歯

❸ (2)イモリは両生類で，脊椎動物のなかまである。ウミウシ，ヒトデ，タコは背骨をもたない無脊椎動物のなかまである。

(3)(4)トンボやザリガニ，クモのように，からだの外側が外骨格とよばれるかたい殻でおおわれていて，からだに節がある動物を節足動物という。二枚貝の貝殻は，外骨格ではない。

(5)(6)トンボのように，からだが，頭部，胸部，腹部の３つに分かれ，胸部に３対のあしがある節足動物を昆虫類という。

(7)節足動物のうち，ザリガニやエビなどのなかまを甲殻類という。節足動物には，クモのように，昆虫類でも甲殻類でもない動物もいる。

(8)(9)無脊椎動物のうち，二枚貝やイカのように，からだに節や外骨格がなく，内臓が外とう膜でおおわれている動物のなかまを軟体動物という。貝は，外とう膜の表面を貝殻がおおっている。

（二枚貝のからだのつくり）

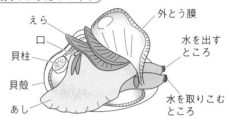

p.20～21 ━━ステージ**3**━━

❶ (1)背骨をもつ動物。

(2)A…えら　B…肺

(3)卵生　　(4)イ，エ

(5)ウ　(6)胎生　(7)乳

(8)㋐魚類　㋑は虫類　㋒哺乳類
　　㋓鳥類　㋔両生類

❷ (1)トカゲ　(2)は虫類

(3)アカハライモリ　(4)イ

❸ (1)節　(2)外とう膜

(3)A…節足　B…軟体

(4)外骨格

(5)C…昆虫類　D…甲殻類

(6)① d　② e　③ c　④ b　⑤ a

❹ (1)①脊椎動物　②無脊椎動物

(2)①EからF　②AからC　③AからF
　　④FからH　⑤FからG

━━━━━ 解説 ━━━━━

❶ (2)脊椎動物の呼吸を行うからだのつくりは，生活場所で大まかに分類することができる。水中で生活する魚類はえらで呼吸をし，陸上で生活するは虫類，鳥類，哺乳類は肺で呼吸する。また，両生類の幼生は水中で生活するため，えらや皮ふで呼吸をする。成体は陸上で生活するため，肺や皮ふで呼吸をする。

(4)は虫類は弾力のあるじょうぶな殻のある卵をうみ，鳥類はかたい殻のある卵をうむ。陸上にうむため，卵は乾燥に強いつくりになっている。

(6)(7)哺乳類がほかの脊椎動物と大きく異なる点に，胎生であることがあげられる。哺乳類は親と同じようなすがたでうまれる。母親には乳の出るしくみがあり，子はうまれてからしばらくの間，乳を飲んで育つ。

[2] (1)(2)トカゲはは虫類，アカハライモリは両生類である。は虫類のからだは，うろこでおおわれていて，乾燥した陸上での生活に適したつくりになっている。

(3)(4)イモリやカエルは両生類である。幼生はえらや皮ふで呼吸し，成体は肺や皮ふで呼吸する。ヤモリやカメはは虫類で，一生肺で呼吸する。また，マイマイは陸にすむ巻貝のなかまで，軟体動物である。

[3] (1)条件①によって，無脊椎動物を節足動物とその他の動物に分類している。節足動物のからだには節があるため，条件①は「からだに節があるか，ないか」である。

(2)条件②によって，節足動物以外の無脊椎動物を，軟体動物とその他の無脊椎動物に分類している。軟体動物の内臓は外とう膜におおわれているため，条件②は「内臓が外とう膜におおわれているか，いないか」である。

(4)節足動物のからだの外側は外骨格というかたい殻でおおわれている。外骨格はからだの内部を守り，からだを支えている。また，外骨格には節がある。

(5)節足動物のうち，チョウなどのなかまを昆虫類といい，からだが頭部，胸部，腹部に分かれ，胸部にあしが6本あるなどの特徴がある。節足動物のうち，エビなどのなかまを甲殻類という。

(6)イカは軟体動物，ミミズは節足動物でも軟体動物でもない無脊椎動物，ムカデは昆虫類でも甲殻類でもない節足動物，ミジンコは甲殻類，セミは昆虫類に分類される。

[4] (1)Fで分けたときカツオをふくむなかまは背骨をもつが，二枚貝をふくむなかまは背骨をもたない。

(2)①卵ではなく子がうまれることを胎生という。図の動物の中で胎生なのは，イヌである。

②図の動物の中で水中に卵をうむ脊椎動物は，魚類のカツオと両生類のイモリである。

③背骨をもつ動物を脊椎動物という。図の動物の中で脊椎動物なのは，カツオ，イモリ，カメ，カラス，イヌである。

④からだに節がある動物を節足動物という。図の動物の中で節足動物なのは，クワガタとエビである。

⑤からだが3つの部分に分かれ，胸部に3対のあしがある動物を昆虫類という。図の動物の中で昆虫類なのは，クワガタである。

p.22～23 《 単元末総合問題

[1] (1)双眼実体顕微鏡
(2)2つの接眼レンズを使って両目で観察できるから。
(3)イ　(4)ア，イ，ク

[2] (1)㋒　(2)㋐　(3)胚珠　(4)㋗
(5)受粉　(6)種子　(7)㋖

[3] (1)種子植物　(2)㋐ア，ウ　㋑イ，エ
(3)胞子　(4)単子葉類　(5)B

[4] (1)背骨　(2)無脊椎動物
(3)㋐は虫類　㋑魚類　(4)ア　(5)㋔

》解 説《

[1] (1)(2)双眼実体顕微鏡の倍率は20～40倍で，ルーペでは小さすぎて観察しにくいものを観察するのに適している。また，接眼レンズが2つあるため，両目で立体的に観察することができる。

(3)ルーペは目に近づけて固定し，観察するものが動かせないときは顔を動かして，よく見える位置を探す。

[2] (1)マツの花は，花弁やがくがなく，りん片が集まったつくりになっている。マツの枝の先端にあるのが雌花で，雌花のもとの部分にあるのが雄花である。また，㋓は1年前の雌花である。

(2)(3)図2はマツの雌花のりん片で，㋔は胚珠である。

(4)サクラの胚珠は㋗である。㋕は柱頭，㋖は子房である。

(5)(6)マツの雄花のりん片にある花粉のうから出た花粉が，雌花のりん片にある胚珠につくことを受粉という。受粉すると，胚珠は成長して種子になる。

(7)サクラの花では，子房の中に胚珠がある。一方，マツの花には子房がなく，胚珠がむき出しになっている。そのため，マツは裸子植物に分類される。

3》 (1)植物は，種子をつくる種子植物と種子をつくらない植物に分類することができる。種子植物は，被子植物と裸子植物（D）に分類される。被子植物は，双子葉類と単子葉類（C）に分類される。双子葉類は離弁花類（A）と合弁花類（B）に分類される。
(2)離弁花類と合弁花類はいずれも双子葉類で，子葉は２枚，葉脈は網状脈，根は主根と側根という特徴がある。
(3)シダ植物やコケ植物は種子をつくらず，胞子によってなかまをふやす。
(5)タンポポは花弁がつながっているので，合弁花類である。

4》 (1)(2)動物は，背骨がある脊椎動物と背骨がない無脊椎動物に分類することができる。脊椎動物は，魚類，両生類，は虫類，鳥類，哺乳類に分類される。
(3)脊椎動物のうち，卵を陸上にうむのは，は虫類と鳥類である。そのうち，からだの表面がうろこでおおわれているのはは虫類である。また，脊椎動物のうち，卵を水中にうむのは魚類と両生類である。そのうち，からだの表面がうろこでおおわれているのは魚類である。
(4)脊椎動物のうち，胎生であるのは哺乳類である。キツネは哺乳類，イモリは両生類，ヘビはは虫類，バッタは昆虫類である。
(5)イカは無脊椎動物で，からだに節がなく，内臓が外とう膜でおおわれている軟体動物である。

1－2 身のまわりの物質

第１章　物質の分類

p.24～25 ステージ1

●教科書の要点

❶ ①物体　②物質　③電気　④金属光沢
⑤磁石　⑥非金属　⑦有機物　⑧二酸化炭素
⑨無機物　⑩無機物

❷ ①質量　②密度　③質量　④体積　⑤1.00
⑥大きい　⑦小さい

●教科書の図

[1] ①空気　②ガス　③㋑　④青

[2] ①メスシリンダー　②水平　③目　④下
⑤10分の１　⑥51.5

p.26～27 ステージ2

❶ (1)㋑，㋓，㋖　(2)金属　(3)非金属
(4)㋑，㋖　(5)いえない。

❷ (1)A…空気　B…ガス
(2)b　(3)ア→エ→イ→ウ→オ　(4)㋑

❸ (1)食塩
(2)砂糖，ロウ，デンプン
(3)二酸化炭素　(4)炭素
(5)水滴がついた。
(6)水　(7)有機物　(8)無機物

❹ (1)メスシリンダー　(2)密度
(3)$2.70g/cm^3$　(4)アルミニウム

解説

❶ (1)～(3)金属には，「電気を通しやすく，熱を伝えやすい」，「力を加えると細くのびたりうすく広がったりする」，「特有のかがやき（金属光沢）がある」などの共通の性質がある。金属以外の物質を非金属という。
(4)(5)アルミニウムや銅などは金属であるが，磁石には引きつけられない。よって，磁石に引きつけられることは金属に共通した性質とはいえない。

❷ (4)ガスバーナーの適正な炎は，全体が青色をしている。㋐の炎は空気の量が不足していて，㋒の炎は空気の量が多すぎる。空気が不足している場合は空気調節ねじを少しずつゆるめて，空気が多すぎる場合は空気調節ねじを少しずつ閉めて，㋑のような炎にする。

❸ (1)〜(6)食塩は加熱しても燃えたり炭になったりしない。砂糖，ロウ，デンプンは有機物で，空気中で加熱すると燃えて二酸化炭素と水ができる。また，スチールウールは空気中で加熱すると赤くなって燃えるが，二酸化炭素は発生しない。
(7)(8)砂糖，ロウ，デンプンのように，空気中で加熱すると燃えて二酸化炭素ができる物質を有機物という。食塩や鉄のように，有機物以外の物質を無機物という。

❹ (3) $\frac{30.0[g]}{11.1[cm^3]}=2.702\cdots[g/cm^3]$

(4) [注意] 物質の密度は，物質の種類によって決まっていることから考える。表で，密度が$2.70g/cm^3$の物質はアルミニウムである。

p.28〜29 ステージ3

❶ (1)物体をつくる原料
(2)B　(3)白くにごる。　(4)エ

❷ (1)㋒，㋓　(2)金属光沢
(3)燃えても二酸化炭素ができないから。
(4)㋑，㋔　(5)㋐，㋕

❸ (1)物質1cm^3当たりの質量。
(2)氷　(3)水銀
(4)89.6g　(5)$3.00cm^3$　(6)鉄
(7)ポリエチレン，氷
(8)水より密度が小さいから。

❹ (1)水平なところ
(2)イ　(3)$53.5cm^3$　(4)$3.5cm^3$
(5)$4g/cm^3$　(6)32g　(7)ウ

解説

❶ (2)有機物は加熱すると，燃えて二酸化炭素と水が発生する。
(4)実験1からA，Cは金属で，実験2からCは鉄であることがわかる。また，実験3からBは有機物であることがわかる。

❷ (2)展性は力を加えると広がる性質，延性は力を加えると細くのびる性質である。
(3)燃えて二酸化炭素ができる物質を有機物という。スチールウール(鉄)は空気中で加熱すると燃えるが，二酸化炭素はできない。

❸ (3)密度が大きいほど，1g当たりの体積は小さくなる。
(4)銅$10cm^3$の質量は，
$8.96[g/cm^3]\times10[cm^3]=89.6[g]$
(5)アルミニウム8.10gの体積は，
$\frac{8.10[g]}{2.70[g/cm^3]}=3.00[cm^3]$
(6)物質の密度は，
$\frac{39.35[g]}{5[cm^3]}=7.87[g/cm^3]$
表より，密度が$7.87g/cm^3$の物質は鉄である。
(7)(8)水に浮く物質は，水よりも密度が小さな物質である。表より，密度が$0.95g/cm^3$のポリエチレンと密度が$0.92g/cm^3$の氷が水に浮く。

❹ (1)〜(3)メスシリンダーは，水平で安定したところに置き，目の位置を液面の高さに合わせて，液面がへこんだ下の面を，目分量で1目盛りの10分の1まで読み取る。
(4)物体Aの体積は，
$53.5-50=3.5[cm^3]$
(5)物体Aの密度は，
$\frac{14[g]}{3.5[cm^3]}=4[g/cm^3]$
(6)物体Bの質量は，
$4[g/cm^3]\times8[cm^3]=32[g]$
(7)物体Cの体積は，
$\frac{48[g]}{4[g/cm^3]}=12[cm^3]$
はじめに$50cm^3$の水が入っているので，目盛りは，
$50+12=62[cm^3]$

第2章　粒子のモデルと物質の性質(1)

p.30〜31 ステージ1

●教科書の要点

❶ ①純粋な物質　②混合物　③透明　④溶解
⑤溶液　⑥溶媒　⑦溶質　⑧水溶液
⑨質量パーセント濃度　⑩溶液　⑪ろ過

❷ ①飽和水溶液　②溶解度　③結晶　④純粋
⑤再結晶

●教科書の図

[1] ①溶媒　②溶質　③溶液　④溶液
⑤ガラス棒　⑥水

[2] ①溶解度　②溶解度曲線　③12.4　④33.6

p.32~33 ステージ2

❶ (1)純粋な物質　　(2)混合物
　(3)透明。　　(4)イ→ア→ウ　　(5)ウ

❷ (1)溶解　　(2)溶質
　(3)溶媒　　(4)溶液　　(5)ある。

❸ (1)①溶質　②溶液　③溶媒
　(2)10%　　(3)イ7.7%　　ウ6.3%
　(4)ア　　(5)6.7%　　(6)14.3%

❹ (1)ア　　(2)6 g　　(3)114g
　(4)水…176g　　塩化ナトリウム…24g
　(5)8 %　　(6)14.6%

━━━━━━━━━━●　解　説　●━━━━━━━━━━

❶ (3)物質が水に溶けると，物質は目に見えないほど小さな粒子になり，水溶液は透明になる。
　(4)(5)物質が水に溶けるとき，水の粒子が物質の粒子の間に入りこみ，物質の粒子がくずされて小さくなり，水の中に広がっていく。その結果，かき混ぜなくても濃さが均一な水溶液になる。

❷ (5)エタノールや二酸化炭素のように，液体や気体も水に溶かして水溶液にすることができる。

❸ (2)$\dfrac{10[g]}{90[g]+10[g]}\times100=10$ より，10%

　(3)イ$\dfrac{10[g]}{120[g]+10[g]}\times100=7.69\cdots$ より，7.7%

　ウ$\dfrac{10[g]}{150[g]+10[g]}\times100=6.25$ より，6.3%

　(5)$\dfrac{10[g]}{90[g]+10[g]+50[g]}\times100=6.66\cdots$
　　より，6.7%

　(6)$\dfrac{10[g]+10[g]}{120[g]+10[g]+10[g]}\times100=14.28\cdots$
　　より，14.3%

　注意 溶質の質量が大きくなると，溶液の質量も大きくなることに気をつけよう。

❹ (1)アは$\dfrac{130[g]}{70[g]+130[g]}\times100=65$
　より，65%

　イは$\dfrac{100[g]}{100[g]+100[g]}\times100=50$ より，50%

　(2) **注意** 溶質の質量＝溶液の質量×質量パーセント濃度÷100で求めよう。

　(3)$120-6=114[g]$

　(4)塩化ナトリウムの質量は，

$200[g]\times12\div100=24[g]$

(5)$\dfrac{24[g]}{200[g]+100[g]}\times100=8$ より，8 %

(6)$\dfrac{24[g]+6[g]}{200[g]+6[g]}\times100=14.56\cdots$ より，14.6%

p.34~35 ステージ2

❶ (1)ろ過　　(2)ろうと
　(3)ろ紙に水をつけて密着させる。
　(4)ふくまれていない。
　(5)ビーカーの壁につける。

❷ (1)飽和　　(2)飽和水溶液
　(3)溶解度　　(4)ミョウバン
　(5)硝酸カリウム　　(6)塩化ナトリウム
　(7)ミョウバン

❸ (1)B　　(2)B
　(3)(水溶液を加熱して)水を蒸発させる。
　(4)イ　　(5)結晶　　(6)純粋な物質
　(7)再結晶

━━━━━━━━━━●　解　説　●━━━━━━━━━━

❶ (4)デンプンを水に入れてかき混ぜると溶けずに白くにごる。ろ過すると，図のようにデンプンの粒子はろ紙のすきまを通りぬけられず，ろ紙の上に残る。

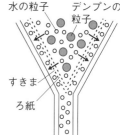
ろ過のしくみ

　(5)ろ過を行うとき，ろうとの先端をビーカーの内側の壁につけて液体が飛びはねないようにする。

❷ (1)(2)物質が液体に限度まで溶けている状態を飽和といい，飽和している水溶液を飽和水溶液という。

　(4)グラフより，20℃のときの溶解度はミョウバンが最も小さい。

　(5)グラフより，60℃のときの溶解度は硝酸カリウムが最も大きい。

　(6)いっぱんに，固体の物質では水の温度が高くなるほど溶解度は大きくなるが，塩化ナトリウムは温度による溶解度の変化が小さい。

　(7)グラフより，40℃のときの溶解度は，ミョウバンが最も小さい。このため，溶け残りはミョウバンが最も多い。

3 (1)(2) [注意] 塩化ナトリウムの溶解度は温度によって大きく変化しないことから考える。
(3)温度による溶解度の変化が小さい物質の場合，水溶液を冷やすのではなく，水溶液の水を蒸発させることで結晶を取り出せる。

p.36~37 ステージ3

1 (1)溶媒　(2)水溶液
(3)

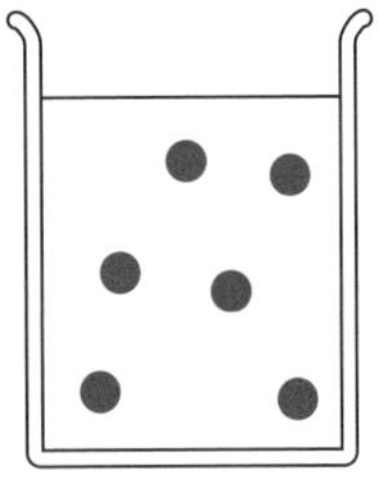

(4)イ，ウ，エ

2 (1)60g　(2)質量パーセント濃度
(3)20%
(4)塩化ナトリウム…20g　水…80g

3 (1)デンプンの粒子がろ紙のすきまよりも大きいから。
(2)

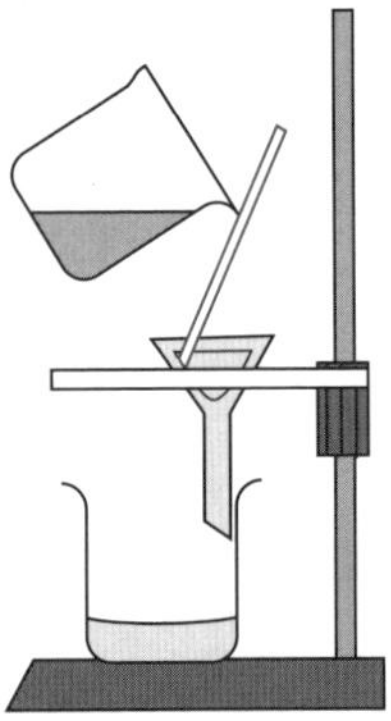

4 (1)飽和水溶液　(2)ウ
(3)ふくまれている。

5 (1)溶解度曲線　(2)硝酸カリウム
(3)すべて溶ける。　(4)ミョウバン
(5)18.4g　(6)物質によってちがう。
(7)固体の物質をいったん溶媒に溶かし，冷やしたり溶媒を蒸発させたりして，再び結晶として取り出すこと(操作)。
(8)より純粋な物質

解説

1 (3)物質が水に溶けると，水の粒子が物質の粒子の間に入りこみ，物質の粒子が水の中に均一に広がる。
(4)二酸化炭素，エタノール，食紅は水に溶けて水溶液になるが，デンプンは水に入れても溶けず，白くにごる。

2 (1)48＋12＝60〔g〕
(3)$\frac{12〔g〕}{60〔g〕}\times 100=20$ より，20%
(4)塩化ナトリウムの質量は，
100〔g〕×20÷100＝20〔g〕
水の質量は，100－20＝80〔g〕

3 (1)デンプンの粒子は，ろ紙のすきまよりも大きい。そのため，ろ過するとデンプンの粒子はろ紙のすきまを通りぬけられず，ろ紙の上に残る。
(2)ろ過を行うとき，液体は直接ろうとに入れるのではなく，ガラス棒を伝わらせて入れる。

4 (1)物質を水に溶かしたときに溶け残りが出るのは，物質が水に限度まで溶けているからである。このような水溶液を飽和水溶液という。
(2)飽和水溶液は，すでに溶質が限度まで溶けているので，それ以上溶質を溶かすことはできない。

5 (3)グラフより，40℃の水100gに溶ける硝酸カリウムは60g以上なので，50gの硝酸カリウムはすべて溶ける。
(4)グラフより，塩化ナトリウムは，20℃の水100gにも30g以上溶けることがわかる。
(5)20℃の水100gに溶ける硝酸カリウムは31.6gなので，固体として出てくる硝酸カリウムは，
50－31.6＝18.4〔g〕

第2章　粒子のモデルと物質の性質(2)

p.38~39 ステージ1

●**教科書の要点**

1 ①酸素　②水上　③燃える　④燃えない
⑤二酸化炭素　⑥大きい　⑦下方　⑧石灰水

2 ①水素　②水上　③小さい　④水
⑤アンモニア　⑥上方　⑦アルカリ

●**教科書の図**

[1] ①溶けにくい　②溶けやすい　③水上置換法
④下方置換法　⑤上方置換法

[2] ①オキシドール　②二酸化マンガン
③石灰石　④うすい塩酸
⑤水酸化カルシウム

p.40～41 ステージ2

1 (1)㋐オキシドール(うすい過酸化水素水)
㋑二酸化マンガン
(2)激しく燃える。
(3)物質を燃やすはたらき。
(4)ア　(5)塩酸　(6)ない。
(7)火が消える。　(8)白くにごる。
(9)空気よりも密度が大きいから。
(10)酸性

2 (1)イ　(2)①燃え(て)　②水(水滴)
(3)イ，エ，カ

3 (1)水　(2)上方置換法　(3)青色になる。
(4)アンモニアは水に非常に溶けやすく，その水溶液はアルカリ性であるから。

解説

1 (2)～(4)酸素は空気の成分のひとつで，色やにおいがなく，助燃性(じょねんせい)(物質を燃やすはたらき)がある。このため，酸素の中に火のついた線香を入れると，線香が激しく燃える。酸素そのものは燃えない。また，酸素は水に溶けにくく，空気より密度が少し大きい。
(6)(7)二酸化炭素は，色やにおいがなく，物質を燃やすはたらきもない。このため，二酸化炭素の中に火のついた線香を入れると，線香の火が消える。
(9)二酸化炭素は空気より密度が大きい気体である。このため，下方置換法でも集めることができる。
(10)二酸化炭素は水に少し溶けて，その水溶液(炭酸水)は酸性である。

2 (1)亜鉛や鉄などの金属にうすい塩酸を加えると，水素が発生する。
(2)(3)水素には色やにおいがなく，水に溶けにくい。また，密度が最も小さい気体で，火を近づけると爆発的に燃える性質がある。

3 (2)～(4)アンモニアは，特有な刺激臭のある気体である。空気より密度が小さく，水に非常に溶けやすいので，上方置換法で集める。
アンモニアの性質を利用した実験として，次の図のものがある。図の装置で，スポイトの水をフラスコに入れると，アンモニアが水に溶け，ビーカーの水が吸い上げられてフラスコの中に噴水ができる。フラスコの中の液体はアンモニアが溶けてアルカリ性になっているので，フェノールフタレイン溶液を加えた水は赤色になる。

[アンモニアの噴水]

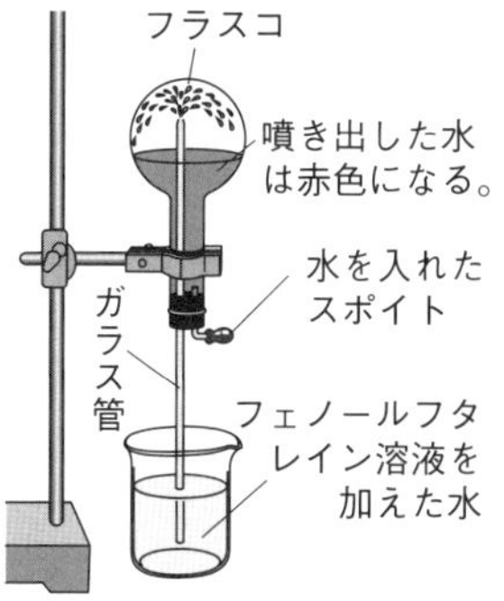

p.42～43 ステージ3

1 (1)㋐下方置換法　㋑上方置換法
㋒水上置換法
(2)水に溶けやすく，空気より密度の大きい気体。
(3)空気　(4)水
(5)㋒　(6)㋑

2 (1)二酸化炭素
(2)試験管㋐に石灰水を入れてよくふる。
(3)白くにごる。
(4)ほとんどが空気だから。
(5)ア

3 (1)水酸化カルシウム
(2)色…ない。　におい…ある。
(3)空気より密度が小さい性質。
(4)赤色リトマス紙
(5)アルカリ性
(6)(非常に)水に溶けやすい性質。

4 (1)㋐水素　㋑塩素　㋒二酸化炭素
㋓窒素　㋔酸素
(2)㋑

解説

1 (5)水に溶けにくい気体は，空気と比べた密度に関係なく，水上置換法で集めることができる。
(6)二酸化炭素は空気より密度が大きく，水には少し溶けるだけなので，下方置換法や水上置換法で集めることができる。

2 (2)(3)二酸化炭素には，石灰水を白くにごらせる性質がある。
(4)ほとんどが，はじめに装置に入っていた空気である。
(5)石灰石，卵の殻，貝殻などの主成分は，どれも炭酸カルシウムである。これらに塩酸を加えると，

二酸化炭素が発生する。

❸ (2)(3)アンモニアは，無色で，特有な刺激臭のある気体である。空気より密度が小さく，水に非常に溶けやすいので，上方置換法で集める。

(4)(5)アンモニアを集めた試験管の口に，水でしめらせた赤色リトマス紙を近づけると，アンモニアが水に溶けてアルカリ性を示し，赤色リトマス紙が青色に変わる。

❹ [注意] 気体が何であるかを調べるときは，気体に特有な性質や特徴に着目しよう。

第3章　粒子のモデルと状態変化

p.44～45　ステージ1

●教科書の要点

❶ ①状態変化　②固体　③気体　④質量
⑤体積　⑥減少　⑦増加　⑧融点　⑨沸点
⑩0　⑪100　⑫種類

❷ ①蒸留　②沸点　③低い

●教科書の図

[1] ①固体　②液体　③気体　④加熱　⑤冷却
⑥状態変化

[2] ①沸点　②融点　③氷　④水
⑤沸とう　⑥水蒸気　⑦水蒸気

p.46～47　ステージ2

❶ (1)㋐加熱　㋑冷却　㋒加熱　㋓冷却
㋔加熱　㋕冷却
(2)状態変化　(3)増加する。
(4)気体　(5)液体

❷ (1)イ　(2)気体
(3)増加した。　(4)変化しなかった。

❸ (1)冷却　(2)㋑
(3)質量…変わらない。　体積…減少する。

❹ (1)ウ　(2)㋒
(3)減少するため。　(4)ア

解 説

❶ (1)物質の温度が上がるにつれて，固体→液体→気体と状態が変化する。

(3)いっぱんに，物質の状態変化では，固体→液体→気体と変化するにしたがって体積が増加していくが，水の場合は例外で，液体(水)から固体(氷)に変化すると，体積が増加する。

❷ (1)～(3)袋がふくらんだのは，エタノールが液体から気体になり，体積が増加したためである。液体から気体への状態変化では，体積の増加のしかたが非常に大きい。

(4)エタノールが液体から気体に状態変化するとき，体積は増加するが，質量は変化しない。

❸ (1)液体を冷却すると，固体に状態変化する。

(2)(3)エタノールの状態変化では，液体が固体になるとき，体積は減少するが質量は変化しない。これは，エタノールの粒子の運動のようすは変化するが，粒子の数は変化しないからである。

❹ (1)物質の状態変化では，体積は変化するが，質量は変わらない。

(2)～(4)液体から固体に状態変化すると，体積が減少する。これは，液体のロウを冷やして固体にしたときに中央がへこんだ形でかたまることからもわかる。液体のロウは粒どうしがゆるいのに対し，固体のロウは粒どうしがきつくつまっている。

p.48～49　ステージ2

❶ (1)㋐固体　㋑液体　㋒気体
(2)0℃　(3)融点　(4)100℃　(5)沸点
(6)変化しない。
(7)変化しない。

❷ (1)10分の1
(2)右図
(3)エ

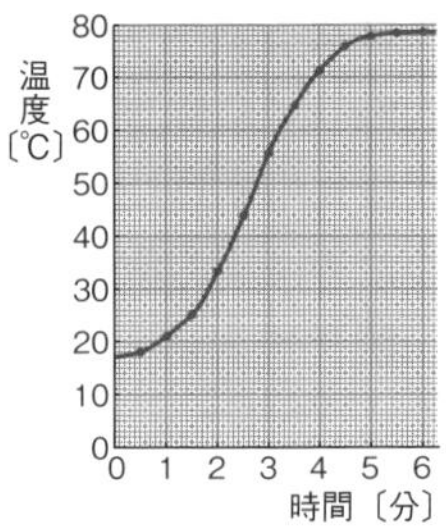

❸ (1)ガラス管の先
(2)(においが)
する。
(3)手であおぐようにしてにおいをかぐ。
(4)燃える。　(5)ほとんどしない。
(6)燃えない。　(7)①㋒　②㋐
(8)ア　(9)蒸留　(10)沸点

解 説

❶ 固体を加熱して液体になるときの温度を融点といい，水の融点は0℃である。また，液体を加熱して沸とうし始めるときの温度を沸点といい，水の沸点は100℃である。融点と沸点でグラフが水平になっている間，水は状態変化していて，加熱しても温度は変化しない。

❷ (3)加熱を始めて5分くらいすると，温度が約80℃で一定になっていることから，エタノールの

沸点が約80℃であることがわかる。

[3] (1)ガラス管の先が試験管にたまった液体の中に入っているときに加熱をやめると，大型試験管にたまった液体が逆流してしまう。

(3)実験で発生する物質のにおいを調べるときは，直接かがずに手であおぐようにする。

(4)～(7)エタノールと水の混合物を加熱すると，はじめに沸点の低いエタノールを多くふくむ液体が得られる。このため，㋐の試験管に集めた液体はエタノールを多くふくみ，エタノールのにおいがする。また，この液体にひたしたろ紙を火に近づけるとよく燃える。一方，㋒の試験管に集めた液体には水が多くふくまれていて，ほとんどにおいがしない。また，この液体にひたしたろ紙を火に近づけても燃えない。

(8)沸とうが始まったのは加熱を始めてから約７分後である。このころから試験管に液体が集まり始める。

(9)(10)この実験のように，液体を沸とうさせて得られた気体を集めてから冷やし，再び液体を得る操作を蒸留という。蒸留を利用すると，沸点のちがいによって，液体の混合物からそれぞれの液体を分けて取り出すことができる。

p.50～51 ステージ3

[1] (1)①固体　②状態

(2)状態変化　(3)変化する。

(4)(物質を構成している)粒子と粒子の間隔が変化するから。

(5)変化しない。

(6)(物質を構成している)粒子の数が変わらないから。

(7)㋑

[2] (1)

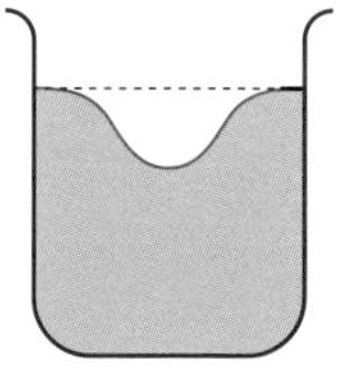

(2)固体

(3)沈む。

(4)固体のロウは，液体のロウより密度が大きいから。

(5)体積は増加し，密度は小さくなる。

[3] (1)固体が液体になるときの温度。

(2)液体が沸とうして気体になるときの温度。

(3)変わらない。

(4)①㋐，㋑，㋒　②㋓，㋔　③㋐，㋑

(5)㋑

[4] (1)液体を沸とうさせて出てきた気体を冷やし，再び液体として得る操作。

(2)エタノール

(3)水よりエタノールの方が沸点が低いから。

(4)㋒

(5)沸点が決まった温度になっていないから。

解説

[1] (1)～(6)物質の状態は温度によって変わる。いっぱんに，温度が上がるときには，粒子どうしの間隔が広くなり，体積が増加する(水は例外)。しかし，粒子の数は変わらないので，質量は変化しない。

(7)物質をつくる粒子は，固体では規則正しくならび，液体では位置を変えながら動き回り，気体では自由に飛び回っている。

[2] (1)～(4)いっぱんに，液体から固体への状態変化では，質量は変わらないが，体積が小さくなる。このため，固体のロウは液体のロウよりも密度が大きくなり，液体のロウの中に入れると沈む。

(5)水は例外で，液体から固体になるときに体積が増加する。質量は変化しない。

[3] (1)(2)物質が固体から液体，液体から気体へと状態変化するときの温度は，物質によって決まっていて，それぞれ融点，沸点という。

(3)融点や沸点は物質の種類によって決まっていて，物質の質量を変えても変わらない。

(4)①融点が60℃より低く，沸点が60℃より高い物質である。

②融点が60℃より高い物質である。

③沸点が150℃より低い物質である。

(5)水の融点は０℃，沸点は100℃である。

[4] (2)(3)エタノールの沸点は水の沸点より低いので，水とエタノールの混合物を加熱すると，はじめにエタノールを多くふくむ気体が出てくる。

(4)(5)混合物では沸点が決まった温度にならない。そのため，グラフでは沸とうが始まっても温度が水平にならない。

p.52〜53 単元末総合問題

[1] (1)ポリエチレン
(2)B…鉄　C…アルミニウム　D…銅
(3)210g　(4)銀

[2] (1)36.5%　(2)86.1g
(3)硝酸カリウム
(4)温度による溶解度の変化が大きい物質。
(5)再結晶

[3] (1)白くにごる。
(2)空気より密度が大きいから。
(3)上方置換法　(4)イ，エ(順不同)

[4] (1)純粋な物質　(2)沸点　(3)0℃
(4)①ウ　②イ
(5)㋐の温度(沸点)が一定にならない。

解　説

[1] (2)はじめにメスシリンダーに入っていた水は $100cm^3$ であるから，物体B，C，Dの体積は，
$120-100=20[cm^3]$
よって，それぞれの密度は，

Bは，$\frac{157.4[g]}{20[cm^3]}=7.87[g/cm^3]$→鉄

Cは，$\frac{54.0[g]}{20[cm^3]}=2.7[g/cm^3]$→アルミニウム

Dは，$\frac{179.2[g]}{20[cm^3]}=8.96[g/cm^3]$→銅

(3)物体Eは銀であることがわかる。表より，密度は $10.5g/cm^3$ なので，物質の質量は，
$10.5[g/cm^3]\times20[cm^3]=210[g]$
(4)同じ質量のとき，密度が大きいほど体積は小さくなる。よって，最も密度の大きい物質が，最も体積の小さい物質である。

[2] (1)$\frac{57.4[g]}{100[g]+57.4[g]}\times100=36.46\cdots$より，36.5%
(2) [注意] はじめにつくった水溶液は飽和しているので，加える60℃の水150gに，ミョウバンが何g溶けるかを考えればよい。水100gには57.4g溶けるので，水150gには，
$57.4[g]\times1.5=86.1[g]$溶ける。
(3)(4) 3種類の物質のグラフから，60℃のときと20℃のときの，溶解度の差を読み取る。温度の変化による溶解度の差が最も大きい物質が，最も多くの結晶が生じる物質である。

[3] (2)二酸化炭素は空気より密度が大きいため，下方置換法で集めることができる。
(4)水でしめらせた赤色リトマス紙の色が青色に変わることから，リトマス紙がふくんでいる水に気体が溶けること，水に溶けてアルカリ性であることがわかる。

[4] (4)物質が状態変化しているとき，加熱を続けても温度は一定になっている。グラフには水平な部分が２つあり，ＢからＣまでは固体から液体に状態変化していて，Ｄからは液体から気体に状態変化している。したがって，Ａは固体，ＢからＣは固体と液体が混ざった状態，ＣからＤは液体，Ｄからは液体と気体が混ざった状態である。
(5)水とエタノールの混合物を加熱すると，下の図のように沸点は一定にならず，グラフに水平な部分が現れない。

水とエタノールの混合物の加熱

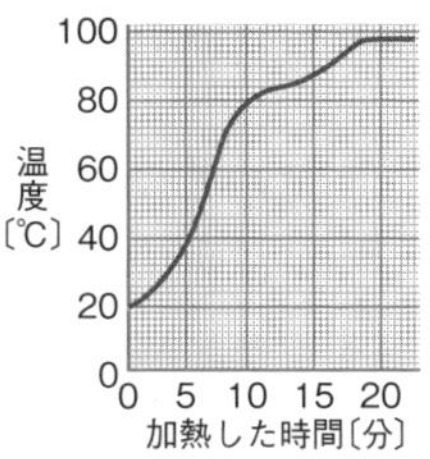

1－3 身のまわりの現象

第１章　光の性質(1)

p.54～55　ステージ1

●教科書の要点

❶ ①光源　②直進　③反射　④入射光
⑤反射光　⑥入射角　⑦反射角
⑧反射の法則　⑨像　⑩乱反射　⑪屈折
⑫屈折光　⑬入射角　⑭屈折角　⑮小さく
⑯大きく　⑰全反射　⑱白色光

●教科書の図

[1] ①入射角　②反射角　③乱反射　④＝
[2] ①入射角　②屈折角　③入射角　④屈折角
⑤＞　⑥＜　⑦大きく　⑧全反射

p.56～57　ステージ2

❶ (1)光源
(2)光の直進
(3)①直接　②反射して

❷ (1)㋐入射光　㋑反射光
(2)㋒入射角
㋓反射角
(3)イ
(4)反射の法則
(5)右図

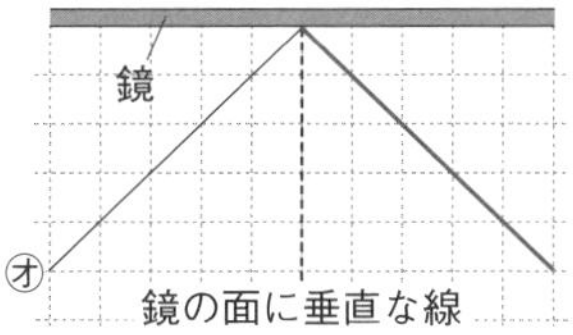

❸ (1)㋐入射角
㋑屈折角
(2)㋒入射角　㋓屈折角
(3)㋐の方が㋑より大きくなっている。
(4)㋓の方が㋒より大きくなっている。
(5)直進する。

❹ (1)㋐　(2)㋒　(3)ウ
(4)同じ。　(5)全反射

解説

❶ (3)光源からの光は，直接または物体で反射して目にとどく。光が光源から直接目にとどくと，光源が見えたと感じる。光が物体で反射して目にとどくと，物体が見えたと感じる。

❷ (3)(4)入射角と反射角の大きさの関係は常に等しい。この関係を反射の法則という。
(5)入射角と反射角が等しくなるように，反射光をかく。

❸ (1)～(4)光が空気中からガラスの中へ進む場合，屈折角は入射角より小さくなる。光がガラスの中から空気中へ進む場合，屈折角は入射角より大きくなる。
(5)ガラスと空気の境界面に垂直に光を当てると，入射角，屈折角がともに0°になる。このとき，光は屈折せずに直進する。

❹ (3)(4)光が水中から空気中に進むとき，入射角よりも屈折角の方が大きくなる。光がガラスの中から空気中に進むときも同じで，入射角よりも屈折角の方が大きくなる。
(5)光が水中から空気中に進むとき，入射角がある角度を超えると光は空気中に出なくなり，水面ですべて反射する。この現象を全反射という。

p.58～59　ステージ3

❶ (1)入射角…㋑
反射角…㋒
(2)等しくなっている。
(3)像
(4)右図　(5)A (点)
(6)右　(7)乱反射

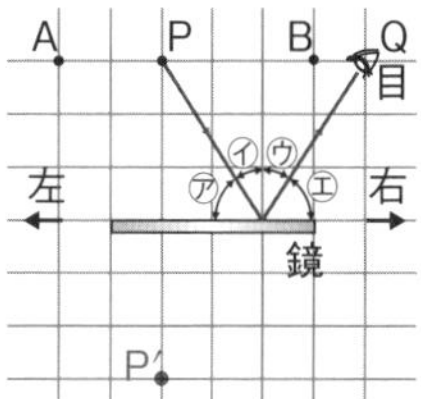

❷ (1)屈折
(2)b，f
(3)c，g
(4)屈折角　(5)A

❸ (1)30°　(2)45°
(3)30°　(4)直進する。

❹ (1)屈折
(2)右図

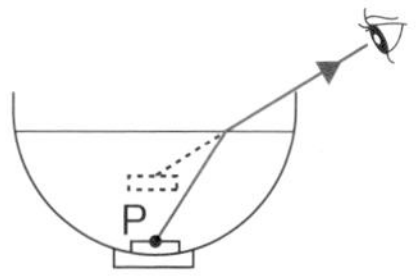

❺ (1)全反射
(2)ア，ウ，エ

解説

❶ (2)入射角と反射角の大きさは常に等しい。この関係を反射の法則という。
(3)(4)物体を鏡にうつすと，実際は物体から出て鏡で反射した光が目にとどいているのに，鏡をはさんで対称（たいしょう）の位置にある像から光が直進してくるように見える。
(5)(6)次の図のように，A点と鏡をはさんで対称となる位置にA′点を考える。このとき，A点から出て鏡で反射した光は，A′点からQ点に直進してくるように見える。同じように，B点と鏡をは

さんで対称となる位置にB′点を考える。このとき，B点から出て鏡で反射した光は，B′点からQ点に直進してくるように見えるはずであるが，B′Q上に鏡がないので，Q点からB点は見えない。このとき，鏡を１ます分右に移動させると，B′Qは鏡を通り，Q点からB点が見えるようになる。

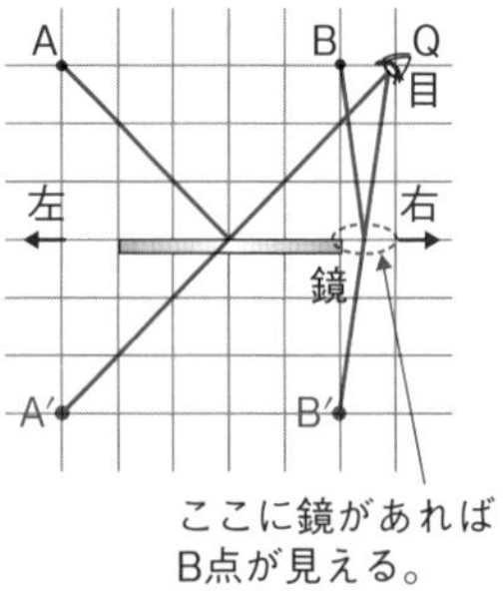

(7)表面がでこぼこしている物体に光が当たると，１つひとつの光は反射の法則にしたがいながら，全体としてはあらゆる方向へ反射する。その結果，物体をいろいろな方向から見ることができる。このような反射を乱反射という。

❷ (2)(3)入射光が境界面に垂直な線との間につくる角を入射角，屈折光が境界面に垂直な線との間につくる角を屈折角という。

(4)光がガラスの中から空気中に進むとき，屈折角は入射角より大きくなる。一方，光が空気中からガラスの中に進むときは，屈折角は入射角よりも小さくなる。

(5)図のようなガラスを通してP点を見たとき，目に入る光を延長した先にあるAから出た光が直進してくるように見える。このため，P点はAの方向に見える。

❸ (1)(2)図の線が15°ごとにかかれていることから考える。

(3)光がガラスの中から空気中に進むときの進み方と，空気中からガラスの中に進むときの進み方は，反対の関係になっている。Aから出た光を半円形ガラスの中心に当てると，図で光源装置から当てた光がAまで進んだときと同じ道すじを，反対向きに進む。

(4)Bから半円形ガラスの中心を通る直線は，半円形ガラスの面に対して垂直である。このため，Bの方向から半円形ガラスの中心に光を当てると，入射角，屈折角がともに０°になり，光は屈折せずに直進する。

❹ 水を入れて茶わんの中を見たとき，硬貨から出た光は水面で屈折する。しかし，目に入る光を延長した先に物体があるように見える。このため，硬貨は実際よりも上の位置に浮いて見える。

❺ (1)光が水中から空気中に進むとき，入射角がある角度を超えると，光は空気中に出なくなり，水面ですべて反射する。この現象を全反射という。

(2)太陽光や電灯の光は白色光とよばれ，いろいろな色の光が混ざっている。光は色によって屈折角がちがうため，白色光をプリズムに通すといろいろな色の光に分けることができる。

第１章　光の性質(2)

p.60〜61　ステージ1

●教科書の要点

❶ ①凸レンズ　②屈折　③焦点　④焦点距離　⑤中心　⑥平行

❷ ①外側　②逆　③実像　④小さい　⑤同じ　⑥大きい　⑦できない　⑧同じ　⑨虚像

●教科書の図

[1] ①焦点距離　②焦点

[2] ①焦点　②直進　③実像　④虚像

p.62〜63　ステージ2

❶ (1)焦点　(2)屈折するから。　(3)焦点距離　(4)短くなる。　(5)ア

❷ (1)ア　(2)ウ

(3)大きさ…大きく見える。
向き…同じ向きに見える。

(4)虚像

❸ (1)実像

(2)像ができる位置…㋑
像の大きさ…(光源より)小さい。

(3)

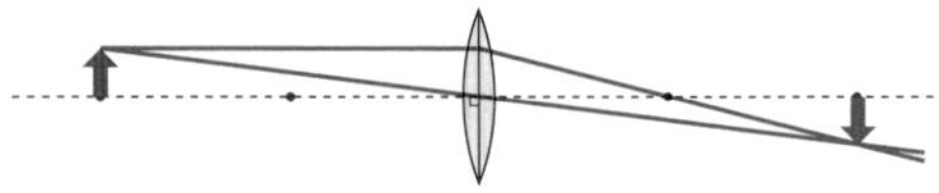

(4)像ができる位置…㋓
像の大きさ…(光源より)大きい。

(5)できない。

(6)

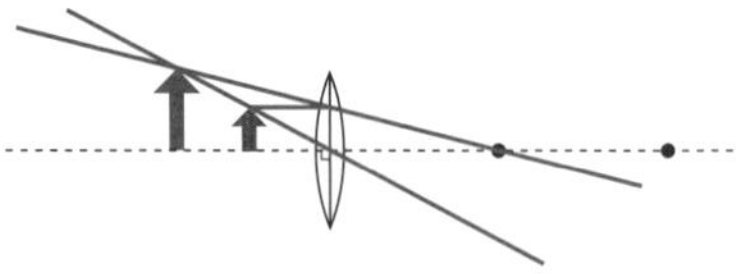

(7)イ

解説

❶ 凸レンズの軸に平行な光を凸レンズに当てると，光が凸レンズで屈折し，凸レンズの軸上にある1点に集まる。この点を焦点という。凸レンズは裏返しても同じはたらきをするので，焦点は凸レンズの両側にある。凸レンズの中心から焦点までの距離を焦点距離という。

❷ (1)光源を凸レンズの焦点距離の位置の外側に置いたとき，スクリーン上には上下左右が逆向きの実像ができる。実像は，光源からの光が実際に集まってできる像である。

(2)～(4)光源を凸レンズの焦点距離の位置の内側に置いたとき，スクリーン上には像ができない。これは，光源からの光が1点には集まらないからである。このとき，凸レンズを通して光源を見ると，光源と同じ向きで，光源よりも大きな像が見える。これを，虚像という。

❸ (2)～(4)光源が焦点距離の2倍の位置にあるとき，光源と実像の大きさは等しくなる。光源が焦点距離の2倍の位置から遠ざかるほど，実像の大きさは小さくなる。逆に，光源が焦点に近づくほど，実像の大きさは大きくなる。

(6) [注意] まず，光が凸レンズの軸に平行に進み，凸レンズで屈折して反対側の焦点を通る線を作図する。次に，光が凸レンズの中心を通って直進する線を作図する。2つの線が交わらないときは，逆方向に延長する。

p.64～65 ステージ3

❶ (1)①～③右図

(2)①㋒

②㋑

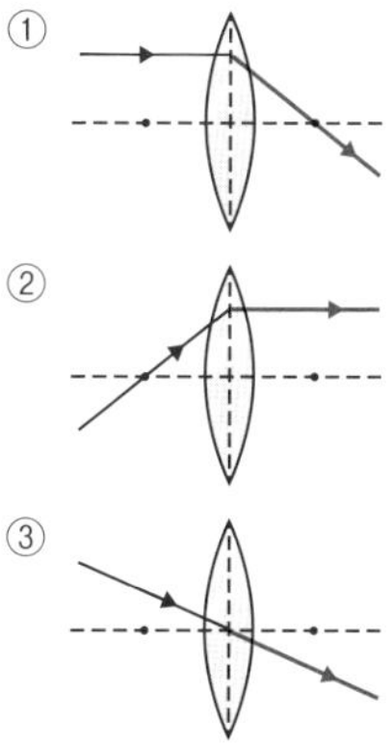

❷ (1)10cm

(2)実像

(3)左に動く。

(4)小さくなる。

❸ (1)イ

(2)イ

(3)ア

(4)焦点距離より小さくしたとき。

(5)光源と上下左右が同じ向きで，光源よりも大きく見える像。

(6)㋓

解説

❶ (1)①凸レンズの軸に平行な光は，屈折して焦点を通る。

②凸レンズの焦点を通る光は，屈折して凸レンズの軸に平行に進む。

③凸レンズの中心を通る光は直進する。

(2)凸レンズに入った光が凸レンズに平行でないとき，凸レンズを通過したあとの光は焦点を通らず，凸レンズの厚い方へ屈折して進む。

❷ (1)凸レンズの軸に平行な光が屈折して集まっている点が焦点である。

(3)(4)光源が焦点の外側にあるとき，スクリーン上に実像ができる。光源を焦点から遠ざけるほど，実像ができる位置は凸レンズに近づき，できる実像の大きさは小さくなる。

❸ (1)(2)光源が焦点距離の2倍の位置にあるとき，実像ができる位置も焦点距離の2倍の位置になり，光源と実像の大きさは等しくなる。光源から凸レンズまでの距離が45cmのときに凸レンズからスクリーンまでの距離も45cmになっているので，このときの光源の位置が焦点距離の2倍の位置であることがわかる。よって，焦点距離は，

45〔cm〕÷ 2 ＝22.5〔cm〕

(4)(5)光源が焦点距離の位置の内側にあるとき，凸レンズを通して光源を見ると，光源と同じ向きで，光源よりも大きな虚像が見える。

(6)光源が焦点距離の位置の外側にあるので，上下左右が逆向きの実像ができる。

第2章　音の性質

p.66～67 ステージ1

●教科書の要点

❶ ①音源　②振動　③空気　④波　⑤いない　⑥鼓膜　⑦伝わらない

❷ ①大きい　②低い　③振幅　④振動数　⑤ヘルツ　⑥液体　⑦固体　⑧距離

●教科書の図

[1] ①振動　②空気　③波　④鼓膜

[2] ①大きい音　②小さい音　③高い音　④低い音　⑤大きい　⑥高い　⑦振動数

1 (1)音源(発音体) (2)鳴り出す。

(3)小さくなる。

(4)聞こえにくく(小さく)なっていく。

(5)空気 (6)波

2 (1)333m/s (2)133m (3)1.5秒

3 (1)㋐ (2)大きくなる。

(3)低くなる。 (4)イ，ウ

4 (1)振幅 (2)㋒ (3)大きくなる。

(4)振動数 (5)ヘルツ (6)高くなる。

(7)㋖ (8)ウ

━━━━━━◆ 解説 ◆━━━━━━

1 (2)(6)物体が振動するとき，そのまわりで空気が押し縮められたり，引き伸ばされたりする。この振動が次つぎと伝わっていく現象を波という。音さAの振動の波が音さBに伝わると，音さBも鳴り出す。

(3)間に板を置くと，振動の波がさえぎられ，音さBに伝わる振動が小さくなり，音が小さくなる。

(4)(5)音は音源の振動が波として伝わる現象なので，振動するものがないと，波として伝わることができない。このため，空気が少なくなってくると音が伝わりにくくなり，空気がない真空中では音は伝わらない。

2 (1)音は100mの距離を0.3秒で伝わっている。

$$\frac{100\,[\mathrm{m}]}{0.3\,[\mathrm{s}]}=333.3\cdots\,[\mathrm{m/s}]$$

(2)333m/sの音が0.4秒で進む距離は，

333[m/s]×0.4[s]＝133.2[m]

よって，133m。

(3)333m/sの音が500m進むのにかかる時間は，

$$\frac{500\,[\mathrm{m}]}{333\,[\mathrm{m/s}]}=1.50\cdots\,[\mathrm{s}]$$ よって，1.5秒。

3 (1)弦をはじく部分である。

(3)(4)音は，弦を長くするほど，弦の張り方を弱くするほど，弦を太くするほど低くなる。

4 (4)〜(6)音源が振動して音を出すとき，1秒間に振動する回数を振動数といい，単位はヘルツ(Hz)で表す。振動数が多いほど，音の高さが高くなる。

(8)弦の振動数には，はじく強さは関係しない。振動数は，弦を短くするほど，弦の張り方を強くするほど，弦を細くするほど多くなる。

1 (1)押し縮められたり引き伸ばされたりしている。(振動している。)

(2)音さの音の波が空気中を伝わり，鼓膜を振動させるから。

(3)伝わらない。 (4)ウ

2 (1)340m/s (2)5秒後 (3)850m

(4)光の速さが音の伝わる速さよりも速いから。

3 (1)(音の)高さ (2)低い音 (3)細い弦

(4)イ

4 (1)㋐と㋑ (2)振動数が同じだから。

(3)㋐と㋒

(4)振幅が同じだから。

(5)㋑ (6)イ (7)㋒ (8)エ (9)110Hz

━━━━━━◆ 解説 ◆━━━━━━

1 (2)音さからの振動が波として空気中を伝わって耳にとどき，鼓膜を振動させると，音が聞こえたと感じる。

(3)(4)音は，気体だけでなく，液体や固体の中も伝わっていく。真空中では音は伝わらない。

2 (1)Aさんの声は，がけまでの450mを往復したあと，AさんからBさんまでの120mの距離を伝わる。よって，音の伝わる距離は，

450[m]×2＋120[m]＝1020[m]

この距離を3秒で伝わっているから，音の伝わる速さは，

$$\frac{1020\,[\mathrm{m}]}{3\,[\mathrm{s}]}=340\,[\mathrm{m/s}]$$

(2)音は1700mを340m/sの速さで伝わるので，

$$\frac{1700\,[\mathrm{m}]}{340\,[\mathrm{m/s}]}=5\,[\mathrm{s}]$$

(3)340m/sの速さで2.5秒間に伝わる距離は，

340[m/s]×2.5[s]＝850[m]

(4)音が空気中を伝わる速さが340m/sであるのに対して，光の速さは約30万km/sである。

3 モノコードの弦の振幅によって音の大きさが，弦の振動数によって音の高さが決まる。弦を短くする，弦の張り方を強くする，弦を細くすると，振動数が多くなり，音は高くなる。弦をはじく強さを強くすると，音は大きくなる。

4 (1)〜(8)コンピュータやオシロスコープで音の波形を観察すると，振動数が多いほど波の数が多くなり，振幅が大きいほど波の高さが高くなる。同

じ高さの音は，一定時間の波の数が同じになる。また，同じ大きさの音は，波の高さが同じになる。
(9)㋐は0.1秒間に11回振動しているので，
$\frac{11}{0.1[s]}=110[Hz]$

第3章　力のはたらき(1)

p.72～73　ステージ1

●教科書の要点

1 ①形　②運動　③支え　④重力　⑤重い　⑥軽い　⑦ニュートン　⑧1　⑨ばね　⑩3

2 ①フックの法則　②力のはたらく点　③矢印　④作用点　⑤力の向き　⑥力の大きさ　⑦5

●教科書の図

[1] ①0.2　②2　③比例　④フック

[2] ①作用点　②力の向き　③2　④3

p.74～75　ステージ2

1 ①イ　②ア　③ウ　④ウ　⑤ア

2 (1)㋐力の大きさ
㋑力のはたらく点(作用点)　㋒力の向き
(2)
①
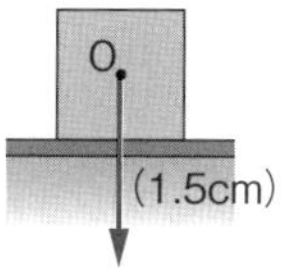

②
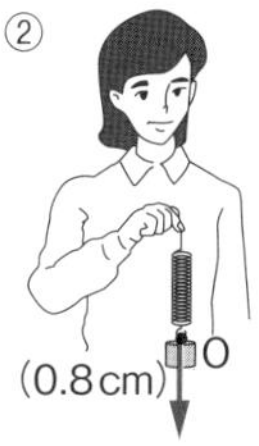

③
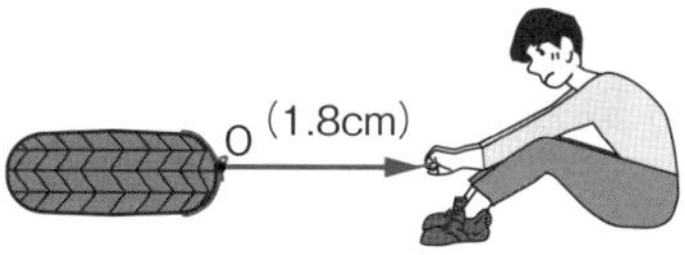

3 (1)右図
(2)比例(の関係)
(3)フックの法則
(4)10.0cm
(5)3.0cm
(6)10個
(7)0.1N

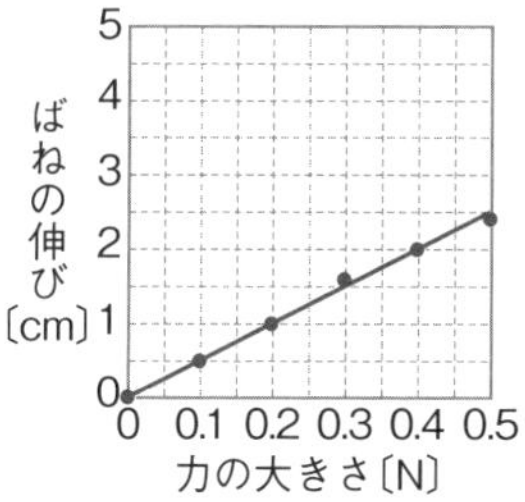

解説

2 (1)物体にはたらく力は，力のはたらく点(作用点)，力の大きさ，力の向きを，矢印を用いて表す。
(2)①1.5kgの物体が受ける重力の大きさは15Nなので，作用点Oから下向きに1.5cmの矢印をかく。
②800gの物体が受ける重力の大きさは8Nなので，ばねがおもりから受ける力も8Nである。作用点Oから下向きに0.8cmの矢印をかく。
③人が18Nの力で引いているので，作用点Oからひもがタイヤを引く向きに，1.8cmの矢印をかく。

3 (1)測定値を記入し，測定値が線の上下に均等にちらばるようにして，原点を通る直線をかく。測定値を折れ線でつないではいけない。
(2)グラフは原点を通る直線になることから，比例の関係にあることがわかる。
(4)ばねが受ける力が0.2Nのとき，ばねの伸びは1.0cmなので，ばねの伸びをx〔cm〕とすると，フックの法則より，
0.2〔N〕：1.0〔cm〕＝2〔N〕：x〔cm〕
x＝10〔cm〕
(5)おもりが6個なので，ばねが受ける力は0.6N。ばねの伸びをy〔cm〕とすると，
0.2〔N〕：1.0〔cm〕＝0.6〔N〕：y〔cm〕
y＝3〔cm〕
(6)ばねがおもりから受ける力をz〔N〕とすると，
0.2〔N〕：1.0〔cm〕＝z〔N〕：5.0〔cm〕
z＝1〔N〕
おもり1個が受ける重力は0.1Nなので，1Nの重力を受けるときのおもりの数は10個である。

p.76～77　ステージ3

1 (1)指　(2)㋑
(3)㋐，㋓
(4)㋒

2 (1)力のはたらく点(作用点)，力の向き，力の大きさ(順不同)
(2)㋐4N　㋑6N
(3)2.6cm　(4)右図
(5)地球がその中心へ向かって物体を引きつける力。

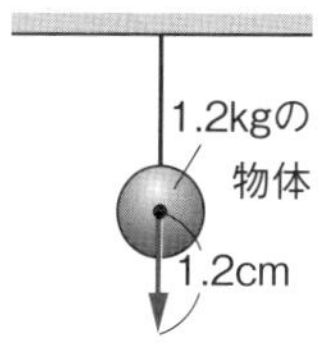

3 (1)ばねの伸びは，ばねが受ける力の大きさに比例するという法則。
(2)1.0N　(3)5cm
(4)7cm　(5)2.0N
(6)1.0N
(7)2.8cm
(8)イ
(9)㋑
(10)15cm
(11)7.5N
(12)右図
(13)26.4cm

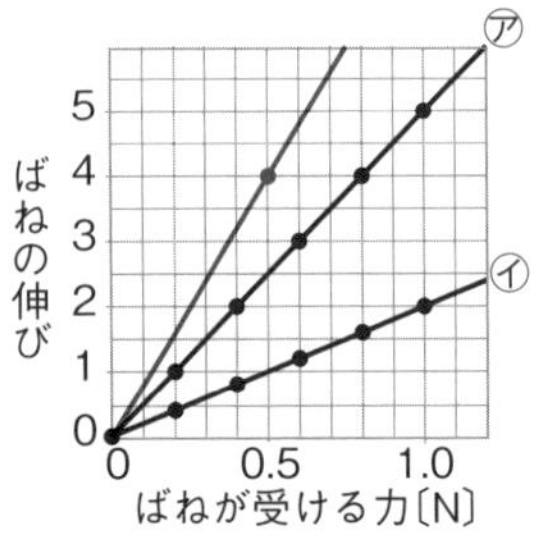

解説

2 (2)矢印が1cmのときの力の大きさが2Nであることから，㋐，㋑の力の大きさをそれぞれxN，yNとすると，
㋐1〔cm〕：2〔N〕＝2〔cm〕：x〔N〕
x＝4〔N〕
㋑1〔cm〕：2〔N〕＝3〔cm〕：y〔N〕
y＝6〔N〕
(3)矢印の長さを$z$cmとすると，
1〔cm〕：2〔N〕＝z〔cm〕：5.2〔N〕
z＝2.6〔cm〕
(4)1.2kgの物体が受ける重力の大きさは12Nなので，点Pから下向きに長さ1.2cmの矢印をかく。
(5)地球上のすべての物体は，地球によって，地球の中心に向かって引かれている。この力を重力という。

3 (2)おもり1個(20g)が受ける重力は0.2Nなので，5個では，
0.2〔N〕×5＝1.0〔N〕
(3)グラフより，ばね㋐が受ける力が1.0Nのとき，ばねの伸びは5cmである。
(4)おもり7個が受ける重力は1.4Nである。また，1.0Nの力を受けたときのばね㋐の伸びは5cmなので，1.4Nの力を受けたときのばね㋐の伸びを$a$cmとすると，
1.0〔N〕：5〔cm〕＝1.4〔N〕：a〔cm〕
a＝7〔cm〕
(5)ばね㋐の伸びが10cmのときの力をbNとすると，
1.0〔N〕：5〔cm〕＝b〔N〕：10〔cm〕
b＝2.0〔N〕
(7)おもり7個が受ける重力は1.4Nである。また，1.0Nの力を受けたときのばね㋑の伸びは2cmなので，1.4Nの力を受けたときのばね㋑の伸びを$c$cmとすると，
1.0〔N〕：2〔cm〕＝1.4〔N〕：c〔cm〕
c＝2.8〔cm〕
(8)ばね㋑の伸びが3.2cmのときの力をdNとすると，
1.0〔N〕：2〔cm〕＝d〔N〕：3.2〔cm〕
d＝1.6〔N〕
このときのおもりの数は，1.6÷0.2＝8〔個〕である。
(10)ばね㋐が受ける力が1.0Nのとき，ばねの伸びは5cmである。3Nで引いたときのばね㋐の伸びを$e$cmとすると，
1.0〔N〕：5〔cm〕＝3〔N〕：e〔cm〕
e＝15〔cm〕
(11)ばね㋑が受ける力が1.0Nのとき，ばねの伸びは2cmである。伸びが15cmのときのばね㋑が受ける力をfNとすると，
1.0〔N〕：2〔cm〕＝f〔N〕：15〔cm〕
f＝7.5〔N〕
(12)5Nの力で引いたときの伸びが40cmであることから，0.5Nの力で引いたときの伸びは4cmである。また，グラフは原点を通る直線になる。
(13)5Nで引いたときのばねの伸びが40cmである。また，おもり4個が受ける重力は0.8Nであることから，0.8Nの力を受けたときのばねの伸びを$g$cmとすると，
5〔N〕：40〔cm〕＝0.8〔N〕：g〔cm〕
g＝6.4〔cm〕
何もつるさないときのばね㋒の長さが20cmなので，ばね全体の長さは，
20＋6.4＝26.4〔cm〕

第3章　力のはたらき(2)

p.78～79　ステージ1

●**教科書の要点**

1 ①つり合っている　②一直線上
③等しい　④反対

2 ①弾性力　②摩擦力　③引き　④しりぞけ
⑤磁力　⑥電気の力

3 ①質量　②グラム　③キログラム
④6分の1　⑤重さ　⑥質量

●**教科書の図**

[1] ①一直線上　②等しい　③反対

[2] ①弾性力　②重力　③摩擦力

[3] ①質量　②重さ

p.80〜81 ステージ2

❶ (1)ウ　(2)反対になっている。
(3)ある。　(4)つり合っている。
(5)等しくなっている。

❷ (1)弾性力　(2)重力
(3)ア　(4)垂直抗力（こうりょく）
(5)電気の力　(6)しりぞけ合う力
(7)㋐と㋑…いえる。　㋒と㋓…いえる。

❸ ①×　②○　③○　④×

解説

❶ (1)〜(4)1つの物体が2つ以上の力を受けていて，物体が静止しているとき，物体が受ける力はつり合っているという。図2では，厚紙が静止していることから，厚紙が受ける2力はつり合っている。このとき，2力は一直線上にあり，力の大きさは等しく，力の向きは反対になっている。
(5)直方体が静止しているので，直方体が受ける2力はつり合っている。このとき，2力の大きさは等しい。

❷ (5)(6)電気の力には，引き合う力としりぞけ合う力がある。ティッシュペーパーでこすったひもとパイプの間には，電気の力によるしりぞけ合う力がはたらいている。
(7)①では，おもりが受ける重力とばねに引かれる力がつり合い，おもりが静止している。②では，物体が受ける重力と垂直抗力がつり合い，物体が静止している。

❸ ①質量とは，どこで測定しても変わることがない，物体そのものの量のことである。
④物体の重さは，重力の大きさによって決まる。そのため，重力の大きさが変わると物体の重さも変わる。

p.82〜83 ステージ3

❶ (1)㋒　(2)㋑　(3)㋐
(4)2力の向きが反対であること。
(5)(動かないで)静止している。

❷ (1)㋐照明器具がひもに引かれる力。
㋑照明器具が受ける重力。
(2)摩擦力　(3)ウ
(4)磁力　(5)N極

❸ (1)右上図
(2)垂直抗力
(3)右下図
(4)ばねがおもりを引く力
(5)下じきに引きつけられる。
(6)電気の力

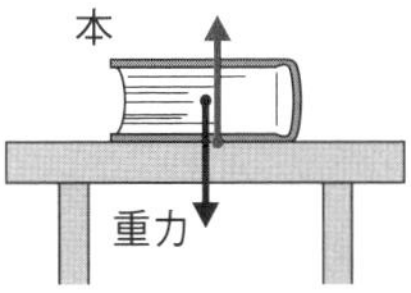

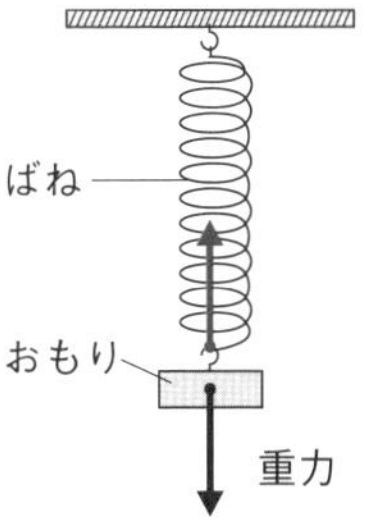

❹ (1)12N
(2)2N
(3)1200g
(4)6個
(5)重さ
(6)N
(7)質量　(8)g，kg

解説

❶ 物体が受ける2力がつり合っているとき，2力は一直線上にあり，大きさが等しく，向きが反対になっている。㋐は2力の大きさが異なるため，物体は左下へ動く。㋑は2力が一直線上にないため，物体が回転する。㋒は2力がつり合っているため，物体は動かない。

❷ (1)照明器具がひもに引かれる力㋐と，照明器具が受ける重力㋑がつり合っているため，照明器具が静止している。
(2)(3)物体がふれ合う面と面の間で，物体の運動をさまたげるようにはたらく力を摩擦力という。手で押しても本が動かないとき，本と机のふれ合っている面で，手で押した力と同じ大きさで反対向きの摩擦力がはたらいている。
(4)磁石Aが静止しているのは，磁石Aが受ける重力と，磁石Aと磁石Bの間にはたらく磁力によるしりぞけ合う力がつり合っているからである。
(5)磁石Aと磁石Bの間にはしりぞけ合う力がはたらいている。㋓の面がS極のとき，磁石Aの下の面はN極である。㋔の面は磁石Aの下の面としりぞけ合っているので，N極である。

❸ (1)〜(4)重力を受けている物体が落下しないとき，物体には重力とつり合う力がはたらいている。図

１で重力とつり合っているのは垂直抗力である。本と机が接している面から上向きに，重力と同じ大きさで一直線上になるようにかく。矢印が接するときは，少しずらしてかいてもよい。図２で重力とつり合っているのは，ばねがおもりを引く力である。ばねとおもりの接している点から上向きに，重力と同じ大きさで一直線上になるようにかく。

(5)(6)プラスチックの下じきで髪の毛をこすると，電気の力が生じ，下じきと髪の毛が引き合うようになる。

4 (1)ばねばかりでは，物体が受ける重力の大きさをはかることができる。地球上で100gの物体が受ける重力の大きさは１Nなので，地球上で1200gの物体が受ける重力の大きさは12Nである。

(2)月面上での重力の大きさは地球上の６分の１なので，月面上で物体が受ける重力は，

12〔N〕÷６＝２〔N〕

(3)(4)(7)(8)てんびんでは，物体そのものの量である質量をはかることができる。質量の大きさは，場所が変わっても変わることがない。質量の大きさは，g(グラム)やkg(キログラム)などで表す。

(5)(6)ばねばかりでは物体が受ける重力がはかれるので，単位はN(ニュートン)で表す。

p.84～85 単元末総合問題

1 (1)(光の)屈折　(2)実像

(3)㋒　(4)小さくなる。

(5)小さくなる。　(6)30cm

(7)物体と同じ向きで，物体より大きい像。

2 (1)㋒　(2)㋓　(3)㋐

3 (1)0.05N

(2)20cm

(3)比例(の関係)

(4)右図

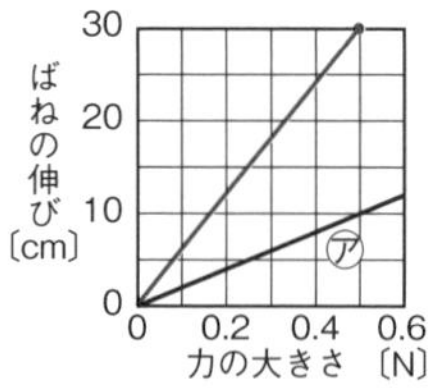

4 (1)摩擦力

(2)ふれ合っている面と面の間で，物体の運動をさまたげるようにはたらく力。

(3)３N

(4)ひもが照明器具を引く力

(5)右図

(6)重力

(7)垂直抗力

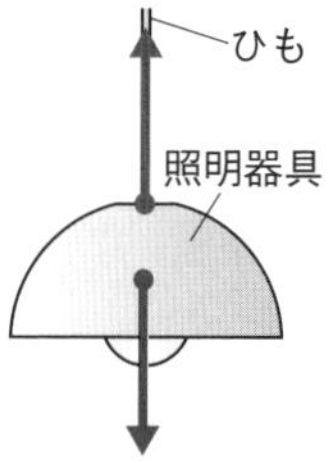

解説

1 (1)光が，凸レンズなどの物質の境界面で折れ曲がって進むことを，光の屈折という。

(2)(3)物体を凸レンズの焦点の外側に置いたとき，凸レンズを通った光が集まってスクリーン上に像ができる。この像を実像といい，物体とは上下左右が逆向きになっている。

(4)(5)物体が焦点の外側にあるとき，凸レンズと物体との間の距離を大きくするほど，凸レンズとスクリーンの間の距離は小さくなる。このとき，スクリーン上にできる像の大きさは小さくなる。

(6)物体を焦点距離の２倍の位置に置いたとき，実像は焦点距離の２倍の位置にできる。このとき，物体の大きさと実像の大きさは等しくなる。

(7)物体が焦点距離よりも凸レンズに近い位置にあるとき，凸レンズを通った光は１点に集まらず，実像ができない。このとき，凸レンズを通して物体を見ると，物体と上下左右が同じ向きで，物体よりも大きな像が見える。これを虚像という。

2 (1)弦の太さや長さ，張る強さを変えずに，はじく強さを弱くすると，音は小さくなる。よって，Aと振動数が同じで，振幅が小さい(波の高さが低い)㋒の波形になる。

(2)弦をはじく強さを変えずに，弦の長さを短くすると，音は高くなる。よって，Aと振幅が同じで，振動数が多い(一定時間の波の数が多い)㋓の波形になる。

(3)振動数が少ないほど，音は低くなる。よって，最も振動数が少ない㋐の波形である。

3 (1)グラフより，力の大きさが0.5Nのときのばねの伸びは10cmである。よって，ばねを１cm伸ばすのに必要な力をxNとすると，

0.5〔N〕：10〔cm〕＝x〔N〕：１〔cm〕

x＝0.05〔N〕

(2)100gのおもりが受ける重力の大きさは１Nなので，ばねの伸びをy〔cm〕とすると，

0.5〔N〕：10〔cm〕＝1〔N〕：y〔cm〕
y＝20〔cm〕
(3)グラフは原点を通る右上がりの直線になっていることから，ばねの伸びはばねが受けた力に比例することがわかる。
(4)100gの物体が受ける重力は1Nなので，50gの物体が受ける重力は0.5Nである。0.5Nの力を受けたときに30cm伸びることから，グラフをかく。グラフは，原点を通る直線になる。

4》(1)(2)本と机がふれ合っている面には，本の運動をさまたげるように摩擦力がはたらく。
(3)手で押しても本が動かないとき，本を手で押す力と摩擦力はつり合っている。このとき，2つの力の大きさは等しくなっている。
(4)～(6)地球上のすべての物体は，重力を受けている。静止している物体には，重力以外の力もはたらいていて，それらの力がつり合っている。図2では，ひもが照明器具を引く力と重力がつり合っている。
(7)図1では，本が受ける重力と，机が本を押し返す力である垂直抗力がつり合っている。

1－4 大地の活動

第1章　火山～火を噴く大地～

p.86～87 ステージ1

●**教科書の要点**

1 ①マグマ　②マグマだまり　③噴火　④火山噴出物　⑤小さい　⑥大きい

2 ①鉱物　②無色　③有色　④火成岩　⑤火山岩　⑥斑晶　⑦石基　⑧斑状組織　⑨深成岩　⑩等粒状組織

●**教科書の図**

1 ①火山ガス　②火山弾　③溶岩　④火山れき　⑤火山灰

2 ①斑状組織　②等粒状組織　③斑晶　④石基　⑤火山岩　⑥深成岩

p.88～89 ステージ2

1 (1)溶岩　(2)ねばりけ　(3)㋑
(4)㋐　(5)㋑　(6)㋒　(7)①㋑　②㋐

2 (1)ウ　(2)鉱物
(3)記号…㋑　名称…セキエイ(石英)
(4)記号…㋒　名称…クロウンモ(黒雲母)

3 (1)B　(2)等粒状組織
(3)深成岩　(4)石基
(5)斑晶　(6)斑状組織
(7)火山岩　(8)A

4 (1)セキエイ，チョウ石(順不同)
(2)カクセン石，キ石(順不同)
(3)無色　(4)せん緑岩
(5)流紋岩　(6)斑れい岩

解説

1 [注意] 火山の形とマグマのねばりけなどの関係をまとめると，次の図のようになる。整理して覚えるようにする。

火山の形	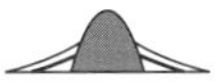		
火山の例	雲仙普賢岳	桜島	マウナロア
マグマのねばりけ	大きい	←→	小さい
噴火のようす	爆発的	←→	おだやか
溶岩の色	白っぽい	←→	黒っぽい

(3)(5)マグマのねばりけが大きい火山の溶岩は，盛り上がりやすく，火口にドーム状の地形をつくることがある。また，爆発的な噴火が起こりやすい。
(4)マグマのねばりけが小さい火山の溶岩は，流れるように噴出し，広がりやすい。噴火は比較的おだやかである。
(6)マグマのねばりけが中程度の火山では，溶岩，火山灰，火山れきなどがくり返し噴出して交互に積み重なり，円すい状の火山ができやすい。

❷ (2)火山灰を観察すると，規則正しい形をした粒が見られる。マグマが冷えて固まるときにできたこれらの結晶を鉱物という。

❸ Aは花こう岩である。花こう岩は白っぽい色をした深成岩で，等粒状組織をもつ。Bは安山岩である。安山岩は灰色をした火山岩で，斑状組織をもち，斑晶と石基が見られる。

❹ (1)花こう岩にはセキエイやチョウ石が多くふくまれている。カンラン石とキ石は有色鉱物である。
(2)安山岩にはチョウ石やキ石が多くふくまれているが，安山岩にふくまれる有色鉱物が問われているので，カクセン石とキ石が正解である。
(3)～(5)安山岩は花こう岩に比べて有色鉱物が多くふくまれるため，黒っぽく見える。花こう岩と流紋岩，せん緑岩と安山岩，斑れい岩と玄武岩は，それぞれふくまれる鉱物の割合がほぼ同じである。

p.90～91 ステージ**3**

❶ (1)水蒸気　(2)火山灰
(3)地下で岩石の一部が液体になったもの。
(4)㋐
(5)マグマが，地下深くで，長い時間をかけて冷えてできた岩石。

❷ (1)大きい。
(2)A…ア　B…ウ　C…イ
(3)C　(4)活火山

❸ (1)イ　(2)無色鉱物　(3)有色鉱物
(4)ア　(5)カンラン石　(6)チョウ石

❹ (1)等粒状組織　(2)深成岩　(3)斑状組織
(4)火山岩　(5)大きな鉱物
(6)マグマが地表や地表の近くで短い間に冷えて固まってできた。
(7)㋐　(8)無色鉱物

━━━━━━━━━ 解　説 ━━━━━━━━━

❶ (1)火山ガスには二酸化炭素や二酸化硫黄(いおう)などもふくまれるが，90％以上は水蒸気である。
(5)マグマが地下深くでゆっくり冷えて固まると，深成岩になる。

❷ (1)マグマのねばりけが大きいものほど火山が盛り上がった形になりやすい。
(4)桜島や富士山(ふじさん)など，現在活動のみられる火山や，おおよそ1万年以内に噴火したことがある火山を，活火山という。

❸ (1)火山灰にふくまれる鉱物は火山から噴き出したもので，粒が角ばっている。
(4)ねばりけの大きいマグマは無色鉱物を多くふくんでいるため，ねばりけの大きいマグマからできた火山灰は白っぽい色をしている。

❹ (1)～(5)㋐は等粒状組織をもつ深成岩である。また，㋑は斑状組織をもつ火山岩で，大きな鉱物である斑晶を，小さな粒である石基が取り巻いている。
(6)マグマが地表や地表付近で短い間に冷えて固まると，鉱物が大きな結晶に成長せずに石基のような組織ができる。このようにしてできた火成岩を火山岩という。
(7)(8)花こう岩には，チョウ石やセキエイという無色鉱物が多くふくまれているので，白っぽい色に見える。

🔷 **第2章　地層～大地から過去を読みとる～** 🔷

p.92～93 ステージ**1**

● 教科書の要点
❶ ①風化　②侵食　③運搬　④堆積　⑤地層
⑥古い　⑦堆積岩　⑧砂岩　⑨凝灰岩
❷ ①れき　②泥　③凝灰　④化石
⑤示相化石　⑥示準化石　⑦地質年代
⑧柱状図　⑨かぎ層

● 教科書の図
[1] ①れき岩　②砂岩　③泥岩　④石灰岩
⑤チャート　⑥凝灰岩
[2] ①新生代　②中生代　③ビカリア
④アンモナイト
⑤サンヨウチュウ

p.94〜95 ステージ2

1 (1)風化
(2)①侵食　②運搬　③堆積

2 (1)㋐V字谷　㋑平野　㋒扇状地　㋓三角州
(2)侵食　(3)㋓　(4)㋓

3 (1)①ウ　②ア　③イ
(2)大きくなっている。
(3)下にある地層

4 (1)イ
(2)流水のはたらきで(運搬される間に)粒の角がけずられたから。
(3)ちがう。
(4)①れき岩　②砂岩　③泥岩
(5)石灰岩　(6)石灰岩
(7)二酸化炭素　(8)生物の死がいなど
(9)凝灰岩

解 説

1 (1)地表の岩石が，気温の変化や雨水などのはたらきによって，長い年月の間にしだいにくずれて粒になっていくことを，風化という。
(2)流水が，風化した岩石をけずったり，岩石の一部を溶かしたりするはたらきを侵食という。また，けずり取られた土砂を，流水が下流へ運ぶはたらきを運搬といい，運搬されたれきや土砂が，流れがゆるやかなところや流れが止まったところに積もることを堆積という。

2 流水が山を侵食し続けると，V字谷ができる。また，流水によって山地から運ばれた土砂が，山から平地に出たところで堆積すると，扇状地ができる。さらに，流水による侵食と堆積のはたらきで平坦な土地である平野がつくられ，流水によって運ばれた土砂が河口で堆積すると三角州ができる。

3 (1)(2)粒が大きいものほど速く沈むため，1つの層を見ると，下の方ほど粒が大きくなる。
(3)地層は，順に上に重なってできるため，上の地層ほど新しい。

4 (1)〜(3)堆積岩の中にふくまれるれきは，流水のはたらきによって丸みをおびている。一方，火成岩の中に見られる粒は，マグマが冷えて固まったときにできた結晶などで，流水のはたらきを受けていないので角ばっている。
(5)〜(8)石灰岩とチャートは，どちらも生物の死がいなどが堆積したものであるが，成分が異なっている。石灰岩は貝殻やサンゴなど(炭酸カルシウム)からできていてやわらかいため，くぎで傷をつけることができる。また，塩酸をかけると二酸化炭素が発生する。一方チャートは，放散虫(ほうさんちゅう)の殻(二酸化ケイ素)からできている。かたいのでくぎで傷をつけることができず，塩酸をかけても気体は発生しない。

p.96〜97 ステージ2

1 (1)㋐　(2)①㋑　②㋒　③㋐
(3)チャート

2 (1)㋐エ　㋑ア　(2)示相化石
(3)㋒サンヨウチュウ　㋓アンモナイト
(4)㋒古生代　㋓中生代
(5)示準化石

3 (1)露頭　(2)柱状図　(3)かぎ層
(4)a…㋑　b…㋓　c…㋔

4 (1)ボーリング試料　(2)軽石
(3)火山の噴火(火山活動)
(4)比較的寒い地方　(5)B

解 説

1 川の上流ほど土地の傾きが急で，水の流れが速い。このようなところでは，粒の大きいれきが堆積する。流れが遅くなるにしたがって，砂や泥が堆積する。また，陸から遠くはなれた深い海では，土砂が運搬されず，堆積しない。このような場所では，生物の死がいだけが堆積し，チャートができる。

2 (1)(2)サンゴは暖かく浅い海にすみ，シジミは海水と川の水が混ざる河口や湖などにすんでいる。サンゴやシジミの化石からは，これらをふくむ地層が堆積した当時，サンゴやシジミが生活するのに適した場所であったことがわかる。このように，地層が堆積した当時の環境を知る手がかりとなる化石を示相化石という。
(3)〜(5)㋒のサンヨウチュウは古生代に，㋓のアンモナイトは中生代に栄えた生物である。このように，限られた地質年代にだけ世界中に広く分布していた生物の化石からは，これらの地層の堆積した地質年代が推定できる。このような化石を示準化石という。

3 (2)ある地点での地層の重なりを柱のように表し

たものを，柱状図という。

(3)火山が噴火すると，火山灰などの火山噴出物が広い範囲に降り積もる。このことから，火山灰をふくむ層があると，離れた場所でも同じ時期に堆積した層であることがわかる。このように，離れた層のつながりを調べるときに目印となる層をかぎ層という。

(4)地点A～Eの柱状図を比べると，それぞれの地層の重なり方が同じになっていることから考える。

4 (1)地層に筒をさして取り出した試料をボーリング試料という。柱状図は，このような試料などをもとにしてつくられる。

(2)(3)火山灰や軽石は火山噴出物であるため，これらがふくまれる地層が堆積した当時，火山の噴火があったことがわかる。チャートや石灰岩は生物の死がいなどでできた堆積岩で，火山灰がふくまれている地層には混じっていない。

(4)イヌブナは，比較的寒い地方にはえる。そのため，イヌブナの化石がふくまれる地層が堆積した場所は，寒い地方であったことがわかる。

p.98～99 ステージ3

1 (1)流水が岩石をけずったり，岩石の一部を溶かしたりするはたらき。

(2)流水が土砂を運ぶはたらき。

(3)下流　　(4)扇状地

(5)ア，ウ　　(6)三角州

2 (1)れき岩　　(2)河口近く　　(3)凝灰岩

(4)火山の噴火(火山活動)　　(5)㋐

3 (1)サンヨウチュウ　　(2)地質年代

(3)フズリナ　　(4)示準化石

(5)ある期間だけ広い範囲に分布していた生物の化石。

4 (1)㋐　　(2)暖かく浅い海　　(3)示相化石

(4)火山灰　　(5)石灰岩　　(6)二酸化炭素

(7)チャート　　(8)㋒

◆━━━━━━━ 解説 ◆━━━━━━━

1 (1)(2)流水が岩石をけずったり，岩石の一部を溶かしたりするはたらきを，侵食という。風化や侵食によってできた土砂を流水が運ぶはたらきを，運搬という。

(3)運搬された土砂が，流れがゆるやかなところや流れが止まったところに積もることを堆積という。

下流では川の流れがゆるやかなので，堆積のはたらきが大きい。

(4)川が山地から平地に出ると，土地の傾きが小さくなるとともに，川幅が広がって流れがゆるやかになる。このため，山地からの土砂が扇形に広がるように堆積する。これを扇状地という。

(6)川が海に出るとき，川幅が広がって流れがゆるやかになり，土砂が河口から海に広がって堆積する。これを三角州という。

2 (1)泥岩，砂岩，れき岩は，次のように区別する。

・泥岩…泥(粒が約0.06mm以下)が堆積。

・砂岩…砂(粒が約0.06mm～2mm)が堆積。

・れき岩…れき(粒が2mm以上)が堆積。

堆積岩をつくっている泥，砂，れきは，流水によって運搬され，堆積したものなので，角がとれて丸みをおびている。

(2)れきは扇状地，川底，河口近くなど，水の流れが速い場所でも堆積する。

(3)(4)火山灰などでできている堆積岩を凝灰岩という。地層に凝灰岩がふくまれていれば，その地層が堆積した当時，火山の噴火があったことがわかる。

(5)㋐はれき岩で，流水によって運搬された土砂が海などの底に堆積したものである。㋑は凝灰岩で，火山灰などが堆積したものである。したがって，海の生物の化石がふくまれている可能性は，㋐の方が大きい。

3 (1)～(3)示準化石などをもとにして，地球の歴史をいくつかの時代に区分したものを，地質年代という。図はサンヨウチュウの化石である。サンヨウチュウやフズリナは古生代の生物である。ビカリアやナウマンゾウは新生代，恐竜は中生代の生物である。

(4)(5)サンヨウチュウは，限られた期間にだけ，世界中の広い範囲に分布していた生物である。サンヨウチュウの化石のように，その地層が堆積した年代を推定することができる化石を示準化石という。

4 (2)(3)サンゴは暖かく浅い海にすんでいる。サンゴの化石のように，その地層が堆積した当時の環境を知る手がかりとなる化石を示相化石という。

(4)凝灰岩は火山灰など火山噴出物が堆積してできた堆積岩である。凝灰岩の地層が堆積した当時，

火山の噴火があったと考えられる。
(5)〜(7)石灰岩とチャートはどちらも生物の死がいなどが堆積してできた岩石であるが，主な成分が異なっている。石灰岩は，貝殻やサンゴのような炭酸カルシウムでできているので，塩酸をかけると二酸化炭素が発生する。一方，チャートは，放散虫の殻などの二酸化ケイ素でできているので，塩酸をかけても気体が発生しない。
(8)火山灰などが固まってできた凝灰岩は，かぎ層として適している。

第3章　地震〜ゆれる大地〜

p.100〜101　ステージ1

●教科書の要点

❶ ①震源　②初期微動　③主要動　④S波
⑤初期微動継続時間　⑥震度
⑦マグニチュード

❷ ①プレート　②海溝　③断層

❸ ①隆起　②しゅう曲　③温泉　④津波

●教科書の図

[1] ①震央　②震源　③同心円

[2] ①P　②S　③初期微動　④主要動
⑤初期微動継続時間

[3] ①大陸　②海洋　③大陸

p.102〜103　ステージ2

❶ (1)下図　(2)下図

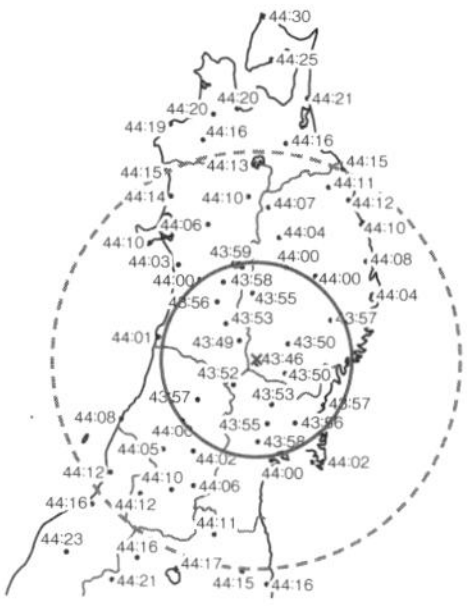

(3)小さくなる。
(4)同心円状に伝わっていった。

❷ (1)㋐震源　㋑震央
(2)震度　(3)10段階　(4)波
(5)マグニチュード　(6)初期微動
(7)主要動

❸ (1)㋐P波　㋑S波
(2)初期微動継続時間　(3)B地点

❹ (1)海溝　(2)海嶺（かいれい）
(3)①大陸　②海洋

❺ ㋐断層　㋑しゅう曲

❻ 恵み…化石燃料，温泉，岩石や鉱物の利用，地熱発電　などから1つ
災害…地震，津波，火砕流（かさいりゅう），土地の液状化，地割れ，地すべり，火山灰　などから1つ

解説

❶ (1)「44:00」の地点，「44:01」以上の地点の内側，「43:59」以下の地点の外側を通るような円をかく。
(2)図で，8時43分46秒に初期微動が始まった地点のそば，円のほぼ中心が震央である。
(4)地震の波は震源から一定の速さで広がっていくため，地表面でのゆれは震央を中心として同心円状に伝わっていく。

❷ (2)震度は，ある観測地点でのゆれの大きさを表す。
(3)震度階級は，0，1，2，3，4，5弱，5強，6弱，6強，7の10段階に分けられている。
(4)地震は，波として地中の岩石の中を伝わっていく。

❸ (1)(2)地震の波には，速く伝わるP波と，遅く伝わるS波がある。P波とS波の到達時刻の差を初期微動継続時間という。
(3)地震の波は，右の図のように震源を中心にして同心円状に伝わっていくので，震源に近い観測地点ほど，地震の波の到達時刻が早くなる。

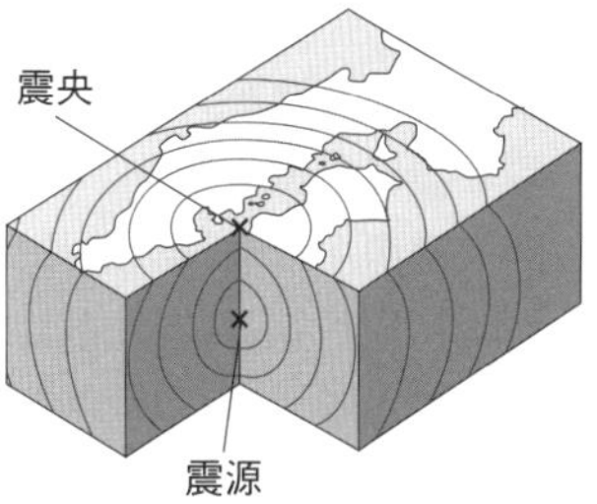

❹ (3)海洋プレートが大陸プレートの下に沈みこむとき，大陸プレートのふちが海洋プレートに引きずられて変形する。大陸プレートのふちがこの変形にたえきれなくなって反発するとき，岩石が破壊されて，プレート境界型地震が起こる。

❺ ㋐地層に押したり引いたりする大きな力がはたらいてできたずれを，断層という。
㋑地層に大きな押す力がはたらいて，波打つように曲がることを，しゅう曲という。

❻ 大地の活動は，私たちに災害だけでなく，恵み

ももたらす。

p.104〜105 ステージ3

1 (1)㋐初期微動　㋑主要動
(2)㋐
(3)P波とS波の到達時刻の差。
(4)ア

2 (1)P波　(2)37秒
(3)C　(4)A
(5)㋑　(6)C

3 (1)7km/s　(2)3.5km/s　(3)主要動
(4)20秒　(5)10秒
(6)210km
(7)2時14分30秒
(8)緊急(きんきゅう)地震速報

4 (1)㋐大陸プレート　㋑海洋プレート
(2)㋐　(3)深くなっている。
(4)沈降　(5)隆起　(6)津波

解 説

1 (1)〜(3)地震の波には，速く伝わるP波と，遅く伝わるS波がある。P波は震源からはじめに伝わる小さなゆれである初期微動を起こし，S波はあとから伝わる大きなゆれである主要動を起こす。P波とS波は伝わる速さがちがうので，その到達時刻には差ができる。この差を初期微動継続時間という。
(4)P波やS波が到達するまでの時間は，震源から離れるほど長くなる。このため，初期微動継続時間も震源から離れるほど長くなる。

2 (2)初期微動継続時間は，P波とS波の到達時刻の差である。したがって，
8時50分10秒－8時49分33秒＝37秒
(3)(4)地表面での地震のゆれは，震央を中心にして同心円状に伝わるので，観測地点が震央に近いほど波の到達時刻が早く，震央から離れるほど到達時刻が遅くなる。
(5)P波の到達した時刻が同じ地点を結んでいくと，㋑を中心とした同心円状になることがわかる。したがって，㋑が震央であると考えられる。
(6)いっぱんに，震源に近いほど震度は大きくなる。

3 (1)震源から140kmの地点に20秒で伝わっていることから，P波の伝わる速さは，

$$\frac{140\,[\mathrm{km}]}{20\,[\mathrm{s}]}=7\,[\mathrm{km/s}]$$

(2)震源から140kmの地点に40秒で伝わっていることから，S波の伝わる速さは，

$$\frac{140\,[\mathrm{km}]}{40\,[\mathrm{s}]}=3.5\,[\mathrm{km/s}]$$

(4)グラフより，震源からの距離が140kmのとき，P波は地震発生の20秒後に，S波は地震発生の40秒後に到達することがわかる。よって，初期微動継続時間は，
40－20＝20〔秒〕
(5)グラフより，震源からの距離が70kmのとき，P波は地震発生の10秒後に，S波は地震発生の20秒後に到達することがわかる。よって，初期微動継続時間は，
20－10＝10〔秒〕
(6)グラフより，初期微動継続時間は震源からの距離に比例することがわかる。この地震での初期微動継続時間は，震源からの距離が70kmの地点で10秒，140kmの地点で20秒であることから，30秒となるのは震源からの距離が210kmの地点であると考えられる。
(7)グラフより，震源からの距離が140kmの地点にS波が到達するのは，地震発生の40秒後なので，
2時15分10秒－40秒＝2時14分30秒
(8)緊急地震速報はP波とS波の伝わる速さのちがいを利用して，大きなゆれをともなう主要動がくる前に，地震の発生を知らせるしくみである。震源に近い地震計が観測したP波をもとに，各地でのS波の到達時刻や震度を予想し，震度5弱以上のゆれが予想されれば，緊急地震速報(警報)が出される。

4 (2)地球の表面はプレートとよばれる厚さ100kmほどの岩石におおわれている。日本列島付近では，海洋プレートが大陸プレートのふちを引きずりながら大陸プレートの下へ沈みこんでいる。大陸プレートのふちが変形にたえきれなくなると反発し，プレート境界型地震が起こる。
(3)日本列島の東側から西側に向かって海洋プレートが沈みこんでいるので，プレート境界型地震の震源も東側で浅く，西側で深くなっている。
(4)(5)地震やプレートの移動によって大地が沈むことを沈降，大地がもち上がることを隆起という。

(6)大規模な地震にともなって海底が隆起すると, 海水がもち上げられ, 大きな水のかたまりとなって広がることがある。これが陸地に押し寄せる現象を津波という。津波は, 海岸付近に大きな災害をもたらすことがある。

p.106～107 ◀ 単元末総合問題

1》 (1)岩石　(2)a　(3)ウ
(4)c　(5)オ, キ

2》 (1)等粒状組織　(2)B
(3)イ
(4)丸みをおびた形(角がとれた形)
(5)ア, ウ

3》 (1)ウ　(2)ア　(3)かぎ層
(4)地層が堆積した年代を推定できる化石。

4》 (1)ア C　イ A　(2)イ
(3)初期微動継続時間
(4)短くなる。
(5)7時7分50秒

━━━▶ 解説 ◀━━━

1》 (1)～(4)マグマのねばりけが大きいと, アのようにドーム状の地形が火口にできることがある。このような火山では, 爆発的な噴火が起こりやすく, 火山噴出物は白っぽい色をしている。
マグマのねばりけが小さいと, ウのように傾斜がゆるやかな形の火山になりやすい。このような火山では, 噴火が比較的おだやかで, 溶岩が流れるように噴出して広がりやすい。また, 火山噴出物は黒っぽい色をしている。
(5)セキエイは無色や白色で, チョウ石は白色, 灰色, うす桃色をした無色鉱物である。その他は有色鉱物である。

2》 (1)～(3)マグマが地下深いところで長い時間をかけて冷えて固まると, 結晶が大きく成長してアのような等粒状組織になる。一方, マグマが地表や地表付近で短い間に冷えて固まると, 結晶が大きくならず, イのように結晶になれない部分が残った斑状組織になる。斑状組織の肉眼でも見える大きな鉱物を斑晶, 斑晶を取り巻く小さな粒を石基という。
(4)砂岩は, 流水のはたらきによって運ばれた砂が堆積してできた岩石である。したがって, 粒は角がとれて丸みをおびている。

(5)シジミは河口や湖などにすみ, イヌブナは比較的寒い地方にはえ, サンゴは暖かく浅い海にすむ。このように, 地層が堆積した当時の環境を知る手がかりとなる化石を示相化石という。フズリナや恐竜の化石は, 地層が堆積した年代を推定できる, 示準化石である。

3》 (1)アはうすい塩酸をかけると二酸化炭素が発生しているので, 石灰岩である。イは粒の大きさから砂岩である。ウは火山灰が固まってできた層なので, 凝灰岩である。
(2)エは粒の大きさかられきの層である。れきは, 水の流れが速い扇状地や河口近くで堆積したと考えられる。また, オは粒の大きさから泥の層である。泥は, 海岸から離れた場所で堆積したと考えられる。
(3)火山の噴火が起こると, 広い範囲に火山灰が降り積もる。このため, 火山灰や軽石の層は, 離れた場所での地層のつながりを調べるときの手がかりとなる。このような地層をかぎ層という。
(4)アンモナイトは中生代に広く分布していた生物である。このように, 限られた地質年代に広く分布していた生物の化石からは, その地層が堆積した地質年代を推定することができる。

4》 (1)地震の波は, P波, S波ともに一定の速さであらゆる方向へ伝わる。このため, 地表面での地震のゆれは震央を中心にしてほぼ同心円状に広がる。図1で, 震央からの距離は近い方からイ, ウ, ア, エの順である。また, 図2で, 地震計の記録をP波(初期微動)で見ると, 到達時刻の早い順にA, D, C, Bの順である。よって, アの記録がC, イの記録がA, ウの記録がD, エの記録がBであることがわかる。
(2)震度は地震計の記録のふれ幅で表されるので, Aの震度が最も大きいことから, イでの震度が最も大きかったことがわかる。また, ふつう, 震源に近いほど地震のゆれは大きくなるので, 震源に最も近いイで震度が最も大きかったと考えられる。
(3)(4)S波とP波の到達時刻の差を初期微動継続時間という。初期微動継続時間は, 震源に近いほど短くなる。
(5)初期微動がはじまった時刻(P波の到達時刻)は, イでは7時7分55秒, ウでは7時8分00秒である。また, 震央からイまでの距離は30km, 震央

から㋒までの距離は60kmなので，P波の伝わる速さは次のように計算できる。

$$\frac{60〔km〕-30〔km〕}{7時8分00秒-7時7分55秒}=6〔km/s〕$$

この速さで，P波が震央から㋑までの距離30kmを進むのにかかった時間は，

$$\frac{30〔km〕}{6〔km/s〕}=5〔s〕$$

よって，震央で初期微動がはじまった時刻は，㋑で初期微動がはじまった時刻の5秒前なので，
7時7分55秒－5秒＝7時7分50秒

プラスワーク

p.108〜109 計算力UP

1 (1)9g/cm³　(2)810g
(3)25cm³　(4)19.33g/cm³

2 (1)14.3%　(2)170g
(3)水…190g　塩化ナトリウム…10g
(4)10%　(5)12.38%

3 (1)85m　(2)3秒後

4 (1)4.5cm　(2)6.5cm　(3)150g

解説

1 (1)密度は体積1 cm^3当たりの質量であるから，

$$\frac{72〔g〕}{8〔cm^3〕}=9〔g/cm^3〕$$

(2)$90〔cm^3〕\times 9〔g/cm^3〕=810〔g〕$

(3)$\frac{225〔g〕}{9〔g/cm^3〕}=25〔cm^3〕$

(4)$\frac{232〔g〕}{12〔cm^3〕}=19.333\cdots〔g/cm^3〕$

2 (1)溶質25g，溶媒150gの水溶液なので，

$$\frac{25〔g〕}{150〔g〕+25〔g〕}\times 100=14.28\cdots$$ より，14.3%

(2)溶質30g，質量パーセント濃度15%なので，砂糖水の質量をx〔g〕とすると，

$$\frac{30〔g〕}{x〔g〕}\times 100=15 \quad x=200〔g〕$$

水の質量は，200－30＝170〔g〕
(3)塩化ナトリウムの質量は，
200〔g〕×5÷100＝10〔g〕
水の質量は，200－10＝190〔g〕
(4)もとの水溶液の溶媒(水)だけが増える。溶質の質量は，
250〔g〕×12÷100＝30〔g〕なので，
できた水溶液の質量パーセント濃度は，

$$\frac{30〔g〕}{250〔g〕+50〔g〕}\times 100=10$$ より，10%

(5)それぞれの水溶液にふくまれる塩化ナトリウムの質量は，
300〔g〕×8÷100＝24〔g〕
500〔g〕×15÷100＝75〔g〕
混ぜてできた水溶液の質量パーセント濃度は，

$$\frac{24〔g〕+75〔g〕}{300〔g〕+500〔g〕}\times 100=12.375$$ より，12.38%

3 (1)太鼓の音は，0.5秒で校舎までの距離を往復している。よって，校舎までの距離は，

$$\frac{340[m/s] \times 0.5[s]}{2} = 85[m]$$

(2)距離が1020m，音の伝わる速さが340m/sなので，

$$\frac{1020[m]}{340[m/s]} = 3 [s]$$

4 (1)ばねAに0.1Nの力を加えたときのばねの伸びは0.5cmなので，9倍の0.9Nの力を加えたときの伸びは，0.5[cm]×9＝4.5[cm]

(2)130gのおもりが受ける重力は1.3Nなので，

0.5[cm]×13＝6.5[cm]

(3)グラフより，ばねBに0.3Nの力を加えたときの伸びが1.0cmなので，ばねの伸びが5cmのときにばねに加えた力を x Nとすると，

0.3[N]：1.0[cm]＝ x [N]：5 [cm]

x ＝1.5[N]

よって，おもりは150gである。

p.109~111 作図力UP

5 (1)

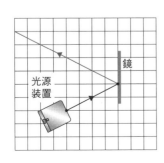

(2)

6 (1)

(2)

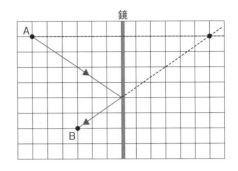

7 (1)

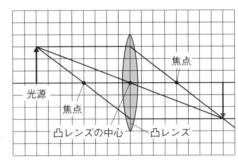

(2)

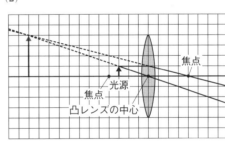

8 (1)　　　　　　(2)

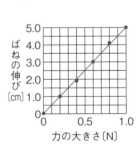

9

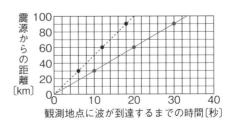

＋ 解説 ＋

5 (1)アブラナは被子植物なので，胚珠が子房の中にある。アブラナの花のめしべのもとのふくらんだ部分が子房で，子房の中にならんでいる粒が胚珠である。一方，マツの雌花のりん片には，胚珠がむき出しの状態でついている。

(2)ツユクサは単子葉類で，子葉は1枚，葉脈は平行脈，根のつくりはひげ根という特徴がある。葉の中ほどはほぼ平行に，葉のもとと先端では葉脈が1点に集まるようになめらかな線をかく。

6 (1)入射角と反射角が等しくなるように反射光をかく。

(2)まず，鏡をはさんで点Aと対称の位置に点A′をかく。点A′は，点Bから見たときに鏡の奥に見える，点Aの像の位置である。次に，点A′と点Bを直線で結ぶ。この直線と鏡の交点を点Cとしたとき，点Aからの光は，点Cで反射して点Bまでとどく。したがって，点Aと点C，点Cと点Bをそれぞれ直線で結び，光の進む方向に矢印をかけばよい。

7 (1)①凸レンズの中心を通って直進する光の道すじ，②凸レンズの軸に平行な光が凸レンズで屈折し，焦点を通る道すじ，③焦点を通って凸レンズで屈折し，凸レンズの軸に平行に進む光の道すじを作図する。すると，①～③の直線は凸レンズの右側の1点で交わるので，①～③の交点に向かって凸レンズの軸から垂線（矢印）を引く。①～③のうちの2つの線だけで交点を求めることができる。

(2)光源から出た光が凸レンズの中心を通って直進する道すじと，凸レンズの軸に平行な光が凸レンズで屈折して焦点を通る道すじは，凸レンズの先で交わらない。これは，実像ができないことを表している。このような場合は，それぞれの道すじを反対側（図では左側）にのばすとよい。図の左側にできた交点に向かって，凸レンズの軸から垂線（矢印）を引く。

8 (1)200gのおもりが受ける重力の大きさは2Nである。力の矢印の長さは力の大きさに比例させてかくので，ばねとおもりが接している点を作用点とし，上向きに2cmの矢印をかく。

(2)まず，測定値をはっきりと記入し，測定値が線の上下に均等にちらばるような，原点を通る直線をかく。

測定値を結んだ折れ線グラフにはしない。

9 (1)図のA～Cから，初期微動継続時間を読み取る（A…4秒，B…8秒，C…12秒）。次に，P波のグラフ上の各点から右側に，それぞれの初期微動継続時間を加えて印をかく。それぞれの印と原点を通る直線をかく。

p.111～112 記述力 **UP**

10 ルーペで太陽を見ること。

11 (1)単子葉類は平行脈，双子葉類は網状脈である。

(2)単子葉類はひげ根，双子葉類は主根と側根である。

12 水素は水に溶けにくいから。

13 試験管の口を手であおぐようにしてにおいをかぐ。

14 （コインから出た光が，）水面で屈折して目にとどいたから。

15 (1)マグマが，地下深いところで長い時間をかけて冷え固まり，結晶が大きく成長したため。

(2)塩酸をかけると，石灰岩からは二酸化炭素が発生するが，チャートには変化がない。

(3)くぎで引っかくと，石灰岩は傷がつくが，チャートは傷がつかない。

16 初期微動継続時間は同じで，ゆれの大きさは地震Bの方が大きい。

＋ 解説 ＋

10 ルーペで直接太陽を見ること以外にも，観察するものを太陽の方にかざして見ることも危険である。

11 単子葉類は，子葉が1枚で，葉脈は平行脈，根のつくりはひげ根である。また，双子葉類は，子葉が2枚，葉脈は網状脈，根のつくりは主根と側根である。それぞれの特徴を表す用語を使って，単子葉類と双子葉類の両方を比べながら答えるようにする。

12 亜鉛にうすい塩酸を加えると，水素が発生する。水素は，水に溶けにくいという性質があるため，水上置換法で集めることができる。

13 実験で発生する気体には，刺激臭のあるものや有毒なものがあり，気体の入った試験管の口に直接鼻を近づけてにおいをかぐと危険な場合がある。

直接においをかぐのではなく，手であおぐように
してかぐようにする。

14 「光が屈折した」という内容だけでは不十分であ
る。光が目にとどくことで，私たちは見えたと感
じるからである。これらのことが，書き出しにつ
ながるように注意して答える。

15 (1)マグマにふくまれている鉱物が，長い時間を
かけてゆっくり冷えて固まると，結晶として大き
く成長し，等粒状組織ができる。一方，急に冷え
て固まると斑状組織になる。指定された言葉を必
ず使って答える。

(2)(3)石灰岩とチャートは，どちらも生物の死がい
などが堆積したものであるが，性質は異なってい
る。石灰岩は，塩酸をかけると二酸化炭素が発生
する。また，くぎで引っかいて傷をつけることが
できるほどやわらかい。一方，チャートは，塩酸
をかけても変化しない。また，非常にかたく，く
ぎで傷をつけることができない。

16 Ｐ波とＳ波は同時に発生するが，伝わる速さは
Ｐ波の方が速いので，到達時刻に差が生じる。こ
の差を初期微動継続時間という。震源と観測地点
が同じであれば，波の速さは同じなので，初期微
動継続時間も同じである。一方，地震のゆれは
震源からの距離や地震の規模(マグニチュード)に
よって変わってくる。地震Ａと地震Ｂで震源から
の距離は同じであるが，地震の規模は地震Ｂの方
が大きい。よって，地震のゆれの大きさは地震Ｂ
のときの方が大きいと考えられる。

定期テスト対策 得点アップ! 予想問題

p.114〜115 第1回

[1] (1)㋐
(2)線がはっきりしていない。
かげがついている。から1つ
(3)ルーペ　(4)ア，ウ，エ

[2] (1)㋐柱頭　㋑子房　㋒やく
㋓胚珠　㋔花弁
(2)花粉　(3)㋐　(4)㋑
(5)離弁花　(6)ウ
(7)胚珠が子房の中にある。

[3] (1)㋑　(2)㋒花粉のう　㋓胚珠
(3)裸子植物　(4)イ，エ

[4] (1)㋑　(2)胞子のう　(3)胞子　(4)雌株
(5)ない。

[5] (1)A…被子植物　B…裸子植物
C…単子葉類　D…合弁花類
(2)①子葉が1枚か，2枚か。
葉脈が平行脈か，網状脈か。
根のつくりがひげ根か，主根と側根か。
から1つ
②花弁がつながっているか，1枚1枚はなれているか。
(3)種子

解説

[1] (1)(2)スケッチは，対象とするものを正確にかく。そのため，細い線や点ではっきりとかく。かげをつけたり，一度かいた線をなぞったりしない。
(4)マイマイ，コイにはあしがなく，カモのあしの数は2である。

[2] (1)アブラナの花のつくりで，中心にあるのはめしべである。おしべの先端の袋状の部分をやくという。花弁の外側にはがくがついている。
(2)〜(4)やくには花粉が入っていて，やくから出た花粉がめしべの柱頭につくことを受粉という。受粉すると，子房は成長して果実になり，子房の中にある胚珠は成長して種子になる。
(5)(6)サクラは，花弁が1枚1枚はなれている離弁花である。一方，アサガオやタンポポ，ツツジは，花弁がつながっている合弁花である。
(7)アブラナのように，胚珠が子房の中にある花をもつ植物を被子植物という。一方，胚珠がむき出しになっている花をもつ植物は，裸子植物という。被子植物も裸子植物も，胚珠をつくって種子でふえる種子植物である。

[3] マツの花には花弁やがくなどがなく，りん片が集まったつくりになっている。雄花のりん片には花粉が入った花粉のうがついている。雌花のりん片には子房がなく，胚珠がむき出しのままついている。このような特徴をもつ植物を裸子植物という。

[4] (1)㋐は茎ではなく，柄とよばれる葉の一部である。茎は地面の下で横に伸びている㋑で，地下茎とよばれる。
(2)(3)シダ植物は種子をつくらず，胞子でふえる。葉の裏にある㋓は胞子のうで，中にある小さな粒㋔は胞子である。
(4)(5)コケ植物も種子ではなく，胞子でふえる。コケ植物の胞子は，雌株にある胞子のうでつくられる。また，コケ植物には，根，茎，葉の区別がない。

[5] (1)(3)スギナはシダ植物，スギゴケはコケ植物で，どちらも胞子でふえる植物である。よって，A，Bをふくむ植物は，種子植物であることがわかる。種子植物のうち，スギやイチョウは裸子植物に分類される。よって，Aは被子植物，Bは裸子植物であることがわかる。被子植物のうち，イネやススキは単子葉類に分類される。よって，Cは単子葉類，もう一方は双子葉類であることがわかる。双子葉類のうち，ツツジやアサガオは合弁花類，サクラやエンドウは離弁花類なので，Dは合弁花類だとわかる。
(2)①単子葉類と双子葉類を分類するときの基準を答える。
②合弁花類と離弁花類を分類するときの基準を答える。

p.116〜117 第2回

[1] (1)㋐イ　㋑ア　㋒ウ
(2)A…えら　C…肺
(3)①えらや皮ふ　②肺や皮ふ

(4)E…粘液　G…羽毛　H…体毛
(5)うろこ
(6)I…卵生　J…胎生
(7)①哺乳類　②鳥類　③は虫類

[2] (1)草食動物　(2)肉食動物
(3)ライオン　(4)シマウマ

[3] (1)無脊椎動物　(2)エ

[4] (1)㋐ケ　㋑コ　㋒ク
㋓オ　㋔ア　㋕カ　㋖キ
(2)エ　(3)鳥類　(4)昆虫類
(5)軟体動物　(6)外とう膜

解説

[1] ㋐魚類はえらで呼吸をし，は虫類，鳥類，哺乳類は肺で呼吸する。両生類の幼生はえらや皮ふで，成体は肺や皮ふで呼吸をしている。
㋑魚類とは虫類のからだの表面はうろこで，両生類のからだの表面は粘液で，鳥類のからだの表面は羽毛で，哺乳類のからだの表面は体毛でおおわれている。
㋒哺乳類は胎生，その他の脊椎動物はどれも卵生である。
(7)陸上に卵をうむのは，は虫類と鳥類である。魚類や両生類，は虫類の子は，卵からかえると自ら食物をとる。一方，鳥類の子は，卵からかえってもしばらくは親から食物をあたえられて育つ。哺乳類の子は，うまれてしばらくは乳を飲んで育つ。

[2] (3)(4)それぞれ，生活場所や食物に適したからだのつくりをもっている。

[3] 無脊椎動物の子のうまれ方は卵生である。また，節足動物でも軟体動物でもない無脊椎動物の呼吸のしかたは，えら呼吸や皮ふ呼吸など，種類によってさまざまである。クラゲやミミズは，皮ふなどで呼吸している。

[4] (1)～(3)シカは哺乳類，カメはは虫類，カエルは両生類，アジは魚類であることから，Aには鳥類であるカルガモがあてはまる。ヘビはは虫類，ヒグマは哺乳類，トカゲはは虫類である。
㋐㋕動物全体は，背骨があるかどうかで大きく2つに分類できる。シカ，カメなどは背骨のある脊椎動物，バッタやイカなどは背骨のない無脊椎動物である。
㋑脊椎動物は，呼吸のしかたでさらに分類される。哺乳類，鳥類，は虫類，両生類の成体は肺で呼吸するが，両生類の幼生や魚類はえらで呼吸する。
㋒哺乳類のからだの表面は体毛で，鳥類のからだの表面は羽毛でおおわれている。
㋓㋔鳥類はかたい殻のある卵を陸上にうみ，は虫類は弾力のあるじょうぶな殻のある卵を陸上にうむ。両生類はやわらかい殻のある卵を水中にうみ，魚類はかたい殻のない卵を水中にうむ。
㋖無脊椎動物のうち，バッタやエビのように，からだの外側が外骨格におおわれ，からだに節のある動物を，節足動物という。
(4)節足動物は，さらに昆虫類と甲殻類に分類できる。バッタは昆虫類で，からだが頭部，胸部，腹部の3つの部分に分かれ，胸部には3対(6本)のあしがついている。エビのなかまは甲殻類という。
(5)(6)無脊椎動物のうち，二枚貝やイカなどのなかまを軟体動物といい，内臓が外とう膜におおわれている，からだに節がないという特徴がある。

p.118～119 第3回

[1] (1)イ　(2)イ，エ
(3)ア，イ，ウ，カ
(4)ア，ウ，カ
(5)二酸化炭素
(6)有機物
(7)ア，ウ，オ，カ

[2] (1)質量　(2)密度
(3)銅　(4)アルミニウム
(5)31.6g　(6)鉄

[3] (1)20%　(2)45g
(3)①36g　②164g
(4)塩化ナトリウムは温度による溶解度の変化が小さいから。

[4] (1)溶質　(2)㋒，㋔，㋕
(3)溶解度　(4)イ　(5)再結晶

解説

[1] (1)磁石につくのは，鉄など一部の金属の性質であって，金属に共通した性質ではない。
(2)電気を通しやすいのは，金属に共通した性質の1つである。
(3)～(6)有機物は空気中で燃え，二酸化炭素と水ができる。そのため，燃えたあとの気体を石灰水に通すと白くにごる。スチールウールも火をつけると燃えるが，二酸化炭素は発生しない。

2 (1)物体そのものの量のことを質量といい，gや
kgなどの単位で表される。

(2)～(4)密度は物質1cm³当たりの質量なので，同
じ体積で比べたときの質量は，密度が大きいもの
ほど大きい。また，同じ質量で比べたときの体積
は，密度が小さいものほど大きい。

(5)表より，エタノールの密度は0.79g/cm³なので，
40cm³のエタノールの質量は，

$0.79[g/cm^3] \times 40[cm^3] = 31.6[g]$

(6)密度は物質によって決まっているので，密度の
大きさを調べると，物質が何であるかがわかる。
体積が15cm³で質量が118gの物体の密度は，

$\frac{118[g]}{15[cm^3]} = 7.866\cdots[g/cm^3]$

よって，この物体は鉄でできている。

3 (1)溶質50g，溶媒200gの水溶液なので，

$\frac{50[g]}{200[g]+50[g]} \times 100 = 20$ より，20%

(2)$300[g] \times 15 \div 100 = 45[g]$

(3)塩化ナトリウムの質量は，
$200[g] \times 18 \div 100 = 36[g]$
よって，水の質量は，
$200 - 36 = 164[g]$

(4)いっぱんに，水の温度が高いほど溶質の溶解度
は大きくなる。しかし，塩化ナトリウムは温度に
よる溶解度の変化が小さいので，温度を下げても
ほとんど結晶が取り出せない。

4 (2)溶け残りが出たり，結晶が出てきたりしてい
る水溶液は飽和している。

(4)グラフより，20℃の水100gにとける硝酸カリ
ウムは約32gである。はじめに溶けていた硝酸カ
リウムは50gなので，
$50 - 32 = 18[g]$より，
約18gが結晶として出てくる。

(5)再結晶を利用すると，より純粋な物質を得るこ
とができる。

p.120～121 第4回

1 (1)水素　　(2)水上置換法
(3)変化しない。
(4)(ポンという音がして)燃えて水ができる。
(5)①小さく　②にくい

2 (1)酸素　　(2)物質を燃やすはたらき。

(3)二酸化炭素　　(4)下方置換法　　(5)酸性

3 (1)融点　　(2)固体から液体(に変化している。)
(3)沸点　　(4)ウ　　(5)変化しない。

4 (1)ガラス管(A)の先が，たまった液体の中に
入らないようにする。
(2)蒸留　　(3)沸点
(4)エタノール　　(5)①

━━━━━━━◆ 解 説 ◆━━━━━━━

1 (1)亜鉛や鉄，アルミニウムなどの金属に塩酸を
加えると水素が発生する。

(2)水素のように，水に溶けにくい気体を集める方
法としては水上置換法が適している。

(3)石灰水を白くにごらせるのは，二酸化炭素の性
質である。

(4)(5)水素には色やにおいがなく，水に溶けにくい。
また，最も密度が小さい気体で，酸素と混合して
火をつけると爆発的に燃えて水ができる。

2 (2)酸素には色やにおいがなく，水に溶けにくい。
また，物質を燃やすはたらき(助燃性)があり，試
験管に集めた酸素に火のついた線香を入れると，
線香は炎を上げて燃える。

(3)砂糖は有機物なので，燃やすと二酸化炭素が発
生する。

(4)空気より密度が大きい気体は，下方置換法で集
めることができる。下方置換法では，集めようと
している気体が容器の下からたまっていき，入っ
ていた空気は上に押し出される。

3 (1)(2)物質が固体から液体へ状態変化するときの
温度を融点という。水では，固体の氷から液体の
水になるときの温度で，0℃である。

(3)(4)物質が沸とうして液体から気体へ状態変化す
るときの温度を沸点という。水では，液体の水
が沸とうして気体の水蒸気になるときの温度で，
100℃である。気体の粒子の間隔は液体と比べて
非常に広く，粒子が自由に飛び回るので，液体よ
りも体積が大きくなる。

(5)状態変化では，物質の体積や密度は変わるが，
物質の質量は変化しない。

4 (1)ガラス管の先がたまった液体の中に入った状
態で加熱をやめると，大型試験管に液体が逆流し
てしまう。

(2)～(4)エタノールと水の混合物を加熱すると，は
じめに水よりも沸点の低いエタノールが多くふく

まれている液体が集められる。そのあと，水が多くふくまれている液体が集められる。このように，液体の混合物を加熱すると，まず沸点の低い物質が多く取り出せる。

(5)混合物を加熱したとき，その沸点は決まった温度にはならない。

p.122〜123　第5回

1 (1)右図
　(2)①ウ，カ（順不同）
　　②全反射

2 (1)イ
　(2)①イ　②ウ
　　③ク　④カ
　　⑤ウ　⑥キ

3 (1)右図
　(2)できない。

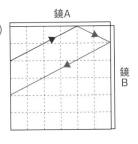

鏡A　鏡B

　(3)(ガラス板から出た光が) 1 つに集まらないから。

4 (1)振幅　(2)大きい音　(3)イ

5 (1)ウ　(2)イ　(3)ア

6 345m/s

━━━━ 解 説 ━━━━

1 (1)鏡Aでの入射角と反射角が等しくなるように作図する。次に，鏡Aでの反射光を鏡Bでの入射光として，同じように作図する。
　(2)①レンズと空気の境界面で，反射する光と屈折する光の 2 つに分かれる。水やガラスから空気中へ光が進むときには，入射角より屈折角の方が大きくなる。

2 (1)光源を焦点距離の 2 倍の位置に置くと，光源と同じ大きさで上下左右が逆向きの実像が，焦点距離の 2 倍の位置にできる。
　(2)光源が焦点の外側にあるとき，光源が凸レンズに近づくほどできる実像の位置は凸レンズから遠ざかり，実像の大きさは大きくなる。光源が焦点の内側にあるとき，凸レンズを通して，光源と同じ向きで，光源よりも大きな虚像が見える。

3 (1)凸レンズによってスクリーン上にできる実像は，ガラス板に書かれた「L」の字とは上下左右が逆向きになっている。
　(2)(3)凸レンズによって実像ができるのは，ガラス板からの光が，凸レンズを通って 1 点に集まるからである。焦点の位置にガラス板を置くと，凸レンズの軸に平行に進んだ光は凸レンズで屈折して焦点に向かって進むが，凸レンズの中心を通る光と平行になるため，光は 1 点に集まらず，像はできない。また，次の図のように，焦点と凸レンズの間にガラス板を置いた場合も，ガラス板からの光は凸レンズで屈折したあとに 1 点に集まらず，実像はできない。

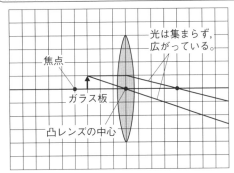

焦点と凸レンズの間にガラス板（光源）を置いたとき

光は集まらず，広がっている。
焦点
ガラス板
凸レンズの中心

4 (1)(2)弦の振動の幅を振幅という。振幅が大きいほど，音源から出る音は大きい。
　(3)弦を弱くはじくほど，振幅は小さくなる。

5 波形のグラフでは，横軸は時間を，縦軸は振幅を表す。大きな音ほど振幅が大きくなるので波の高さが高くなり，高い音ほど振動数が多くなるので一定時間の波の数が多くなる。
　(1)基準の音よりも波の高さが低く，波の数が少ないものを選ぶ。
　(2)基準の音と波の高さが同じで，波の数が多いものを選ぶ。
　(3)基準の音よりも波の高さが高く，波の数が同じであるものを選ぶ。

6 地点P，Qでのストップウォッチの時間の差が1.2秒なので，音は414mの距離を1.2秒で進んでいることがわかる。よって，音が空気中を伝わる速さは，

$$\frac{414[m]}{1.2[s]} = 345[m/s]$$

p.124～125 第6回

1　㋐②　㋑①　㋒②　㋓③
　㋔①　㋕②　㋖③

2　(1)右図
　(2)S極
　(3)しりぞけ合う力
　(4)摩擦力
　(5)つり合っている。

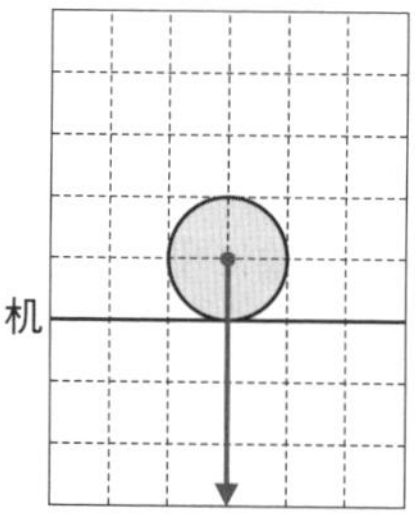

3　(1)比例(の関係)
　(2)0.2N
　(3)3cm　(4)1.5N
　(5)1.25倍　(6)4.8cm　(7)22cm

4　(1)6倍　(2)30N　(3)900g
　(4)物体そのものの量

解説

1　(1)㋐静止していたサッカーボールが動いている。つまり，運動のようすが変わっている。
㋑エキスパンダーのばねが引き伸ばされて，形が変わっている。
㋒飛んできたボールが別の方向に飛んでいる。つまり，運動のようすが変わっている。
㋓バーベルは落下せず，支えられている。
㋔ふうせんが押し縮められて，形が変わっている。
㋕静止していたタイヤが動いている。つまり，運動のようすが変わっている。
㋖バケツは落下せず，支えられている。

2　(1)200gの物体が受ける重力は2Nである。方眼の1目盛りは0.5Nを表すので，重力を表す力は4目盛り分の矢印で表す。このとき，作用点は物体の中心とする。
(2)(3)磁石の同じ極どうしにはしりぞけ合う力が，異なる極どうしには引き合う力がはたらく。磁石Aと磁石Bには，しりぞけ合う力がはたらいているので，磁石Aの下側の極はN極，㋐の面はS極である。
(4)(5)摩擦力は，物体がふれ合う面と面の間で，物体の運動をさまたげるようにはたらく力である。手で押しても本が動かないとき，本と机のふれ合っている面で，手で押した力と同じ大きさで反対の向きの摩擦力がはたらいている。

3　(2)(3)グラフより，ばね㋐に0.2Nの力を加えたときのばねの伸びが1cmなので，3倍の0.6Nの力を加えたときのばねの伸びは，
1〔cm〕×3＝3〔cm〕
(4)グラフより，ばね㋑に1Nの力を加えたときのばねの伸びが2cmなので，ばねの伸びが3cmのときにばね㋑が受けた力をxNとすると，
1〔N〕：2〔cm〕＝x〔N〕：3〔cm〕
x＝1.5〔N〕
(5)グラフより，長さ10cmのばね㋐を4cm伸ばすのに必要な力は0.8Nである。0.8Nの重力を受けるおもりの質量は80gである。また，グラフより，長さ12cmのばね㋑を2cm伸ばすのに必要な力は1Nである。1Nの重力を受けるおもりの質量は100gである。よって，
100〔g〕÷80〔g〕＝1.25〔倍〕
より，ばね㋑につるしたおもりの質量は，ばね㋐につるしたおもりの質量の1.25倍である。
(6)おもり3個は240gなので，ばねが受ける力は2.4Nである。ばね㋑に1Nの力を加えたときの伸びが2cmなので，ばね㋑が2.4Nの力を受けたときの伸びは，
2〔cm〕×2.4＝4.8〔cm〕
(7)ばね㋐に1Nの力を加えたときのばねの伸びが5cmなので，ばね㋐が2.4Nの力を受けたときの伸びは，
5〔cm〕×2.4＝12〔cm〕
ばね㋐のもとの長さが10cmなので，ばね㋐の長さは，
10＋12＝22〔cm〕

4　(1)ばねばかりではかることができるのは物体にはたらく重力の大きさである。地球上で質量900gの物体をばねばかりではかると，9Nを示す。よって，9〔N〕÷1.5〔N〕＝6〔倍〕
(2)地球上ではたらく重力は月面上の6倍であるから，5〔N〕×6＝30〔N〕
(3)(4)てんびんでは，物体そのものの量である質量の測定を行う。質量は，場所が変わっても変わることはない。

p.126～128 第7回

1　(1)マグマだまり　(2)火山岩　(3)a
　(4)㋐石基　㋑斑晶　(5)斑状組織
　(6)㋒セキエイ(石英)　㋓チョウ石(長石)
　　㋔クロウンモ(黒雲母)
　(7)[う]　(8)[あ]

[2] (1)㋐安山岩　㋑花こう岩
(2)B　(3)b

[3] (1)柱状図　(2)10m
(3)泥岩(の)層
(4)火山の噴火(火山活動)
(5)暖かくて浅い海
(6)示相化石

[4] (1)A…アンモナイト
B…ビカリア
C…サンヨウチュウ
(2)ウ　(3)示準化石

[5] (1)㋑
(2)㋒初期微動　㋓主要動
(3)P波　(4)初期微動継続時間
(5)20秒　(6)70km
(7)午前9時59分50秒

[6] (1)A　(2)海溝　(3)㋑　(4)③
(5)活断層

解説

[1] (1)地下で発生したマグマは，プレートの中を上昇して，地下数kmのところにたまっている。この場所をマグマだまりという。マグマだまりのマグマが地表に噴き出す現象を噴火という。

(2)下の図のように，マグマが地下深いところで長い時間をかけて冷え固まってできた岩石を深成岩という。マグマが地表や地表付近で短い間に冷え固まってできた岩石を火山岩という。

マグマだまり，火成岩ができる場所

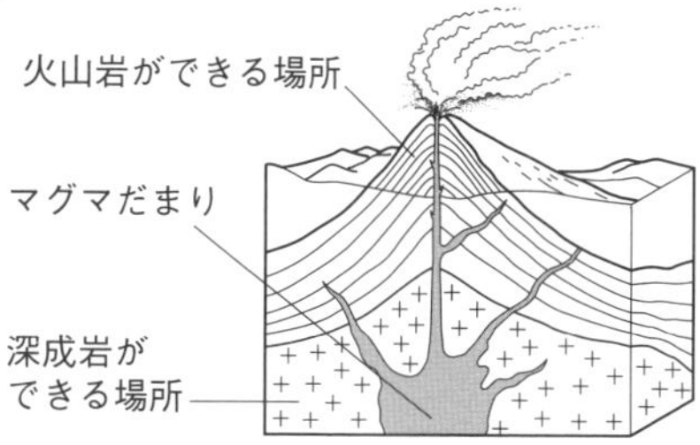

(3)～(5)図2のAのつくりは，肉眼でも見える大きな鉱物である斑晶(㋑)と，斑晶を取り巻く小さな粒の部分である石基(㋐)からなる斑状組織である。斑状組織をもつ火成岩は，火山岩である。一方，図2のBのつくりは，肉眼で見える大きさの鉱物でできている等粒状組織である。等粒状組織をもつ火成岩は，深成岩である。

(7)(8)マグマのねばりけの小さい火山では，溶岩が流れるように噴出して，傾斜のゆるやかな形になりやすい。噴火は比較的おだやかである。一方，マグマのねばりけが大きい火山では，爆発的な噴火が起こりやすい。ドーム状の地形ができることもある。

[2] Aは無色鉱物，Bは有色鉱物を表している。また，aは火山岩，bは深成岩を表している。火山岩は，無色鉱物のふくまれる割合が大きいものから順に，流紋岩，安山岩，玄武岩に分類される。また，深成岩は，無色鉱物のふくまれる割合が大きいものから順に，花こう岩，せん緑岩，斑れい岩に分類される。ねばりけが大きいマグマからできた岩石ほど，無色鉱物のふくまれる割合が大きく，白っぽい色をしている。

[3] (1)ある地点での地層の重なりを，柱のように表したものを柱状図という。

(2)各地点の地表の高さ(標高)が異なっていることに注意する。問題文に，この山の地層は水平に重なっていて，断層やしゅう曲はないとあることから地層の重なりを考えると，次の図のようになる。

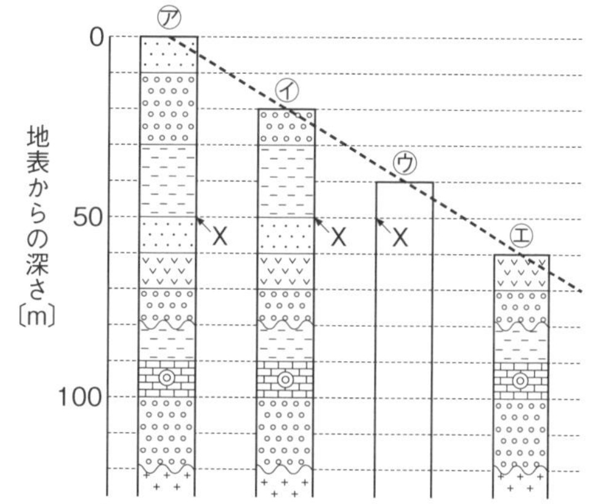

泥岩と砂岩の層の境界(X)は，地点㋐では，標高160mにある地表から50mの深さ(標高110mの位置)にある。また，地点㋑では標高140mにある地表から30mの深さ(標高110mの位置)にある。標高120mにある地点㋒でも標高110mの位置にあるはずなので，地表から10mの深さのところにあると考えられる。

(3)流水のはたらきで土砂が堆積するとき，粒が小さいほど下流や深い海へ運ばれ，流れのゆるやかなところで堆積する。

(4)凝灰岩は火山灰などが堆積してできた岩石なので，堆積した当時，火山の噴火があったことがわ

かる。

(5)(6)サンゴは暖かくて浅い海にすんでいるので，サンゴの化石が見つかると，その地層が堆積した当時，暖かくて浅い海だったことがわかる。このように，地層が堆積した当時の環境を知る手がかりとなる化石を示相化石という。シジミ，イヌブナなどの代表的な示相化石と，それぞれが示す環境を覚えておくとよい。

4 Aのアンモナイトは中生代，Bのビカリアは新生代，Cのサンヨウチュウは古生代のそれぞれ代表的な示準化石である。生物の名称と，それぞれが示す地質年代を覚えておくとよい。

5 (1)図1は，横軸が時間，縦軸が震源からの距離を表しているので，グラフの傾きが急であるほど，地震の波が速く伝わっていることを表している。P波はS波よりも速く伝わる波であることから，㋐がP波，㋑がS波であることがわかる。

(2)(3)はじめに伝わる弱いゆれを初期微動といい，P波によって伝えられる。初期微動のあとに伝わる大きなゆれを主要動といい，S波によって伝えられる。

(4)P波とS波の到達時刻の差を，初期微動継続時間という。

(5)震源から140kmの地点に㋐の波(P波)と㋑の波(S波)が伝わるのにかかった時間の差を調べると，初期微動継続時間がわかる。下の図より，震源から140kmの地点にP波が到達した20秒後にS波が到達していることがわかる。

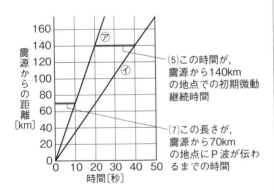

(6)図2より，初期微動継続時間が10秒であることがわかる。図1より，初期微動継続時間が10秒である地点(P波が到達した10秒後にS波が到達している地点)は，震源から70kmの地点であることがわかる。

図1より，初期微動継続時間は震源からの距離に比例すること，140kmの地点での初期微動継続時間が20秒であることがわかる。これらのことから，震源からの距離が140kmの半分である70kmの地点で，初期微動継続時間が20秒の半分である10秒になると考えてもよい。

(7)図1より，震源から70kmの地点にP波が伝わるまでの時間は10秒である。地震が発生したのは，P波の到達時刻(午前10時)の10秒前なので，午前9時59分50秒である。

6 (1)(2)日本列島付近では，海洋プレートが大陸プレートの下に沈みこんでいる。このように，プレートの境目で，一方のプレートがもう一方のプレートの下に沈みこんでいくことでできる地形を海溝という。

(3)㋐では内陸型地震が，㋑ではプレート境界型地震が起こりやすい。

(4)海洋プレートによって引きずられた大陸プレートのふちが，変形にたえきれなくなって反発したときに地震が発生する。

(5)近年に活動した証拠があり，今後も活動する可能性がある断層を活断層という。内陸型地震は，大陸プレートにもともとある活断層が，強い力を受けて再びずれることで発生することが多い。

定期テスト対策

スピード
チェック

教科書の
重要用語マスター

理科 1年

\ 付属の赤シートを /
使ってね！

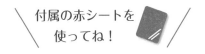

学校図書版

スピードチェック

図でチェック

▶双眼実体顕微鏡　　▶花のつくり

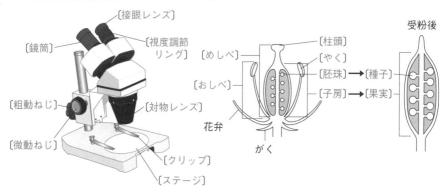

〔接眼レンズ〕

〔鏡筒〕　　〔視度調節リング〕

〔粗動ねじ〕　　〔対物レンズ〕

〔微動ねじ〕

〔クリップ〕

〔ステージ〕

〔めしべ〕　〔おしべ〕　花弁　がく　〔柱頭〕〔やく〕〔胚珠〕→〔種子〕〔子房〕→〔果実〕

受粉後

ファイナルチェック

☐❶スケッチでかく線は，太い線と細い線のどちらがよいか。　**細い線**

☐❷手に持った花のつくりをルーペで観察するとき，ルーペと観察するもののどちらを前後に動かすか。　**観察するもの**

☐❸双眼実体顕微鏡でピントを合わせるとき，粗動ねじと微動ねじのどちらを先に使うか。　**粗動ねじ**

☐❹アブラナの花の中心にあるのは，めしべとおしべのどちらか。　**めしべ**

☐❺花のつくりで，花弁の外側にある部分を何というか。　**がく**

☐❻花のつくりで，めしべの先端の部分を何というか。　**柱頭**

☐❼❻の部分の下の細くなった部分を何というか。　**花柱**

☐❽花のつくりで，おしべの先端にある袋状の部分を何というか。　**やく**

☐❾やくの中には何があるか。　**花粉**

☐❿柱頭に花粉がつくことを何というか。　**受粉**

☐⓫花のつくりで，受粉後，種子になる部分を何というか。　**胚珠**

☐⓬子房は，受粉後，何になるか。　**果実**

☐⓭胚珠が子房の中にある花をもつ植物を何というか。　**被子植物**

☐⓮花弁が1枚1枚はなれている花を何というか。　**離弁花**

スピードチェック

1－1　動植物の分類
第2章　植物の分類(2)

図で チェック

▶被子植物の分類

	子葉	葉脈	根のようす	花弁
〔双子葉〕類	2枚	網状脈	〔主根〕 〔側根〕	〔離弁花〕類 〔合弁花〕類
〔単子葉〕類	1枚	平行脈	〔ひげ根〕	

▶マツの花のつくり

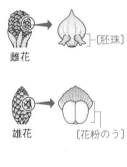

雌花　〔胚珠〕

雄花　〔花粉のう〕

ファイナル チェック

- ❶葉にある筋を何というか。 → 葉脈
- ❷アブラナの葉脈は，網状脈か，平行脈か。 → 網状脈
- ❸アブラナの根で，太い根とそこから数多く出ている細い根をそれぞれ何というか。 → 主根と側根
- ❹イネの根で，数多く出ているだいたい同じような太さの根を何というか。 → ひげ根
- ❺植物の種子の中でつくられる最初の葉を何というか。 → 子葉
- ❻イネの子葉は，1枚か，2枚か。 → 1枚
- ❼被子植物の中で，子葉が2枚のなかまを何というか。 → 双子葉類
- ❽被子植物の中で，子葉が1枚のなかまを何というか。 → 単子葉類
- ❾葉脈が網状脈であるのは，双子葉類か，単子葉類か。 → 双子葉類
- ❿根がひげ根であるのは，双子葉類か，単子葉類か。 → 単子葉類
- ⓫双子葉類は，離弁花類と何というなかまに分けられるか。 → 合弁花類
- ⓬マツは種子をつくるか。 → つくる。
- ⓭マツの胚珠があるのは，雌花か，雄花か。 → 雌花
- ⓮マツの雄花の，花粉が入っている部分を何というか。 → 花粉のう
- ⓯子房がなく，胚珠がむき出しの花をもつ植物を何というか。 → 裸子植物

1-1 動植物の分類
第2章 植物の分類(3)

図で チェック

▶植物の分類

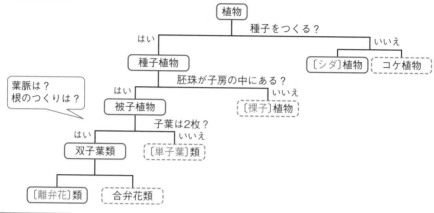

ファイナル チェック

- ☐❶種子でふえる植物を何というか。 — 種子植物
- ☐❷イヌワラビは，花をさかせるか，さかせないか。 — さかせない。
- ☐❸イヌワラビやゼニゴケは，種子のかわりに何をつくってなかまをふやすか。 — 胞子
- ☐❹イヌワラビの胞子のうはどこについているか。 — 葉の裏
- ☐❺シダ植物には，根，茎，葉の区別があるか。 — ある。
- ☐❻コケ植物には，根，茎，葉の区別があるか。 — ない。
- ☐❼コケ植物にある，根のような部分を何というか。 — 仮根
- ☐❽雄株と雌株があるのは，イヌワラビか，ゼニゴケか。 — ゼニゴケ
- ☐❾ススキ，ゼンマイ，スギゴケ，スギナのうち，種子植物はどれか。 — ススキ
- ☐❿マツ，ソテツ，エンドウ，スギのうち，被子植物はどれか。 — エンドウ
- ☐⓫ノキシノブ，ツツジ，イチョウ，タマゴケのうち，裸子植物はどれか。 — イチョウ
- ☐⓬ヒマワリ，ススキ，ネギ，スズメノカタビラのうち，双子葉類はどれか。 — ヒマワリ
- ☐⓭エンドウ，アブラナ，アサガオ，サクラのうち，合弁花類はどれか。 — アサガオ

1－1　動植物の分類
第3章　動物の分類

図で チェック

▶脊椎動物の分類

	魚類	両生類	は虫類	鳥類	哺乳類
子のうみ方	卵生（水中）	〔卵生〕（水中）	卵生（陸上）	〔卵生〕（陸上）	〔胎生〕
呼吸のしかた	〔えら〕	幼生は〔えらや皮ふ〕 成体は〔肺や皮ふ〕	〔肺〕	肺	肺
からだの表面	〔うろこ〕	粘液	うろこ	羽毛	〔体毛〕

ファイナル チェック

- ☐❶背骨をもつ動物を何というか。 　　　　　　　　　　脊椎動物
- ☐❷子が母親の子宮内で育ち，親と同じようなすがたでうまれるうまれ方を何というか。 　　　　胎生
- ☐❸脊椎動物で，水中で生活してえらで呼吸し，からだがうろこでおおわれている動物のなかまを何というか。 　　魚類
- ☐❹脊椎動物で，幼生はえらや皮ふで呼吸し，成体は肺や皮ふで呼吸する動物のなかまを何というか。 　　両生類
- ☐❺脊椎動物で，からだが体毛でおおわれ，子が母親の子宮内で育ってからうまれる動物のなかまを何というか。 　　哺乳類
- ☐❻脊椎動物の卵で，じょうぶな殻があるのは，陸上と水中のどちらにうまれるものか。 　　陸上
- ☐❼鳥類のからだの表面は，何におおわれているか。 　　羽毛
- ☐❽無脊椎動物で，外骨格をもち，からだに節がある動物のなかまを何というか。 　　節足動物
- ☐❾節足動物のうち，エビやカニは何というなかまに分類されるか。 　　甲殻類
- ☐❿無脊椎動物で，外とう膜をもつ動物のなかまを何というか。 　　軟体動物

1－2　身のまわりの物質
第1章　物質の分類

図で チェック

▶ガスバーナー

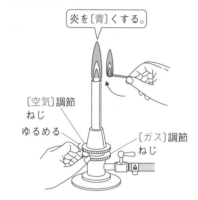

炎を〔青〕くする。

〔空気〕調節ねじ
ゆるめる
〔ガス〕調節ねじ

▶密度

$$密度〔g/cm^3〕 = \frac{質量〔g〕}{体積〔cm^3〕}$$

▶メスシリンダーの読み方

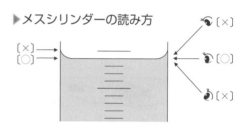

〔×〕
〔○〕

〔×〕
〔○〕
〔×〕

ファイナル チェック

☐❶原料に注目したときの「もの」を何というか。 　　物質

☐❷金属をみがいたときの，特有のかがやきを何というか。 　　金属光沢

☐❸金属をたたくとうすく広がる性質を何というか。 　　展性

☐❹ガラス，木，ゴムなど，金属以外の物質を何というか。 　　非金属

☐❺ガスバーナーの火をつけるとき，先にゆるめるのは，ガス調節ねじと空気調節ねじのどちらか。 　　ガス調節ねじ

☐❻スチールウールは，燃えると二酸化炭素が発生するか。 　　発生しない。

☐❼炭素をふくみ，加熱すると，燃えて二酸化炭素が発生する物質を何というか。 　　有機物

☐❽砂糖，ロウ，食塩のうち，有機物ではない物質はどれか。 　　食塩

☐❾金属などの，有機物以外の物質を何というか。 　　無機物

☐❿ g や kg などの単位で表される量を何というか。 　　質量

☐⓫物質 1 cm³ 当たりの質量を何というか。 　　密度

☐⓬密度は物質によってちがうか，同じか。 　　ちがう

☐⓭体積が 5 cm³ で質量が20g の物質があるとき，この物質の密度は何 g/cm³ か。 　　4 g/cm³

☐⓮木材は水に浮く。木材と水で，密度が大きいのはどちらか。 　　水

スピードチェック

第2章　粒子のモデルと物質の性質(1)

図でチェック

▶溶解度

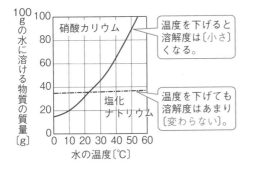

温度を下げると
溶解度は〔小さ〕
くなる。

温度を下げても
溶解度はあまり
〔変わらない〕。

▶結晶

〔塩化ナトリウム〕

〔硝酸カリウム〕

いくつかの平面で囲まれた
規則正しい形をした固体を
〔結晶〕という。

ファイナルチェック

☐❶塩化ナトリウムは，純粋な物質か，混合物か。　　　　　　　**純粋な物質**

☐❷溶液で，溶けている物質のことを何というか。　　　　　　　**溶質**

☐❸水溶液の水のように，溶質を溶かしている液体のことを
何というか。　　　　　　　　　　　　　　　　　　　　　　**溶媒**

☐❹溶質の質量が溶液の質量の何パーセントになるかで表し
た溶液の濃度を何というか。　　　　　　　　　　　　　**質量パーセント濃度**

☐❺50g の塩化ナトリウムを200g の水に溶かしてできた塩
化ナトリウム水溶液の質量パーセント濃度は何％か。　　　　**20％**

☐❻質量パーセント濃度4％の塩化ナトリウム水溶液300g
に溶けている塩化ナトリウムは何 g か。　　　　　　　　　　**12g**

☐❼物質がそれ以上水に溶けきれなくなったときの水溶液を
何というか。　　　　　　　　　　　　　　　　　　　　　**飽和水溶液**

☐❽水100g に物質を溶かしてそれ以上溶けなくなったとき，
溶けた物質の質量を何というか。　　　　　　　　　　　　　**溶解度**

☐❾ある物質について，温度ごとの溶解度を線でつないでで
きるグラフを何というか。　　　　　　　　　　　　　　　　**溶解度曲線**

☐❿固体の物質を溶媒に溶かしたあと冷やしたり溶媒を蒸発
させたりして再び結晶として取り出すことを何というか。　　**再結晶**

スピード チェック

1－2　身のまわりの物質

第2章　粒子のモデルと物質の性質(2)

図で チェック

▶酸素

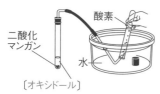

▶二酸化炭素(水上置換法でも集められる)

▶水素(上方置換法でも集められる)

▶アンモニア

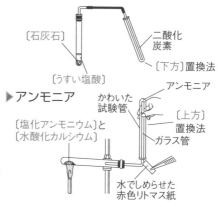

ファイナル チェック

☐❶二酸化マンガンにオキシドールを加えると，何が発生するか。　酸素

☐❷石灰石にうすい塩酸を加えると，何が発生するか。　二酸化炭素

☐❸亜鉛にうすい塩酸を加えると，何が発生するか。　水素

☐❹塩化アンモニウムと水酸化カルシウムの混合物を加熱すると，何が発生するか。　アンモニア

☐❺酸素に火のついた線香を入れると，線香はどうなるか。　激しく燃える。

☐❻二酸化炭素に石灰水を入れてふると，どうなるか。　白くにごる。

☐❼水素は，同じ体積の空気と比べて質量が大きいか，小さいか。　小さい

☐❽酸素，水素，アンモニアのうち，刺激の強いにおいがある気体はどれか。　アンモニア

☐❾アンモニアで満たした容器にフェノールフタレイン溶液を加えた水を入れると，液は何色になるか。　赤色

☐❿酸素，水素，アンモニアのうち，水上置換法で集めることができない気体はどれか。　アンモニア

☐⓫二酸化炭素は，水上置換法のほかに，何という方法で集めることができるか。　下方置換法

スピードチェック

1－2　身のまわりの物質
第3章　粒子のモデルと状態変化

図で チェック

▶状態変化

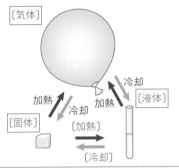

ふつう固体，液体，気体と体積は増加するが，氷が水になると体積は〔減少する〕。

▶状態変化と温度

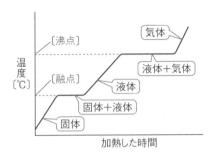

状態が変化している間は，温度が〔一定〕。

ファイナル チェック

☐❶物質が，温度によって，固体，液体，気体と状態を変えることを何というか。　**状態変化**

☐❷液体のロウが固体のロウになるとき，体積は増加するか，減少するか。　**減少する。**

☐❸液体の水が固体の氷になるとき，体積は増加するか，減少するか。　**増加する。**

☐❹物質が液体から気体になるとき，物質の粒子と粒子の間の距離は広がるか，せばまるか。　**広がる。**

☐❺物質が状態変化するとき，質量は変化するか，しないか。　**変化しない。**

☐❻水を加熱して沸とうさせている間，水の温度は一定か，上昇し続けるか。　**一定である。**

☐❼固体が液体になるときの温度を何というか。　**融点**

☐❽液体が沸とうして気体になるときの温度を何というか。　**沸点**

☐❾水の融点は何℃か。　**0℃**

☐❿水の沸点は何℃か。　**100℃**

☐⓫融点や沸点は，物質の質量と種類のどちらに関係するか。　**物質の種類**

☐⓬液体を沸とうさせて得られた気体を集めて冷やし，ふたたび液体を得る操作を何というか。　**蒸留**

1 - 3　身のまわりの現象
第1章　光の性質(1)

図で チェック

▶光の反射

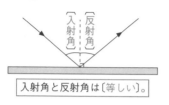

入射角と反射角は〔等しい〕。

▶屈折

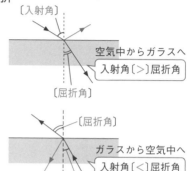

〔入射角〕

空気中からガラスへ

入射角〔＞〕屈折角

〔屈折角〕

〔屈折角〕

ガラスから空気中へ

入射角〔＜〕屈折角

〔入射角〕

▶全反射

空気

水

光が水中から空気中へ進むとき，入射角がある角度を超えると境界面で全部〔反射〕する。

ファイナル チェック

☐❶電灯の光で，机の上の本が見えた。目にとどいているのは，電灯の光か，反射した光か。 ── 反射した光

☐❷自分で光を出す物体のことを何というか。 ── 光源

☐❸光源からの光がまっすぐに進むことを何というか。 ── 光の直進

☐❹鏡の面に垂直な線と入射光の間の角を何というか。 ── 入射角

☐❺鏡の面に垂直な線と反射光の間の角を何というか。 ── 反射角

☐❻光が鏡に当たって反射するとき，入射角と反射角の大きさにはどのような関係があるか。 ── 入射角＝反射角（等しい）

☐❼物体の表面はでこぼこしているので，物体に当たった光はいろいろな方向に反射する。この反射を何というか。 ── 乱反射

☐❽光が空気中からガラスに入るとき，入射角と屈折角のどちらが大きいか。 ── 入射角

☐❾光がガラスから空気中に出るとき，入射角と屈折角のどちらが大きいか。 ── 屈折角

☐❿光が水中から空気中へ進むとき，入射角を大きくしていくとやがて光が境界面で全部反射することを何というか。 ── 全反射

☐⓫白色光をプリズムに通すと，屈折によって光の何が分かれるか。 ── 色

スピード チェック

1−3　身のまわりの現象
第1章　光の性質(2)

図で チェック

▶凸レンズ

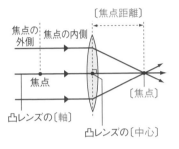

〔焦点距離〕
焦点の外側　焦点の内側
焦点
凸レンズの〔軸〕
凸レンズの〔中心〕
〔焦点〕

▶実像

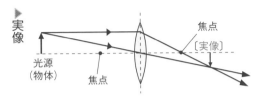

焦点
〔実像〕
光源（物体）
焦点

▶虚像

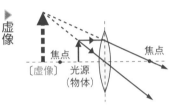

焦点
〔虚像〕　光源（物体）
焦点

ファイナル チェック

☐❶虫めがねのように，中央をふくらませてまわりをうすくしたレンズを何というか。　凸レンズ

☐❷凸レンズの軸に平行な光は，凸レンズを通ると屈折して1点に集まる。この点を何というか。　焦点

☐❸凸レンズの中心から焦点までの距離を何というか。　焦点距離

☐❹光源が凸レンズの焦点の外側にあるとき，光が実際に集まってできる像を何というか。　実像

☐❺光源が焦点の外側にあるときにできる実像は，光源と上下左右が同じ向きか，逆向きか。　逆向き

☐❻光源が焦点距離の2倍の位置にあるとき，光源と実像のどちらが大きいか。　同じ

☐❼光源が焦点距離の2倍の位置よりも遠くにあるとき，光源と実像のどちらが大きいか。　光源

☐❽光源が焦点距離の2倍の位置と焦点の間にあるとき，光源と実像のどちらが大きいか。　実像

☐❾光源が凸レンズの焦点の内側にあるとき，凸レンズを通して見える像を何というか。　虚像

☐❿光源と虚像の上下左右は，同じ向きか，逆向きか。　同じ向き

スピードチェック

1－3　身のまわりの現象
第2章　音の性質

図で チェック

▶音の速さ

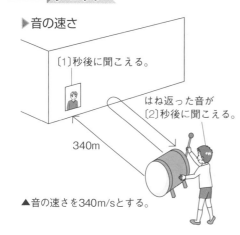

〔1〕秒後に聞こえる。

はね返った音が
〔2〕秒後に聞こえる。

340m

▲音の速さを340m/sとする。

▶音の大小と高低

横軸は時間
縦軸は振幅

〔大きく〕て低い音　　大きくて〔高い〕音

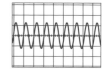

小さくて〔低い〕音　　〔小さく〕て高い音

ファイナル チェック

☐❶音を出している物体を何というか。 音源（発音体）

☐❷音は，音源となる物体がどうなることで出るか。 振動する。

☐❸音が出ているブザーを容器に入れ，容器の中の空気をぬ 聞こえにくくなる。
いていくと音はどうなるか。

☐❹音の波を耳の鼓膜まで伝えているものは何か。 空気

☐❺遠くで打ち上げられた花火の光と音では，どちらが速く 光
伝わるか。

☐❻1020m はなれた場所で雷が落ちた。いなずまが見えて ３秒
から何秒で音が聞こえるか。音の速さは340m/s とする。

☐❼音源の振動の幅のことを何というか。 振幅

☐❽１秒間に音源が振動する回数のことを何というか。 振動数

☐❾振動数は，何という単位で表すか。 ヘルツ（Hz）

☐❿ある弦をはじいたとき，大きい音が出るのは強くはじい 強くはじいたとき
たときか，弱くはじいたときか。

☐⓫太さや張り方が等しい，長い弦と短い弦をはじいたとき, 長い弦
低い音が出るのはどちらか。

☐⓬音が大きいのは，振幅が大きい音か，小さい音か。 振幅が大きい音

☐⓭音が高いのは，振動数が多い音か，少ない音か。 振動数が多い音

1−3　身のまわりの現象
第3章　力のはたらき

図で チェック

▶フックの法則

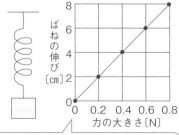

ばねの伸び〔cm〕

力の大きさ〔N〕

・ばねの伸びはばねが受ける力の大きさに〔比例〕する。
・力の大きさが3倍になると，ばねの伸びは〔3〕倍になる。

▶力の表し方

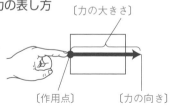

〔力の大きさ〕

〔作用点〕　〔力の向き〕

▶2力がつり合う条件

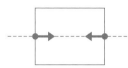

・〔一直線〕上にある
・大きさが〔等しい〕
・向きが〔反対〕

ファイナル チェック

☐❶地球上のすべての物体には，地球がその中心へ向かって引きつける力がはたらいている。この力を何というか。　　**重力**

☐❷1Nは約何gの物体が受ける重力の大きさに等しいか。　　**約100g**

☐❸ばねの伸びは，ばねが受ける力の大きさに比例するという法則を何というか。　　**フックの法則**

☐❹2Nの力で引くと2cm伸びるばねを8Nの力で引くと，何cm伸びるか。　　**8cm**

☐❺力を矢印で表すとき，力の大きさは何で表すか。　　**矢印の長さ**

☐❻1つの物体が2つ以上の力を受けても，物体が動かないとき，物体が受ける力はどのようになっているというか。　　**つり合っている。**

☐❼1つの物体が受ける2力がつり合う条件は，一直線上にあること，向きが反対であることと何か。　　**力の大きさが等しいこと**

☐❽変形した物体がもとにもどろうとして，受けた力とは反対向きにはたらく力を何というか。　　**弾性力**

☐❾2つの物体がふれ合う面と面の間で，物体の運動をさまたげるようにはたらく力を何というか。　　**摩擦力**

☐❿場所がちがっても変わることのない，物体そのものの量を何というか。　　**質量**

スピードチェック

第1章　火山〜火を噴く大地〜

図で チェック

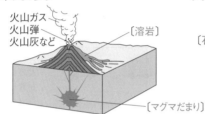

鉱物

〔セキエイ〕	〔チョウ石〕	〔クロウンモ〕	〔カクセン石〕	〔キ石〕	〔カンラン石〕	〔磁鉄鉱〕
不規則に割れる	決まった方向に割れる	決まった方向にうすくはがれる	柱状に割れやすい	柱状に割れやすい	不規則に割れる	磁石につく
無色，白色	白色，灰色	黒色，黒褐色	黒色，黒褐色	黒色，黒緑色	うす緑色，黄褐色	黒色

▶火山のようす

火山ガス
火山弾
火山灰など
〔溶岩〕
〔マグマだまり〕

▶火成岩

●火山岩
〔斑状〕組織
〔石基〕
●深成岩
〔等粒状〕組織
〔斑晶〕

ファイナル チェック

☐❶地下で岩石の一部が液体になったものを何というか。　　**マグマ**

☐❷傾斜がゆるやかな形の火山をつくるマグマのねばりけは大きいか，小さいか。　　**小さい**

☐❸ドーム状の地形が火口にできる火山では，火山噴出物の色は黒っぽいか，白っぽいか。　　**白っぽい**

☐❹マグマが冷えてできた岩石を何というか。　　**火成岩**

☐❺マグマが地表または地表付近で，短い間に冷え固まってできた岩石を何というか。　　**火山岩**

☐❻マグマが地下深いところで，長い時間をかけて冷え固まってできた岩石を何というか。　　**深成岩**

☐❼火山岩のつくりで，肉眼でも見える大きな鉱物を何というか。　　**斑晶**

☐❽火山岩のつくりで，斑晶を取り巻く小さな粒の部分を何というか。　　**石基**

☐❾火山岩のように，斑晶と石基からできている岩石のつくりを何というか。　　**斑状組織**

☐❿深成岩のように，肉眼で見える大きさの鉱物でできている岩石のつくりを何というか。　　**等粒状組織**

図で チェック

▶示準化石

〔古生〕代	〔中生〕代	〔新生〕代
〔フズリナ〕 〔サンヨウチュウ〕	〔恐竜〕 〔アンモナイト〕	〔ナウマンゾウ〕 〔ビカリア〕

ファイナル チェック

☐❶岩石が，気温の変化や雨水などのはたらきによってくずれ，粒になっていくことを何というか。　風化

☐❷岩石をけずるような水のはたらきを何というか。　侵食

☐❸けずられた土砂を運ぶ流水のはたらきを何というか。　運搬

☐❹堆積した土砂などが長い年月の間に固まってできた岩石を何というか。　堆積岩

☐❺堆積岩のうち，岩石をつくる粒の直径が2mm以上のものを何というか。　れき岩

☐❻火山灰などでできている堆積岩を何というか。　凝灰岩

☐❼石灰岩に塩酸をかけると発生する気体は何か。　二酸化炭素

☐❽地層が堆積した当時の環境を知る手がかりとなる化石を何というか。　示相化石

☐❾サンゴ礁をつくるサンゴの化石がある地層は，どんな場所で堆積したか。　暖かく浅い海

☐❿地層が堆積した年代を推定するのに役立つ化石を何というか。　示準化石

☐⓫アンモナイトの化石は，古生代，中生代，新生代のうちどの地質年代に堆積した地層にあるか。　中生代

スピード チェック

図で チェック

▶震源と震央　　　　　　▶震源からの距離と地震の波

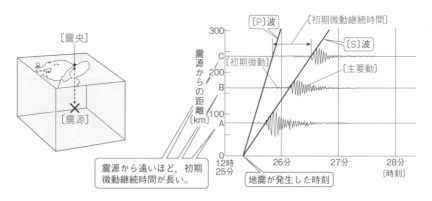

震源から遠いほど，初期微動継続時間が長い。

〔P〕波　〔初期微動継続時間〕　〔S〕波　〔初期微動〕　〔主要動〕

地震が発生した時刻

ファイナル チェック

☐❶地震が発生した地下の場所を何というか。 震源

☐❷震源の真上の地表の地点を何というか。 震央

☐❸地震のゆれのうち，はじめの小さなゆれを何というか。 初期微動

☐❹地震のゆれのうち，後からの大きなゆれを何というか。 主要動

☐❺初期微動を伝える波を何というか。 P波

☐❻主要動を伝える波を何というか。 S波

☐❼P波とS波のうち，伝わる速さが速いのはどちらか。 P波

☐❽P波とS波の到達時刻の差を何というか。 初期微動継続時間

☐❾初期微動継続時間は，震源から離れるほど長くなるか，短くなるか。 長くなる。

☐❿ある地点での地震によるゆれの大きさを何というか。 震度(震度階級)

☐⓫地震の規模の大小を表す値を何というか。 マグニチュード

☐⓬日本付近の震源の分布を見ると，日本の東側と大陸側のどちらで震源が深くなっているか。 大陸側

☐⓭地下の岩石に非常に大きな力がはたらき，岩石が割れてずれた場所を何というか。 断層

☐⓮地層に押す力がはたらき，波打つように曲がることを何というか。 しゅう曲